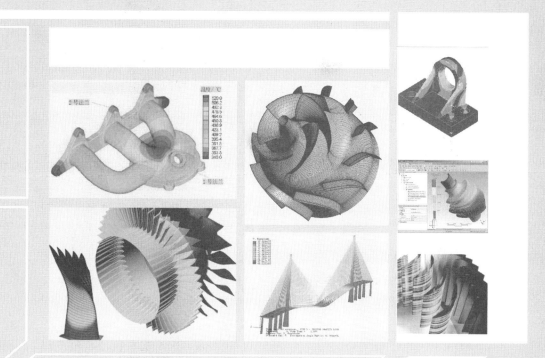

Matlab
基础与实例教程

赵 骥 曹 岩 李洪波 杨红艳 编著

清华大学出版社
北 京

内 容 简 介

Matlab 是一种数值计算和图形图像处理的工具软件,它的特点是语法结构简明、数值计算高效、图形功能完备、易学易用。它在矩阵运算、数值分析、优化、图形图像处理、系统建模与仿真等领域都有广泛的应用。

本书从 Matlab 的基础知识入手,循序渐进地介绍了 Matlab 的知识体系结构及操作方法。其中主要介绍了如何使用 Matlab 进行数据分析、图形图像处理、Matlab 编程、图形用户界面建立、Matlab 仿真,以及文件输入/输出、编译器和应用程序接口等高级技术。本书利用大量的实例来引导读者快速学习和掌握 Matlab 的各种功能。

本书系统全面,内容合理,实例丰富,层析清晰,使用方便,适用于初、中级 Matlab 用户,可作为高等学校理工科专业本科生、研究生和教师的教学用书,也可作为广大科研和工程技术人员的参考用书。

图书在版编目(CIP)数据

Matlab 基础与实例教程/赵骥等编著. —北京:清华大学出版社,2018(2021.1重印)
ISBN 978-7-302-51107-6

Ⅰ. ①M… Ⅱ. ①赵… Ⅲ. ①Matlab 软件—高等学校—教材 Ⅳ. ①TP317

中国版本图书馆 CIP 数据核字(2018)第 197601 号

责任编辑:魏 莹 桑任松
装帧设计:杨玉兰
责任校对:王明明
责任印制:沈 露

出版发行:清华大学出版社
　　　　网　　址:http://www.tup.com.cn, http://www.wqbook.com
　　　　地　　址:北京清华大学学研大厦 A 座　　　　邮　　编:100084
　　　　社 总 机:010-62770175　　　　邮　　购:010-62786544
　　　　投稿与读者服务:010-62776969, c-service@tup.tsinghua.edu.cn
　　　　质量反馈:010-62772015, zhiliang@tup.tsinghua.edu.cn
　　　　课件下载:http://www.tup.com.cn, 010-62791865

印 装 者:三河市宏图印务有限公司
经　　销:全国新华书店
开　　本:185mm×260mm　　　印　张:22.25　　　字　数:510 千字
版　　次:2018 年 10 月第 1 版　　　印　次:2021 年 1 月第 3 次印刷
定　　价:69.00 元

产品编号:074301-01

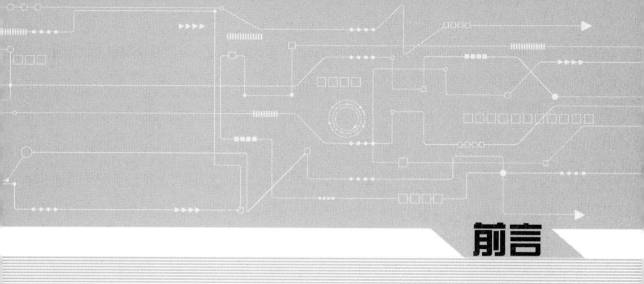

前言

与其他高级语言相比，Matlab 提供了一个人机交互的教学系统环境，并以矩阵作为基本的数据结构，可以大大节省编程时间。Matlab 语法规则简单、容易掌握、调试方便，调试过程中可以设置断点，存储中间结果，从而很快查出程序中的错误。正是由于 Matlab 的强大功能，Matlab 语言受到了越来越多院校师生的欢迎和重视。由于它将使用者从烦琐重复的计算中解放出来，把更多的精力投入到对数学基本含义的理解上，因此，它已逐步成为许多大学生和研究生课程中的重要工具。像线性代数、高等数学、信号处理、自动控制等许多领域，它都表现出高效、简单和直观的性能，是强有力的计算机辅助设计工具。因此，在高等院校里，Matlab 已经成为线性代数、自动控制理论、概率论及数理统计、数字信号处理、时间序列分析、动态系统仿真等课程的基本教学工具，熟练运用 Matlab 已成为大学生、研究生必须掌握的基本技能；在设计研究单位和工业部门，Matlab 已成为研究必备软件和标准软件。国际上许多新版科技书籍(特别是高校教材)在讲述其专业时都把 Matlab 作为基本工具使用。

本书内容共有 12 章。第 1 章介绍 Matlab 的发展历史、基本功能特点、安装和软件使用界面；第 2 章介绍 Matlab 数学运算的基本使用方法，包括 Matlab 的常用数学函数、数据类型、操作函数及 Matlab 脚本文件等；第 3 章介绍 Matlab 数组和向量，包括数组和向量的创建、数组的基本运算、数组和向量的操作；第 4 章介绍 Matlab 的数学运算功能，包括数据插值、函数运算及微分方程求解等；第 5 章介绍 Matlab 的其他数据结构，包括字符串、单元数组和结构体，为 Matlab 编程及更多功能的实现打下基础；第 6 章介绍 Matlab 编程，包括 Matlab 程序设计的脚本文件、程序设计与开发、基本语法、语句结构及程序调试等；第 7 章介绍 Matlab 的符号运算工具箱，包括功能和实现等；第 8 章介绍 Matlab 绘图，绘图是 Matlab 的一项重要功能，主要介绍基本的图形绘制、绘制图形的常用操作、特殊图形的绘制等内容；第 9 章介绍 Matlab 句柄图形，为学习 Matlab 图形用户界面(GUI)设计做好准备；第 10 章介绍 Matlab GUI 设计；第 11 章介绍 Simulink 仿真工具箱；第 12 章介绍 Matlab 的文件输入与输出操作。

本书内容特色如下。

1. 内容新颖，知识全面

本书内容安排考虑到 Matlab 进行仿真和运算分析时的基础知识和实践操作，从基础的变量、函数、数据类型等入手,到数学分析、图形可视化、Simulink 仿真、文件读写等,全面、详细地帮助读者掌握 Matlab 的分析方法。

2. 讲解深入,实例清楚

Matlab 的基础内容中涉及比较多的方面,本书在对相关主题介绍的同时,对函数或命令中比较常用的部分进行重点的分析介绍,同时,通过实例对函数和命令中的一些典型知识点进行讲解,从而帮助读者掌握和深入学习。

3. 精心编排,便于查阅

本书在讲解 Matlab 命令时,精心选择了有代表性的实例。同时,将相关内容和函数命令通过表格的形式归纳总结,从而使读者在学习的同时,翻阅查找相关部分的命令、函数。因此,非常有利于读者阅读和查阅。

读者可访问 http://www.tup.com.cn 获取本书学习源代码和 PPT 课件。

本书由华北理工大学的赵骥老师、曹岩老师、李洪波老师以及唐山市曹妃甸区教育体育局的杨红艳老师编写,参与编写的老师还有陈艳华、封素洁、封超、代小华等。本书既可以作为高等院校的教科书,又可供广大科技工作者阅读使用。

编　者

第 3 章

数　组

数组是 Matlab 进行计算和处理的核心内容之一，出于快速计算的需要，Matlab 总把数组看作存储和运算的基本单元，标量数据也被看作是(1×1)的数组。因此，数组的创建、寻址和操作就显得非常重要。Matlab 提供了各种数组创建的方法和操作方法，使得 Matlab 的数值计算和操作更加灵活和方便。数组创建和操作是 Matlab 运算和操作的基础，针对不同维数的数组，Matlab 提供了各种不同的数据创建方法，甚至可以通过创建低维数组来得到高维数组。

学习目标

◇　掌握如何创建一维数组
◇　掌握如何创建多维数组
◇　熟悉数组的运算
◇　了解常用的标准数组
◇　掌握低维数组的寻址和搜索
◇　熟悉低维数组的处理函数
◇　了解高维数组的处理和运算

3.1 一维数组的创建

概括而言，创建一维数组时，可以通过以下几种方法来进行。

- 直接输入法：可以直接通过空格、逗号和分号来分隔数组元素，在数组中输入任意的元素，生成一维数组。
- 步长生成法：x=a:inc:b，在使用这种方法创建一维数组时，a 和 b 为一维向量数组的起始数值和终止数值，inc 为数组的间隔步长；如果 a 和 b 为整数时，省略 inc 可以生成间隔为 1 的数列。根据 a 和 b 的大小不同，inc 可以采用正数，也可以采用负数来生成一维向量数组。
- 等间距线性生成方法：x=linspace(a,b,n)，这种方法采用函数在 a 和 b 之间的区间内得到 n 个线性采样数据点。
- 等间距对数生成方法：x=logspace(a,b,n)，采用这种方法时，在设定采样点总个数 n 的情况下，采样常用对数计算得到 n 个采样点数据值。

例 3.1 创建一维数组

创建一维数组。

```
>> x1=[0,pi,0.3*pi,1.5,2]        %直接输入数据生成数组
x1 =
    0    3.1416    0.9425    1.5000    2.0000
>> x2=0:0.6:6        %步长生成方法
x2 =
  Columns 1 through 8
   0    0.6000    1.2000    1.8000    2.4000    3.0000    3.6000    4.2000
  Columns 9 through 11
  4.8000    5.4000    6.0000
>> x3=linspace(1,6,7)        %等间距线性生成方法
x3 =
    1.0000    1.8333    2.6667    3.5000    4.3333    5.1667    6.0000
>> x3=linspace(1,4,5)
x3 =
    1.0000    1.7500    2.5000    3.2500    4.0000
>> x4=logspace(1,4,5)        %等间距对数生成方法
x4 =
 1.0e+004 *
   0.0010    0.0056    0.0316    0.1778    1.0000
```

当创建数组后，对单个元素的访问，可以直接通过选择元素的索引来加以访问；如果访问数组内的一块数据，则可以通过冒号方式来进行访问；如果访问其中的部分数值，则可以通过构造访问序列或通过构造向量列表来加以访问。在访问数组元素的过程中，访问的索引数组必须是正整数，否则，系统将会提示一条警告信息。

例 3.2 访问一维数组

访问一维数组。

```
>> x1(4)      %索引访问数组元素
ans =
    1.5000
>> x1(1:4)       %访问一块数据
ans =
    0   3.1416   0.9425   1.5000
>> x1(3:end)      %访问一块数据
ans =
    0.9425   1.5000   2.0000
>> x1(1:2:5)      %构造访问数组
ans =
    0   0.9425   2.0000
>> x1([1 5 3 4 2])       %直接构造访问数组
ans =
    0   2.0000   0.9425   1.5000   3.1416
>> x1(3,2)
Index exceeds matrix dimensions.
```

　　一维数组可以是一个行向量，也可以是一列多行的列向量。在定义的过程中，如果元素之间通过";"分隔元素，那么生成的向量是列向量；而通过空格或逗号分隔的元素则为行向量。当然列向量和行向量之间可以通过转置操作"'"来进行相互之间的转化。但需要注意的是，如果一维数组的元素是复数，那么经过转置操作"'"后，得到的是复数的共轭转置结果，而采用点—共轭转置操作时得到的转置数组，并不进行共轭操作。

例 3.3　一维复数数组的运算

一维复数数组的运算。

```
>> A=[1;2;3;4;5]
A =
    1
    2
    3
    4
    5
>> B=A'
B =
    1    2    3    4    5
>> C=linspace(1,6,5)'
C =
    1.0000
    2.2500
    3.5000
    4.7500
    6.0000
>> Z=A+C*i
Z =
    1.0000 + 1.0000i
    2.0000 + 2.2500i
    3.0000 + 3.5000i
    4.0000 + 4.7500i
    5.0000 + 6.0000i
>> Z1=Z'
```

```
Z1 =
  Columns 1 through 3
   1.0000 - 1.0000i   2.0000 - 2.2500i   3.0000 - 3.5000i
  Columns 4 through 5
   4.0000 - 4.7500i   5.0000 - 6.0000i
>> Z2=Z.'
Z2 =
  Columns 1 through 3
   1.0000 + 1.0000i   2.0000 + 2.2500i   3.0000 + 3.5000i
  Columns 4 through 5
   4.0000 + 4.7500i   5.0000 + 6.0000i
```

3.2 多维数组的创建

对于二维数组和三维数组而言，创建方法和一维数组的创建方法不同。

二维数组(也就是矩阵)可以通过以下 3 种方法来创建。

- 直接输入二维数组的元素来创建，此时，二维数组的行和列可以通过一维数组的方式来进行创建，不同行之间的数据可以通过分号进行分隔，同一行中的元素可以通过逗号或空格来进行分隔。
- 通过 Matlab 的 Array Editor 来输入二维数组。创建方法为，点击 New Variable 创建图标，此时系统在工作空间的变量列表中出现新的矩阵变量，用户可以改变变量的名词。
- 对于大规模的数据，可以通过数据表格方式来输入，此时可以单击选择工作空间的 Import Data 图标，选中已经编写好的矩阵数据文件后，导入到工作空间中。

可以通过 Matlab 所提供的其他函数来生成二维数组。

例 3.4 创建二维数组

创建二维数组。

```
>> A=[1 2 3 4 5;linspace(0,6,5);1:2:9;4:8]
A =
   1.0000   2.0000   3.0000   4.0000   5.0000
        0   1.5000   3.0000   4.5000   6.0000
   1.0000   3.0000   5.0000   7.0000   9.0000
   4.0000   5.0000   6.0000   7.0000   8.0000
>> A=[1 2 3 4 5;linspace(0,6,5);1:2:9;4:9]
Error using vertcat
CAT arguments dimensions are not consistent.
>> B=[1 2 3
     4 5 6
     7 8 9]
B =
   1   2   3
   4   5   6
   7   8   9
```

在创建二维数组的过程中，需要严格保证所生成矩阵的行和列的数目相同。如果两者的数目不同，那么系统将会出现错误提示。此外，在直接生成矩阵的过程中，可以通过按回车键来保证矩阵生成另一行元素。

多维数组(n 维数组)，如在三维数组中存在行、列和页这样三维，即三维数组中的第三维成为页。在每一页中，存在行和列。在 Matlab 中，可以创建更高维的 n 维数组。但实际上主要用到的还是三维数组。三维数组的创建方法有以下几种。

- 直接创建。在生成过程中，可以选择使用 Matlab 提供的一些内置函数来创建三维数组，如 zeros、ones、rand、randn 等。
- 通过直接索引的方法进行创建。
- 使用 Matlab 的内置函数 reshape 和 repmat 将二维数组转换为三维数组。
- 使用 cat 函数将低维数组转化为高维数组。

例 3.5　创建三维数组

创建三维数组。

```
>> A=zeros(5,4,2)
A(:,:,1) =
     0     0     0     0
     0     0     0     0
     0     0     0     0
     0     0     0     0
     0     0     0     0
A(:,:,2) =
     0     0     0     0
     0     0     0     0
     0     0     0     0
     0     0     0     0
     0     0     0     0
>> B=zeros(3,3)           %通过创建三维数组来扩展
B =
     0     0     0
     0     0     0
     0     0     0
>> B(:,:,2)=ones(3,3)     %向三维数组中添加三维数组来增加页
B(:,:,1) =
     0     0     0
     0     0     0
     0     0     0
B(:,:,2) =
     1     1     1
     1     1     1
     1     1     1
>> B(:,:,3)=5             %通过标量扩展得到三维数组的另外一页
B(:,:,1) =
     0     0     0
     0     0     0
     0     0     0
B(:,:,2) =
     1     1     1
```

```
        1      1      1
        1      1      1
B(:,:,3) =
        5      5      5
        5      5      5
        5      5      5
>> C=reshape(B,3,9)          %得到三维数组
C =
        0      0      0      1      1      1      5      5      5
        0      0      0      1      1      1      5      5      5
        0      0      0      1      1      1      5      5      5
>> C=[B(:,:,1) B(:,:,2) B(:,:,3)]        %直接扩展得到三维数组
C =
        0      0      0      1      1      1      5      5      5
        0      0      0      1      1      1      5      5      5
        0      0      0      1      1      1      5      5      5
>> reshape(C,3,3,3)           %将得到的三维数组重新生成三维数组
ans(:,:,1) =
        0      0      0
        0      0      0
        0      0      0
ans(:,:,2) =
        1      1      1
        1      1      1
        1      1      1
ans(:,:,3) =
        5      5      5
        5      5      5
        5      5      5
>> A1=zeros(2)
A1 =
        0      0
        0      0
>> A2=ones(2)
A2 =
        1      1
        1      1
>> A3=repmat(2,2,2)
A3 =
        2      2
        2      2
>> A=cat(3,A1,A2,A3)        %在第三维上合并低维数组
A(:,:,1) =
        0      0
        0      0
A(:,:,2) =
        1      1
        1      1
A(:,:,3) =
        2      2
        2      2
>> A=cat(2,A1,A2,A3)        %在第二维上合并低维数组
A =
        0      0      1      1      2      2
        0      0      1      1      2      2
```

```
>> A=cat(1,A1,A2,A3)        %在第一维上合并低维数组
A =
     0     0
     0     0
     1     1
     1     1
     2     2
     2     2
```

通过以上内容可以看出，三维数组可以通过多种方法进行创建。在利用内置函数创建的过程中，关于这些函数的其他用法，读者可以通过 help 命令查找相应的帮助文件。

3.3　数组的运算

数组的运算包括数组和标量之间的运算，以及数组和数组之间的运算。对于数组和标量之间的运算，是标量和数组的元素之间直接进行数学运算，比较简单。对于数组和数组之间的运算关系，尤其是对于乘除运算和乘方运算，如果采用点方式进行计算，表明是数组的元素之间的运算关系，而如果是直接进行乘、除、乘方运算，那么则是向量或矩阵之间的运算关系。两者的意义完全不同。

此外，还需要注意的是，对于向量的除法运算，左除(\)和右除(/)的意义不同。两者之间除数和被除数是不同的。

例 3.6　数组的基本运算

进行数组的基本运算。

```
>> A=[1:3;4:6;7:9]
A =
     1     2     3
     4     5     6
     7     8     9
>> B=[1 1 1;2 2 2;3 3 3]
B =
     1     1     1
     2     2     2
     3     3     3
>> A.*B
ans =
     1     2     3
     8    10    12
    21    24    27
>> A./B
ans =
    1.0000    2.0000    3.0000
    2.0000    2.5000    3.0000
    2.3333    2.6667    3.0000
>> A.\B
ans =
    1.0000    0.5000    0.3333
    0.5000    0.4000    0.3333
```

```
    0.4286    0.3750    0.3333
>> A/B
Warning: Matrix is singular to working
precision.
ans =
  NaN  NaN  NaN
  NaN  NaN  NaN
  NaN  NaN  NaN
>> A\B
Warning: Matrix is close to singular or badly
scaled. Results may be inaccurate. RCOND =
1.541976e-018.
ans =
  -0.3333   -0.3333   -0.3333
   0.6667    0.6667    0.6667
        0         0         0
>> A.^2
ans =
     1     4     9
    16    25    36
    49    64    81
>> A^2
ans =
    30    36    42
    66    81    96
   102   126   150
```

对于矩阵的加减运算以及其他点运算,都是针对矩阵的元素进行的。而对于乘、除、乘方运算则通过矩阵计算进行,关于更详细的数组和矩阵运算方面的内容,读者可以查阅矩阵运算方面的数学理论书籍。

3.4 常用的标准数组

Matlab 中提供了一些函数,用来创建常见的标准数组(表 3-1)。常用到的标准数组包括全 0 数组、全 1 数组、单位矩阵、随机矩阵、对角矩阵以及元素为指定常数的数组等。

表 3-1 Matlab 标准数组生成函数

函　数	说　明	用　法
eye	生成单位矩阵	y=eye(n) y=eye(m,n) y=eye(size(A)) eye(m,n,calssname) eye([m,n],calssname)

函　数	说　明	用　法
ones	生成全 1 数组	y=ones(n) y=ones(m,n) y=ones([m,n]) y=ones(m,n,p,...) y=ones([m,n,p,...]) y=ones(size(A)) y=ones(m,n,...,classname) y=ones([m,n,...],classname)
rand	生成随机数组， 数组元素均匀分布	y=rand y=rand(m) y=rand(m,n) y=rand([m,n]) y=rand(m,n,p,...) y=rand([m,n,p,...]) y=rand(size(A)) rand(method,s) s=rand(method)
randn	生成随机数组， 数组元素服从正态分布	y=randn y=randn(m) y=randn(m,n) y=randn([m,n]) y=randn(m,n,p,...) y=randn([m,n,p,...]) y=randn(size(A)) randn(method,s) s=randn(method)
zeros	生成全 0 数组	y=zeros(n) y=zeros(m,n) y=zeros([m,n]) y=zeros(m,n,p,...) y=zeros([m,n,p,...]) y=zeros(size(A)) zeros(m,n,...,classname) zeros([m,n,...],classname)

例 3.7　常用标准数组

创建常用标准数组。

```
>> A=eye(3)
A =
    1    0    0
    0    1    0
    0    0    1
>> B=randn(3)
B =
  -0.4336    2.7694    0.7254
   0.3426   -1.3499   -0.0631
   3.5784    3.0349    0.7147
>> C=1:5
C =
    1    2    3    4    5
>> diag(C,1)
ans =
    0    1    0    0    0    0
    0    0    2    0    0    0
    0    0    0    3    0    0
    0    0    0    0    4    0
    0    0    0    0    0    5
    0    0    0    0    0    0
>> diag(C,-2)
ans =
    0    0    0    0    0    0    0
    0    0    0    0    0    0    0
    1    0    0    0    0    0    0
    0    2    0    0    0    0    0
    0    0    3    0    0    0    0
    0    0    0    4    0    0    0
    0    0    0    0    5    0    0
```

3.5 低维数组的寻址和搜索

数组中包含多个元素，在对数组的单个元素或多个元素进行访问时，需要对数组进行寻址操作。Matlab 提供了强大的功能函数，可以用于确定感兴趣的数组元素的脚标，插入、提取和重排数组的子集。具体参数如表 3-2 所示。

表 3-2 数组寻址技术

寻址方法	说　明
A(r,c)	用定义的 r 和 c 索引向量来寻址 A 的子数组
A(r,:)	用 r 向量定义的行和对应于行的列得到 A 的子数组
A(:,c)	用 c 向量定义的列和对应于列的行得到 A 的子数组
A(:)	用列向量方式来依次寻址数组 A 的所有元素。如果 A(:)出现在等号的左侧，表明用等号右侧的元素来填充数组。而 A 的形状不发生变化。
A(k)	用单一索引向量 k 来寻找 A 的子数组
A(x)	用逻辑数组 x 来寻找 A 的子数组，x 的维数和 A 的维数必须一致

例 3.8　数组寻址技术

使用数组寻址技术。

```
>> A=[1 2 3;4 5 6;7 8 9]
A =
     1     2     3
     4     5     6
     7     8     9
>> A(2,2)=2        %设置二维数组的元素数值
A =
     1     2     3
     4     2     6
     7     8     9
>> A(:,3)=3        %改变二维数组的一列元素数值
A =
     1     2     3
     4     2     3
     7     8     3
>> B=A(3:-1:1,1:3)        %通过寻址方式创建新的二维数组
B =
     7     8     3
     4     2     3
     1     2     3
>> C=A([1 3],1:2)        %通过列向量来创建二维数组
C =
     1     2
     7     8
>> D=A(:)        %通过提取 A 的各列元素延展成列向量
D =
     1
     4
     7
     2
     2
     8
     3
     3
     3
>> A(:,2)=[]        %通过空赋值语句删除数组元素
A =
     1     3
     4     3
     7     3
```

排序是数组操作的一个重要方面。Matlab 提供了 sort 函数来进行排序。对于 sort 函数的具体使用方法，读者可以通过 help sort 语句来加以查询。在进行一维数组排序时，默认的排序方式为升序排列。如果需要降序排列，则可以在 sort 函数的第二个参数处以 descend 来代替。

例 3.9　一维数组的排序

使用一维数组的排序。

```
>> A=randn(1,9)
A =
 Columns 1 through 7
   0.8229   -0.4887    0.8278   -1.0559    0.0414   -1.9709    1.2506
 Columns 8 through 9
  -1.6884    0.7757
>> [As,idx]=sort(A,'ascend')
As =
 Columns 1 through 4
  -2.4574   -1.2488   -0.8461    0.2478
 Columns 5 through 9
   0.3462    0.3627    1.0335    1.3073    1.7602
idx =
     2    6    9    1    4    3    7    5    8
```

在二维数组进行排序时，sort 函数只对数组的列进行排序。一般情况下，用户只关心对某一列的排序问题，此时可以通过一定的方式来进行重新排序。如果对行进行排序，则需要为 sort 函数提供第二个参数 2，例如下面的程序：

```
>> A=randn(4,3)
A =
   0.2109   -0.7524    0.5744
  -0.4274   -0.6697   -0.6965
  -0.1321   -1.5276   -0.5026
   1.2908   -0.7053    0.0306
>> [As,idx]=sort(A)
As =
  -0.4274   -1.5276   -0.6965
  -0.1321   -0.7524   -0.5026
   0.2109   -0.7053    0.0306
   1.2908   -0.6697    0.5744
idx =
     2    3    2
     3    1    3
     1    4    4
     4    2    1
>> [tmp,idx]=sort(A(:,3))      %第三列进行排序
tmp =
  -0.6965
  -0.5026
   0.0306
   0.5744
idx =
     2
     3
     4
     1
>> As=A(idx,:)      %利用 idx 向量来重新排序
As =
  -0.4274   -0.6697   -0.6965
  -0.1321   -1.5276   -0.5026
   1.2908   -0.7053    0.0306
   0.2109   -0.7524    0.5744
>> As=sort(A,2)      %对行进行排序
```

```
As =
   -0.7524    0.2109    0.5744
   -0.6965   -0.6697   -0.4274
   -1.5276   -0.5026   -0.1321
   -0.7053    0.0306    1.2908
```

在 Matlab 中，子数组搜索功能可以通过系统提供的 find 函数来搜索，可以返回符合条件的数组的索引数值，对于二维数组可以返回两个下标数值。关于搜索的其他命令，用户可以通过 help find 来查询。

例 3.10　数组搜索方法

使用数组搜索方法。

```
>> A=-4:4
A =
    -4   -3   -2   -1    0    1    2    3    4
>> h=find(A>0)
h =
     6    7    8    9
>> B=[1 2 3;4 5 6;7 8 9]
B =
     1    2    3
     4    5    6
     7    8    9
>> [i,j]=find(B>5)
i =
     3
     3
     2
     3
j =
     1
     2
     3
     3
>> h=find(B>5)
h =
     3
     6
     8
     9
>> x=randperm(8)
x =
     2    5    3    4    1    6    7    8
>> find(x>5)
ans =
     6    7    8
>> find(x>5,1)
ans =
     6
>> find(x>5,2,'last')
ans =
     7    8
```

如果搜索最大、最小值，那么可以使用 max 和 min 函数来进行搜索。如果搜索的是二维数组，那么这两个函数返回每一列的最大值或最小值，例如下面的程序：

```
>> A=rand(4,4)
A =
    0.1761    0.8952    0.2469    0.8967
    0.4339    0.4594    0.0963    0.9151
    0.2068    0.7995    0.9865    0.3734
    0.1102    0.8554    0.2648    0.2686
>> [mx,rx]=max(A)        %搜索每一列的最大值
mx =
    0.4339    0.8952    0.9865    0.9151
rx =
     2     1     3     2
>> [mx,rx]=min(A)        %搜索每一列的最小值
mx =
    0.1102    0.4594    0.0963    0.2686
rx =
     4     2     2     4
```

3.6   低维数组的处理函数

低维数组的处理函数如表 3-3 所示。

表 3-3   低维数组的处理函数

函　　数	说　　明
fliplr	以数组的垂直中线为对称轴，交换左右对称位置上的数组元素
flipud	以数组的水平中线为对称轴，交换数组上下对称位置上的数组元素
rot90	按逆时针对数组进行旋转
circshift	循环移动数组的一行或一列
reshape	结构变换函数，交换前后函数的元素个数相等
diag	对角线元素提取函数
triu	保留方阵的上三角，构成上对角方阵
tril	保留方阵的下三角，构成下对角方阵
kronecker	两个数组的 kronecker 乘法，构成新的数组
repmat	数组复制生成函数

例 3.11   低维数组处理函数

使用低维数组处理函数。

```
>> A=[1:4;5 6 7 8;9:12]
A =
     1     2     3     4
     5     6     7     8
     9    10    11    12
```

```
>> B=fliplr(A)        %左右对称变换
B =
    4    3    2    1
    8    7    6    5
   12   11   10    9
>> C=flipud(A)        %上下对称变换
C =
    9   10   11   12
    5    6    7    8
    1    2    3    4
>> D=rot90(A)         %旋转90°
D =
    4    8   12
    3    7   11
    2    6   10
    1    5    9
>> circshift(A,1)         %循环移动第一行
ans =
    9   10   11   12
    1    2    3    4
    5    6    7    8
>> circshift(A,[0,1])          %循环移动第一列
ans =
    4    1    2    3
    8    5    6    7
   12    9   10   11
>> circshift(A,[-1,1])          %循环移动行和列
ans =
    8    5    6    7
   12    9   10   11
    4    1    2    3
>> diag(A,1)         %选取对角元素
ans =
    2
    7
   12
>> tril(A)         %选取上三角矩阵
ans =
    1    0    0    0
    5    6    0    0
    9   10   11    0
>> tril(A,1)
ans =
    1    2    0    0
    5    6    7    0
    9   10   11   12
>> triu(A)         %选取下三角矩阵
ans =
    1    2    3    4
    0    6    7    8
    0    0   11   12
>> triu(A,2)
ans =
    0    0    3    4
    0    0    0    8
    0    0    0    0
```

在后面的选取对角元素和上、下三角矩阵时，所定义的第二个参数是以对角线为 k=0 的起始对角线，向上三角方向移动时，k 的数值增大；而向下三角方向移动时，k 的数值减小。

此外，对于非方阵的矩阵，对角线以过第一个元素的方阵的对角线为对角线的起始位置。

例 3.12　kronecker 乘法

使用 kronecker。

```
>> A=[1 2;3 4]
A =
    1    2
    3    4
>> I=eye(3)
I =
    1    0    0
    0    1    0
    0    0    1
>> kron(A,I)
ans =
    1    0    0    2    0    0
    0    1    0    0    2    0
    0    0    1    0    0    2
    3    0    0    4    0    0
    0    3    0    0    4    0
    0    0    3    0    0    4
>> kron(I,A)
ans =
    1    2    0    0    0    0
    3    4    0    0    0    0
    0    0    1    2    0    0
    0    0    3    4    0    0
    0    0    0    0    1    2
    0    0    0    0    3    4
```

kron 函数执行的是 kronecker 的张量乘法运算，即将第一个参数数组的每一个元素和第二个参数数组相乘，形成一个分块矩阵。上面的例子同样也说明 kronecker 张量乘法具有不可交换性。

3.7　高维数组的处理和运算

随着数组的维数增加，数组的运算和处理就会变得越来越困难，在 Matlab 中提供了一些函数，可以进行高维数组的处理和运算。此处对高维数组(主要介绍三维数组)的一些处理和运算函数进行介绍。常见的高维数组处理和运算函数如表 3-4 所示。

表 3-4　高维数组的处理和运算函数

函　　数	说　　明
squeeze	用此函数来消除数组中的"孤维"，即大小等于 1 的维，从而起到降维的作用
sub2ind	将下标转换为单一索引数值
ind2sub	将数组的单一索引数值转换为数组的下标
flip	沿着数组的某个维轮换顺序，第二个参数为变换的对称面
shiftdim	维度循环轮换移动
permute	对多维数组进行广义共轭转置操作

函　　数	说　　明
ipermute	取消转置操作
size	获取数组的维数大小数值

例 3.13　高维数组

高维数组的处理和操作。

```
>> A=[1:4;5:8;9:12]
A =
     1     2     3     4
     5     6     7     8
     9    10    11    12
>> B=reshape(A,[2 2 3])
B(:,:,1) =
     1     9
     5     2
B(:,:,2) =
     6     3
    10     7
B(:,:,3) =
    11     8
     4    12
>> C=cat(4,B(:,:,1),B(:,:,2),B(:,:,3))
C(:,:,1,1) =
     1     9
     5     2
C(:,:,1,2) =
     6     3
    10     7
C(:,:,1,3) =
    11     8
     4    12
>> D=squeeze(C)          %降维操作
D(:,:,1) =
     1     9
     5     2
D(:,:,2) =
     6     3
    10     7
D(:,:,3) =
    11     8
     4    12
>> sub2ind(size(D),1,2,3)      %索引转换
ans =
    11
>> [i,j,k]=ind2sub(size(D),11)
i =
     1
j =
     2
k =
     3
>> flip(D,1)         %按行进行翻转
ans(:,:,1) =
     5     2
     1     9
ans(:,:,2) =
    10     7
```

```
     6     3
ans(:,:,3) =
     4    12
    11     8
>> flip(D,2)        %按列进行翻转
ans(:,:,1) =
     9     1
     2     5
ans(:,:,2) =
     3     6
     7    10
ans(:,:,3) =
     8    11
    12     4
>> flip(D,3)        %按页进行翻转
ans(:,:,1) =
    11     8
     4    12
ans(:,:,2) =
     6     3
    10     7
ans(:,:,3) =
     1     9
     5     2
>> shiftdim(D,1)        %移动一维
ans(:,:,1) =
     1     6    11
     9     3     8
ans(:,:,2) =
     5    10     4
     2     7    12
>> E=permute(D,[3 2 1])
E(:,:,1) =
     1     9
     6     3
    11     8
E(:,:,2) =
     5     2
    10     7
     4    12
>> F=ipermute(E,[3 2 1])
F(:,:,1) =
     1     9
     5     2
F(:,:,2) =
     6     3
    10     7
F(:,:,3) =
    11     8
     4    12
```

3.8　课后练习

1. 创建二维数组有哪些方法？
2. 输入一个数组 b=(1 3 5 7 9 11)。
3. 将 46~70 这 25 个整数填入一个五行五列的矩阵数表 G 中，使其各行、各列以及主对角线和次对角线的和都相等。

第 4 章
Matlab
数学运算

微积分是大学数学的重要组成部分，几乎是每一个理工科学生所必修的课程，它是各个学科的基础，在科学研究和工程实践中都有着广泛的应用。在 Matlab 语言中，提供了许多求解微积分的函数，同时，用户也可以自己编写函数来求解复杂的问题。

学
习
目
标

◇ 掌握极限、导数及微分的使用
◇ 掌握积分的使用
◇ 数学化简、提取与替换代入
◇ 掌握级数求和
◇ 了解泰勒、傅里叶级数展开
◇ 了解多重积分

4.1 极限、导数与微分

4.1.1 极限

从高等数学的概念了解到：在自变量的某个变化过程中，如果对应的函数值无限接近于某个确定的数，那么这个确定的数就叫作这一变化过程中的函数极限。Matlab 提供求极限的函数是 limit，其调用格式如下。

- limit(f,x,a)：求符号函数 f(x)的极限值，即计算当变量 x 趋近于常数 a 时，f(x)函数的极限值，变量可以是其他符号。
- limit(f)：求当默认自变量 x 趋于常数 0 时，符号函数 f(x)的极限值。
- limit(f,x,a,'right')或 limit(f,x,a,'left')：求符号函数 f 的极限值，right 表示变量 x 从右趋近于 a，left 表示从左边趋近于 a。

例 4.1 函数极限

求函数的极限。

```
>> syms x y a
>> f=sin(x+3*y)
f =
sin(x + 3*y)
>> limit(f,2)
ans =
sin(3*y + 2)
>> limit(f,y)
ans =
sin(4*y)
>> limit(f)
ans =
sin(3*y)
```

4.1.2 导数与微分

1．diff 函数的使用

有了极限的概念，那么理解导数与积分的概念就比较容易了。在高等数学中，导数的定义是：设函数 y=f(x)，在点 x_0 的增长率即为此函数在该点的导数。可以用前面的 limit 命令来求各种函数的导数，但是利用导数的基本概念，可以轻松地进行计算。

在 Matlab 中，求函数的导数用 diff 命令来完成，其具体使用方法如下：

```
diff(f)
```

例 4.2 函数导数

求函数的导数。

```
>> syms x
>> f=log(x^3)
f =
log(x^3)
>> diff(f)
ans =
3/x
>> f=(x+exp(x)*sin(x))^(1/2)
f =
(x + exp(x)*sin(x))^(1/2)
>> diff(f)
ans =
(exp(x)*cos(x) + exp(x)*sin(x) + 1)/(2*(x + exp(x)*sin(x))^(1/2))
>> pretty(ans)
  exp(x) cos(x) + exp(x) sin(x) + 1
  ------------------------------
     2 sqrt(x + exp(x) sin(x))
```

这个结果显得整洁易懂。

用 diff 命令还可以求函数的高阶导数，其使用格式为：

```
diff(f,n)
```

例 4.3　函数高阶导数

求函数的高阶导数。

```
>> syms x
>> f=exp(-2*x)*cos(3*x^(1/2))
f =
cos(3*x^(1/2))/exp(2*x)
>> diff(f,3)
ans =
(27*exp(-2*x)*cos(3*x^(1/2)))/(2*x) - 8*exp(-2*x)*cos(3*x^(1/2))) +
(27*exp(-2*x)*cos(3*x^(1/2)))/(8*x^2)) - (18* exp(-2*x)*sin(3*x^(1/2)))/x^(1/2) -
(9* exp(-2*x)*sin(3*x^(1/2)))/(8*x^(3/2)) - (9* exp(-2*x)*sin(3*x^(1/2)))/(8*x^(5/2))
>> pretty(ans)
#2                                #2
--- - exp(-2 x) cos(3 sqrt(x)) 8 + ----
2 x                               2
                               8 x

  exp(-2 x) sin(3 sqrt(x)) 18     #1      #1
 - -------------------------- - ------ - ------
          sqrt(x)               3/2     5/2
                                8 x     8 x
where

#1 == exp(-2 x) sin(3 sqrt(x)) 9                 1/2
#2 == exp(-2 x) cos(3 sqrt(x)) 27
```

用 diff 函数还可以求多元函数的导数，其使用格式为：

```
diff(f,'var',n)
```

例 4.4　多元函数导数

求多元函数的导数。

```
>> syms x y z
>> f=x*sin(exp(y^(1/2)))/z
f =
(x*sin(exp(y^(1/2))))/z
>> diff(f,y,2)
ans =
(x*exp(y^(1/2))*cos(exp(y^(1/2))))/(4*y*z) -
(x*exp(y^(1/2))*cos(exp(y^(1/2))))/(4*y^(3/2)*z) -
(x*exp(2*y^(1/2))*sin(exp(y^(1/2))))/(4*y*z)
>> pretty(ans)
  x exp(sqrt(y) ) cos(exp(sqrt(y) ))   x exp(sqrt(y) ) cos(exp(sqrt(y) ))
  ------------------------------- - --------------------------- -
          4 y z                              3/2
                                          4 y   z
  x exp(2 sqrt y ) sin(exp(sqrt(y )))
  ---------------------------
            4 y z
```

此外，对抽象函数的求导，是 Matlab 十分特别的功能之一。它的操作十分简单，与其他函数求导的步骤一样，先说明函数的自变量，再说明函数的形式，最后用 diff 求导。同时与其他求导结果一样，也可以用 pretty 函数得到一个符合日常书写习惯的表达式。

例 4.5　函数求导

对抽象函数求导。

```
>> syms x y z
>> g=sin(2*x+y^3+z^4)
g =
sin(y^3 + z^4 + 2*x)
>> diff(g)
ans =
2*cos(y^3 + z^4 + 2*x)
>> diff(g,y)
ans =
3*y^2*cos(y^3 + z^4 + 2*x)
>> diff(g,z)
ans =
4*z^3*cos(y^3 + z^4 + 2*x)
```

2. gradient 函数

使用 gradient 函数求近似梯度格式如下。

- [fx,fy]=gradient(f)：该命令返回矩阵 f 的函数梯度，fx 相当于 df/dx，即在 x 方向的差分值。fy 相当于 df/dy，即在 y 方向的差分值。各个方向的间隔设为 1。当 f 是一个向量时，df=gradient(f)命令返回一个一维向量。
- [fx,fy]=gradient(f,h)：该命令使用 h 作为各个方向的间隔点，这里 h 是个数量。
- [fx,fy]=gradient(f,hx,hy)：该命令使用 hx、hy 为指定间距，其中 f 为二维函数。而

hx、hy 可以为向量或者数量，但是 hx、hy 为向量时，它们的维数必须和 f 的维数相匹配。

- [fx,fy,fz]=gradient(f)：该命令返回一个 f 的一维梯度，其中 f 是一个三维向量，fz 相当于 df/dz，即在 z 方向的差分。gradient(f,h)命令使用 h 作为各个方向的间距，其中 h 为一个数量。

- [fx,fy,fz]=gradient(f,hx,hy,hz)：该命令使用 hx、hy 和 hz 为指定间距。

- [fx,fy,fz]=gradient(f,...)：该命令在 f 为 N 维数组时做相似扩展。

例 4.6   函数梯度

求函数的梯度。

```
>> clear
>> t=[-pi:0.01:pi];
>> x=sin(t);
>> dx=gradient(x);
>> subplot(2,1,1)
>> plot(x)
>> subplot(2,1,2)
>> plot(dx)
```

所得的相应结果如图 4-1 所示。

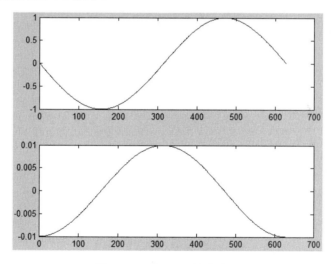

图 4-1   函数 sin(t)的梯度图

```
>> x=[-1:0.1:1];
>> [x,y]=meshgrid(x);
>> z=x.^2+y.^2;
>> [Dx,Dy]=gradient(z);
>> subplot(2,1,1)
>> mesh(z)
>> subplot(2,1,2)
>> quiver(Dx,Dy)
```

绘出的相应图像如图 4-2 所示。

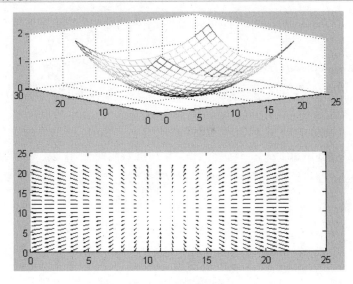

图 4-2　函数梯度图

3. jacobian 函数

在 Matlab 中可以使用 jacobian 函数求多元函数的导数，使用格式如下。

jacobian(f,v)：该命令计算向量 f 对向量 v 的 jacobian 矩阵，所得结果的第 i 行、第 j 列的值为 df(i)/dv(j)。当 f 为数量时，所得值为 f 的梯度。v 也可以是数量，不过此时该命令相当于 diff(f,v)。

例 4.7　jacobian 函数求导

利用 jacobian 函数求多元函数的导数。

```
>> syms x y z
>> jacobian([x*y*z;y;;x+z],[x y z])
ans =
[ y*z, x*z, x*y]
[   0,   1,   0]
[   1,   0,   1]
>> syms u v
>> jacobian(u*exp(v),[u;v])
ans =
[ exp(v), u*exp(v)]
```

4.2　积　　分

积分与导数、微分一样也是高等数学中最基本的运算之一。它的运算思路比较简单，就是求一条曲线，一个空间曲面体在一定坐标系下对应的面积或体积。在 Matlab 中，int 是求数值和符号积分的基本命令，它的功能十分强大，是计算时使用较多的工具。

4.2.1　一元函数的积分

在科学研究和工程实践中，除了要进行微分外，有时候还要求曲线下的面积，此时，就要用到积分方面的知识。从理论上来说，可以利用牛顿-莱布尼兹公式来求已知函数的积分，但是，工程实际中的函数往往十分复杂，采用理论的方法很难找到原函数。在 Matlab 语言中，提供了一些用于采用数值方法求解积分的函数，使用它们，用户可以得到满意的精度。函数主要有 cumsum、trapz、quad 和 quall 等，本节将对它们的使用方法予以介绍。

1．矩形求积

在 Matlab 语言中，采用矩形求积法来实现求解积分。其使用格式如下：

- 对向量 x，cumsum(x)命令返回一个向量，该向量的第 N 个元素是 x 的前 N 个元素的和。
- 对矩阵 x，cumsum(x)命令返回一个和 x 同型的矩阵，该矩阵的列即为对 x 的每一列的积累和。
- 对 N 维数组 x，cumsum(x)命令从第一个非独立数组开始操作。
- cumsum(x,DIM)命令中，参数 DIM 指明是从第一个非独立维开始。

例 4.8　cumsum 函数求积分

利用 cumsum 函数求积分。

```
>> x1=[1 2 3 4 5 6 7 8 9]
x1 =
    1    2    3    4    5    6    7    8    9
>> cumsum(x1)
ans =
    1    3    6   10   15   21   28   36   45
>> x2=[1 2 3;4 5 6;7 8 9]
x2 =
    1    2    3
    4    5    6
    7    8    9
>> cumsum(x2)
ans =
    1    2    3
    5    7    9
   12   15   18
>> cumsum(x2,1)
ans =
    1    2    3
    5    7    9
   12   15   18
>> cumsum(x2,2)
ans =
    1    3    6
    4    9   15
    7   15   24
>> cumsum(x2,3)
ans =
```

```
      1     2     3
      4     5     6
      7     8     9
>> t=0:0.1:10;
>> x=sin(t);
>> y=cumsum(x)*0.1;
>> plot(t,x,'r-',t,y,'k*')
```

运行结果如图 4-3 所示。

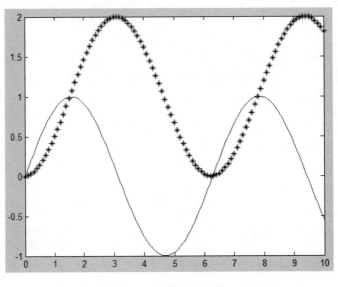

图 4-3   矩形求积图像

从图 4-3 可以看出，求出的积分曲线和余弦曲线形状相同，这与理论计算的结果是相符合的。

2. 梯形求积

在 Matlab 语言中，采用梯形求积法求解积分是由 trapz 函数实现，其使用格式如下。

● z=trapz(y)命令：采用梯形近似求解 y 的积分近似值。在间距不是 1 的时候，采用间距乘以 z 的方法求解。对向量 y，trapz(y)命令返回 y 的积分；对矩阵 y，trapz(y)命令返回一个行向量，该行向量的元素值为矩阵 y 对应的列向量的积分值；对 N 维列向量，trapz(y)命令从第一个非独立维开始计算。

● z=trapz(x,y)命令：使用梯形法求解 y 对 x 的积分值。其中 x 和 y 必须是具有相同长度的向量，或者 x 是一个列向量，而 y 的第一个非独立列的维数是 length(x)，本函数将沿此维开始操作。

● z=trapz(x,y,DIM)命令或是 z=trapz(y,DIM)命令：求 y 的交叉维 DIM 的积分，其中 x 的长度必须等于 size(y,DIM)。

例 4.9   trapz 函数求积分

利用 trapz 函数求积分。

```
>> x1=[1 2 3 4 5 6 7 8 9]
x1 =
    1    2    3    4    5    6    7    8    9
>> y1=trapz(x1)
y1 =
   40
>> x2=[1 2 3;4 5 6;7 8 9]
x2 =
    1    2    3
    4    5    6
    7    8    9
>> trapz(x2)
ans =
    8   10   12
>> trapz(x2,1)
ans =
    8   10   12
>> trapz(x2,2)
ans =
    4
   10
   16
>> x3=[1 2 3]
x3 =
    1    2    3
>> trapz(x3,x2)
ans =
    8   10   12
```

从上面的例子可以看出，cumsum 函数对向量求积分时，返回一个向量，对矩阵求积分时，返回一个矩阵，而 trapz 函数对向量求积分时，返回一个数值，而对矩阵求积分时，返回一个向量，这是它们之间的不同之处。

3．自适应法

在 Matlab 语言中，使用自适应法进行积分时，是由 quad 函数来实现的，其使用格式如下。

- q=quad(fun,a,b)命令：使用 simpson 法则的自适应法求函数 fun 从 a 到 b 的相对误差为 1.0e-6 的积分近似值，其中函数 y=fun(x)必须接受向量 x 并返回一个向量 y。
- q=quad(fun,a,b,tol)命令：使用了一个绝对误差容度 tol 代替默认值 1.0e-6。当 tol 的值比较大时，可以使计算速度明显加快。但是，计算精度会有所下降。
- [q,fcnt]=quad(…)命令：返回函数计算的步数。

例 4.10　quad 函数求积分

使用 quad 函数求解 $f = \int_0^1 \frac{x^2}{(1+\sin(x)+x^2)} dx$ 的积分。

先编制 M 文件如下：

```
function f=myfun1(x)
f=x^2/(1+sin(x)+x^2);
```

```
end
```

将该 M 文件以 myfun1.m 为函数名保存。继续在命令窗口中输入如下命令：

```
>> quad('myfun1',0,1)
ans =
0.1527
```

4．高阶自适应法

在 Matlab 语言中，quadl 函数采用自适应的 Newton-Cotes 法求解积分。其使用格式如下。

- q=quadl(fun,a,b)命令：使用高阶自适应法求解函数 fun 在积分区间[a,b]上积分，误差小于 10^{-6}(1.0e-6)。函数 fun 接受一个向量 x 并返回向量 y。当积分超出递归限时，q=Inf。
- q=quadl(fun,a,b,tol)命令：使用高阶自适应法求解函数 fun 在积分区间[a,b]上的积分近似值。其中向量 tol 可以包含两个元素，即 OL=[rel_tol abs_tol]，其中元素 rel_tol 为相对误差，元素 abs_tol 为绝对误差。
- q=quadl(fun,a,b,tol,trace)命令：当 trace 不为 0 时，在递归期间显示[fcnt a b-a q]的值。

> **例 4.11   quadl 函数求积分**

使用 quadl 函数求解 $f = \int_0^3 \dfrac{x^2}{e^{-x}}\,dx$ 的积分。

先编写 M 文件如下：

```
function f=myfun2(x)
f=x.^2./exp(-x);
end
```

将该 M 文件以 myfun2.m 为函数名保存。在命令窗口中输入如下命令：

```
>> quadl('myfun2',0,3)
ans =
  98.4277
>> quadl('myfun2',1,3,[1e-10,1e-11])
ans =
  97.7094
>> vpa(ans,10)
ans =
97.70940279
>> quadl('myfun2',1,3,1e-6,1)
    18    1.0000000000    1.00000000e+000    97.7094029629
ans =
  97.7094
```

4.2.2   二元及三元函数的数值积分

本小节介绍一些关于二元及三元函数的积分知识。在 Matlab 中使用 dblquad 函数和 quad2dggen 函数来求解二元函数的积分。

1. dblquad 函数求任意区域的积分

在 Matlab 语言中，使用 dblquad 函数求矩形区域的积分，其使用格式如下。

- dblquad(fun,XMIN,XMAX,YMIN,YMAX) 命令：调用函数 quad 在矩形区域 [XMIN,XMAX,YMIN,YMAX]上计算二元函数 fun(x,y)的二重积分。输入向量 x，标量 y，则 fun(x,y)返回一个用于积分的向量。

- dblquad(fun,XMIN,XMAX,YMIN,YMAX,tol)命令：用指定的精度 tol 代替默认的精度 10^{-6}，再进行计算。

- dblquad(fun,XMIN,XMAX,YMIN,YMAX,tol,@quadl)命令：用指定的算法 quadl 代替默认算法 quad。quadl 的取值由@quadl 指定且命令 quad 与 quadl 有相同调用次序的函数句柄。

- dblquad(fun,XMIN,XMAX,YMIN,YMAX,tol,@quadl,p1,p2,…)命令：将可选参数 p1,p2,…等传递给函数 fun(x,y,p1,p2,…)。若 tol 和 quadl 都是空矩阵时，则使用默认精度和算法 quad。

例 4.12　dblquad 函数求积分

使用 dblquad 函数在矩形区域求函数 $f = \dfrac{y}{\sin(x)} + x * e^y$ 的二重积分。

输入程序如下：

```
>> Q=dblquad(inline('y*sin(x)+x*cos(y)'),pi,2*pi,0,pi)
Q =
  -9.8696
>> Q=dblquad(inline('y*sin(x)+x*cos(y)'),pi,2*pi,0,pi,1e-10)
Q =
  -9.8696
>> vpa(Q,10)
ans =
-9.869604401
>> Q=dblquad(@integrnd1,pi,2*pi,0,pi)
Q =
  -9.8696
```

其中 integrnd1 函数的 M 文件如下：

```
function z=integrnd1(x,y)
z=y*sin(x)+x*cos(y);
end
```

例 4.13　dblquad 函数求积分

使用 dblquad 函数在非矩形区域求函数 $f = \sqrt{\max(1-(x^2+y^2),0)}$ 的二重积分。

输入程序如下：

```
>> Q=dblquad(inline('sqrt(max(1-(x.^2+y.^2),0))'),-1,1,-1,1)
Q =
  2.0944
```

2. triplequad 函数求三元函数的积分

在 Matlab 语言中,使用 triplequad 函数求三元函数的积分。其使用格式如下。

- triplequad(fun,XMIN,XMAX,YMIN,YMAX,ZMIN,ZMAX)命令:求函数 fun(x,y,z) 在矩形区间[XMIN,XMAX,YMIN,YMAX,ZMIN,ZMAX]上的积分值。函数 fun(x,y,z) 必须接受向量 x 以及标量 y 和 z 并返回一个积分向量。

- triplequad(fun,XMIN,XMAX,YMIN,YMAX,ZMIN,ZMAX,tol)命令:使用 tol 作为允许的误差值,取代默认值 1.0e-6。

- triplequad(fun,XMIN,XMAX,YMIN,YMAX,ZMIN,ZMAX,tol,@quadl)命令:使用指定的算法代替默认的算法 quad。

- triplequad(fun,XMIN,XMAX,YMIN,YMAX,ZMIN,ZMAX,tol,@myquadf)命令:使用自定义的算法 myquadf 取代默认值 quad。函数 myquadf 必须和 quad 与 quadl 两函数有相同调用次序的函数句柄。

- triplequad(fun,XMIN,XMAX,YMIN,YMAX,ZMIN,ZMAX,tol,@quadl , p1,p2,…) 命令:将可参选 p1,p2,…等传递给函数 fun(x,y,p1,p2,…)。若 tol 和 quadl 都是空矩阵时,则使用默认函数精度和算法 quad。

例 4.14   triplequad 函数求积分

使用 triplequad 函数求三元函数 $f = y*\sin(x) + z*\cos(x)$ 的积分。

输入程序如下:

```
>> Q=triplequad(inline('y*sin(x)+z*cos(x)'),0,pi,0,1,-1,1)
Q =
   2.0000
>> Q=triplequad(inline('y*sin(x)+z*cos(x)'),0,pi,0,1,-1,1,1.e-9)
Q =
   2.0000
>> vpa(Q,10)
ans =
2.0
```

可见,ans=2.0000 即为本例的精确值。此外,用户还可以使用如下形式来求解积分值:

```
>> Q=triplequad(@integrnd,0,pi,0,1,-1,1)
Q =
   2.0000
```

其中 integrnd 函数的 M 文件如下:

```
function f=integrnd(x,y,z)
f=y*sin(x)+z*cos(x);
end
```

4.3　化简、提取与替换代入

4.3.1　化简

不管使用 Matlab 进行计算，还是用手在纸上演算，都会出现要将前面已知的式子代入新式和对初步运算结果进行化简的情况。如待算式子太复杂，不论是化简还是代入都容易出错。下面介绍一下 Matlab 中一个非常有特点的功能块：化简与代入。

1. pretty 命令

在说明 Matlab 的化简与代入功能前，首先介绍一下 Matlab 中的将代数式化为手写格式的格式转化命令 pretty。

Matlab 的功能虽强，但是它的计算能力并不直观，特别是乘和幂次运算，*和^在式子中使人看着觉得烦琐，而 pretty 命令则解决了这个问题。它的用法很简单。如 A 为待转化格式的代数式，命令 pretty(A)即可将 A 由机器格式转化为手写格式，而且在转化过程中不会对 A 式进行任何化简或展开。

例 4.15　函数转换

将函数 $f=(x+y)(a+b^c)^z/(x+a)^2$ 和 $g=(a+b^c)^z/x(x+a)^z+(a+b^c)^z/y(x+a)^2$ 用 pretty 命令转化为手写格式，并判断两式是否相等。

输入程序如下：

```
>> syms x y z a b c
>> f=(x+y)*(a+b^c)^z/(x+a)^2;
>> g=(a+b^c)^z/(x+a)^2*x+(a+b^c)^z/(x+a)^2*y;
>> pretty(f)
              c z
 (x + y) (a + b )
 -----------------
         2
     (a + x)
>> pretty(g)
        c z         c z
 x (a + b )   y (a + b )
 ----------- + -----------
        2           2
   (a + x)     (a + x)
>> f-g
ans =
((x + y)*(a + b^c)^z)/(a + x)^2 - (x*(a + b^c)^z)/(a + x)^2 - (y*(a + b^c)^z)/(a + x)^2
```

此次相减结果不为 0，再用 pretty 命令观察一下：

```
>> pretty(ans)
             c z        c z        c z
 (x + y) (a + b )  x (a + b )  y (a + b )
 ----------------- - ----------- - -----------
```

```
       2              2              2
   (a + x)        (a + x)        (a + x)
```

由此可见，f-g 的结果只是两式在形式上相减了一下，而完全没有进行化简。两式是否最终相等呢？Matlab 中的化简功能正好可对其进行检验。

2．Matlab 的化简命令

Matlab 的化简命令有多种，分别对应纸上的不同方法。它们分别是：降幂排列法(collect)、展开法(expand)、重叠法(horner)、因式分解法(factor)、一般化简(simplify)等 5 种方法，下面一一介绍。

(1) 降幂排列法(collect)。

降幂排列法是各种化简方法中最简单的一种，在 Matlab 中由 collect 命令完成。它的用法简单，格式为：

```
collect(A)
```

如果要对非默认变量进行降幂排列，则要声明该变量名，格式为：

```
collect(A,name_of_varible)
```

现举例说明其具体使用方法及过程。

例 4.16　函数化简

化简以下两式。

① $t = (ax+3bx^4-3)^2+24a(cx^7+ax^3+c4x^2-b8x^{-1})^2-67a((2+7x)^5-34ax+4c)$，按 x 降幂排列。

② $tt=t+e^{3x}a^{-2}+e^{3x}x^{20}a$ 按降幂排列。

程序如下：

```
syms x a b c
t=(a*x+3*b*x^4-3)^2+24*a*(c*x^7+a*x^3+c*4*x^2-b*8*x^(-1))^2-67*a*((2+7*x)^5-34*a
*x+c*4);
tt=t+exp(3*x)*a^(-2)+exp(3*x)*x^20*a;
anst=collect(t);
anstt=collect(t,a);
```

结果为：

```
anst =
(24*a*c^2)*x^16 + (48*a^2*c)*x^12 + (192*a*c^2)*x^11 + (9*b^2)*x^10 + (24*a^3 -
384*b*c*a)*x^8 + (6*a*b - 1126069*a + 192*a^2*c)*x^7 + (384*a*c^2 - 1608670*a -
18*b)*x^6 + (-919240*a)*x^5 + (a^2 - 384*a^2*b - 262640*a)*x^4 + (2278*a^2 - 37526*a
- 1536*a*b*c)*x^3 + (9 - 268*a*c - 2144*a)*x^2 + 1536*a*b^2)/x^2
anstt =
(24*x^6)*a^3 + (2278*x + 48*x^3*(4*c*x^2 - (8*b)/x + c*x^7) + x^2)*a^2 + (24*(4*c*x^2
- (8*b)/x + c*x^7)^2 - 268*c - 67*(7*x + 2)^5 + 2*x*(3*b*x^4 - 3))*a + (3*b*x^4 - 3)^2
```

(2) 展开法(expand)。

展开法即是将代数式中所有的括号打开，将变量解放出来，但是得出的结果并不进行任何整理和幂次排列，只将其凌乱地堆在一起。现在，用展开法化简上例中的 t。

```
>> expand(t)
ans =
2278*a^2*x - 268*a*c - 37526*a*x - 262640*a*x^2 - 2144*a - 919240*a*x^3 - 1608670*a*x^4
- 1126069*a*x^5 - 18*b*x^4 + a^2*x^2 + 24*a^3*x^6 + 9*b^2*x^8 + (1536*a*b^2)/x^2 -
384*a^2*b*x^2 + 384*a*c^2*x^4 + 192*a^2*c*x^5 + 192*a*c^2*x^9 + 48*a^2*c*x^10 +
24*a*c^2*x^14 + 6*a*b*x^5 - 384*a*b*c*x^6 - 1536*a*b*c*x + 9
```

上式将 a、b、c 也展开了括号，比起用幂次排列法化简的结果长了许多。

(3) 重叠法(horner)。

重叠法是一种很特别的代数式的整理化简方法。它的化简方法是将代数式尽量化为 ax(bx(cx(…(zx+z')+y')…)+b')+a'的形式。在 Matlab 中，将代数式 A 以重叠法化简的命令 horner 使用起来同样简单，格式为：

```
horner(A)
```

下面举例说明化简过程。

例 4.17 重叠化简法化简

用重叠化简法化简下面两式。

① $m=x^6y^7+(xy^3+9)^2+32y$

② $n=x^4+4x^2-19x+25$

程序如下：

```
>> syms x y
>> m=x^6*y^7+(x*y^3+9)^2+32*y;
>> n=x^4+4*x^2-19*x+25;
>> ansm=horner(m)
ansm =
32*y + x*(x*(x^4*y^7 + y^6) + 18*y^3) + 81
>> ansn=horner(n)
ansn =
x*(x*(x^2 + 4) - 19) + 25
```

(4) 因式分解法(factor)。

因式分解法是化简方法中最常用的一种方法，它的目的就是将代数式 A 化为由 x 的一次项为单位的连乘积的形式。它在 Matlab 中的命令名为 factor。使用格式为：

```
factor(A)
```

例 4.18 因式分解法化简

用因式分解法化简下面两式。

① $f=1982x^5+7654x^8-5281x^4+7389x^7-8725x^2-769+2416x-872x^3+7261x^5$

② $g=x^{12}+x^8-25x^6+16x^4-4x^{10}+4x^8-32x^3+15x^2-9x+18$

程序如下：

```
>> sym x
>> f=1982*x^5+7654*x^8-5281*x^4+7389*x^7-8725*x^2-769+2416*x-872*x^3+7261*x^5;
>> g=x^12+x^8-25*x^6+16*x^4-4*x^10+4*x^8-32*x^3+15*x^2-9*x+18;
>> ansf=factor(f)
```

```
ansf =
7654*x^8 + 7389*x^7 + 9243*x^5 - 5281*x^4 - 872*x^3 - 8725*x^2 + 2416*x - 769
>> ansg=factor(g)
ansg =
x^12 - 4*x^10 + 5*x^8 - 25*x^6 + 16*x^4 - 32*x^3 + 15*x^2 - 9*x + 18
```

(5) 一般化简(simplify)。

在 Matlab 中，一般化简是指代数式在考虑了求和、积分、平方运算法则，三角函数、指数函数、对数函数、贝塞尔函数、hypergecomerric 函数、伽玛函数的运算性质，经计算机比较后转化的一种认为相对简单的形式。此种转化只列出结果，用户并不知道这种形式是经何种变换后得到的。但在普通的化简运算中，一般化简方法倒不失为一种简便快捷的化简方法。

它的使用格式为：

```
simplify(A)
```

例 4.19　因式分解法化简举例

用因式分解法化简下面式子：

```
>> syms x y z
a=x^3-8x^2+11x+6;
ansa=simplify(a)

ansa =

x*(x*(x - 8) + 11) + 6
```

4.3.2　提取与替换代入

在 Matlab 中，代入命令有两个，分别是 subexpr 和 subs。这两个命令各有优势，用起来也都很方便，下面分别予以介绍。

1. 提取(subexpr)

在进行繁琐的数学运算时，经常会遇到类似这样的情况：在得到的方程的解中，有几个非常长的因子在解中出现很多遍，不管是在纸上还是在屏幕上，它不仅使式子过长，显得难看，而且在转抄或粘贴时非常容易出错。Matlab 的 subexpr 命令可以解决这个问题。它能用一个语句完成筛选相同因子和整理式子的复杂工作。

在使用中，subexpn 命令可以带一个或者两个参数。它的完整使用格式为：

```
[Y,SIGMA]=suberxpn(X,SIGMA)
```

或

```
[Y,SIGMA]=subexpn(X,'SIGMA')
```

式子中各参数的含义为：

X：待整理的代数式或代数式矩阵。

SIGMA：在整理过程中提出的各种因子将以矩阵的格式存在名为 SIGMA 的变量中。

Y：经提取各种因子后，整理完毕的代数式或其矩阵将被保留存在于 Y 矩阵中。

```
>> t=solve('a*x^3+b*x^2+c*x+d=0')
[r,s]=subexpr(t,'s')
t =
(((d/(2*a) + b^3/(27*a^3) - (b*c)/(6*a^2))^2 + (c/(3*a) - b^2/(9*a^2))^3)^(1/2) -
b^3/(27*a^3) - d/(2*a) + (b*c)/(6*a^2))^(1/3) - b/(3*a) - (c/(3*a) -
b^2/(9*a^2))/(((d/(2*a) + b^3/(27*a^3) - (b*c)/(6*a^2))^2 + (c/(3*a) -
b^2/(9*a^2))^3)^(1/2) - b^3/(27*a^3) - d/(2*a) + (b*c)/(6*a^2))^(1/3)
(c/(3*a) - b^2/(9*a^2))/(2*(((d/(2*a) + b^3/(27*a^3) - (b*c)/(6*a^2))^2 + (c/(3*a)
- b^2/(9*a^2))^3)^(1/2) - b^3/(27*a^3) - d/(2*a) + (b*c)/(6*a^2))^(1/3)) - b/(3*a)
- (((d/(2*a) + b^3/(27*a^3) - (b*c)/(6*a^2))^2 + (c/(3*a) - b^2/(9*a^2))^3)^(1/2)
- b^3/(27*a^3) - d/(2*a) + (b*c)/(6*a^2))^(1/3)/2 - (3^(1/2)*((c/(3*a) -
b^2/(9*a^2))/(((d/(2*a) + b^3/(27*a^3) - (b*c)/(6*a^2))^2 + (c/(3*a) -
b^2/(9*a^2))^3)^(1/2) - b^3/(27*a^3) - d/(2*a) + (b*c)/(6*a^2))^(1/3) + (((d/(2*a)
+ b^3/(27*a^3) - (b*c)/(6*a^2))^2 + (c/(3*a) - b^2/(9*a^2))^3)^(1/2) - b^3/(27*a^3)
- d/(2*a) + (b*c)/(6*a^2))^(1/3))*i)/2
(c/(3*a) - b^2/(9*a^2))/(2*(((d/(2*a) + b^3/(27*a^3) - (b*c)/(6*a^2))^2 + (c/(3*a)
- b^2/(9*a^2))^3)^(1/2) - b^3/(27*a^3) - d/(2*a) + (b*c)/(6*a^2))^(1/3)) - b/(3*a)
- (((d/(2*a) + b^3/(27*a^3) - (b*c)/(6*a^2))^2 + (c/(3*a) - b^2/(9*a^2))^3)^(1/2)
- b^3/(27*a^3) - d/(2*a) + (b*c)/(6*a^2))^(1/3)/2 + (3^(1/2)*((c/(3*a) -
b^2/(9*a^2))/(((d/(2*a) + b^3/(27*a^3) - (b*c)/(6*a^2))^2 + (c/(3*a) -
b^2/(9*a^2))^3)^(1/2) - b^3/(27*a^3) - d/(2*a) + (b*c)/(6*a^2))^(1/3) + (((d/(2*a)
+ b^3/(27*a^3) - (b*c)/(6*a^2))^2 + (c/(3*a) - b^2/(9*a^2))^3)^(1/2) - b^3/(27*a^3)
- d/(2*a) + (b*c)/(6*a^2))^(1/3))*i)/2
r =
s^(1/3) - b/(3*a) - (c/(3*a) - b^2/(9*a^2))/s^(1/3)
(c/(3*a) - b^2/(9*a^2))/(2*s^(1/3)) - s^(1/3)/2 - b/(3*a) - (3^(1/2)*(s^(1/3) +
(c/(3*a) - b^2/(9*a^2))/s^(1/3))*i)/2
(c/(3*a) - b^2/(9*a^2))/(2*s^(1/3)) - s^(1/3)/2 - b/(3*a) + (3^(1/2)*(s^(1/3) +
(c/(3*a) - b^2/(9*a^2))/s^(1/3))*i)/2
s =
((d/(2*a) + b^3/(27*a^3) - (b*c)/(6*a^2))^2 + (c/(3*a) - b^2/(9*a^2))^3)^(1/2) -
b^3/(27*a^3) - d/(2*a) + (b*c)/(6*a^2)
```

上例中，s 为代数式，可试将 a,b,c,d 中的一个或两个改为某一具体数字，再用 subexpr 命令，观察一下 s 的变化。

subexpr 的化简使用格式为：

```
Y=subexpr(X)
```

式中 X,Y 含义同前，此时 X 式中的相同因子将被保存在默认名为 SIGMA 的变量中。这个操作很简单，就不再举例了。

2．代入(subs)

在 Matlab 中，将一代数式代入另一式中的操作命令为 subs。它的用法比较灵活，而且适用范围广泛。基本使用格式为：

```
SS=subs(S,OLD,NEW)
```

上式中各参数的含义如下。

OLD：代数式 S 中的将要被替换的旧变量名。

NEW：将要替换 OLD 的变量或代数式。

SS：替换后的新代数式。

例 4.20　变量替换

将 $f=ax^2+bx+c$ 中的变量 x 分别替换为 y、m+nt：

```
>> syms x a b c y m n t
>>f=a*x^2+b*x+c;
>>ansf=subs(f,x,y)
>>ansff=subs(f,x,'m+nt')
ansf =
a*y^2 + b*y + c
ansff =
c + a*(m + nt)^2 + b*(m + nt)
```

另外，在使用 Matlab 中的 subs 命令时，会发现系统按 SS=subs(S,OLD,NEW)的命令格式执行，却没有结果或是错误结果。因为很可能是：Matlab 为了与以前的版本兼容，subs 命令的格式变为 SS=subs(S,NEW,OLD)。如果是这样，那就要按后面的命令格式进行计算了。

如果要替换的变量也是系统按独立变量规则确定的变量，则 subs 命令的使用格式可简化为：SS=subs(S,NEW)。因此，可以试试前面例子中两个 subs 命令中的参数 x 是不是均可以省略不写。

如果代数式 S 中的任意变量在用 subs 命令前已经被赋值，则不管是数值型还是字符型，命令 subs(S)都将其具体值代入相应变量，完成替换并进行相应运算，例如下面的程序内容：

```
>> syms a b c x y
f=a*b+c/x*y;
a-'we';
b=1;
c=4;
x='aw';
y=5;
subs(f)
ans =
a + 20/aw
```

subs 命令不但可以进行单一变量的格式替换，还可进行多个变量的同时替换和多个矩阵的同时替换。它们的替换命令格式完全相同，只是进行替换新变量时要分别用大括号{}括起来，例如下面的程序内容：

```
>> subs(cos(a)^2+cos(b)^2,{a,b},{'alpha',2})
ans=cos(alpha)^2+cos(2)^2
>> subs(exp(x*y),'y',-magic(3))
ans =
 1.0e+258 *
 0.0000    2.5422
subs(x*y,{x,y},{[0 5 1;6 -7 3],[2 -3 5;8 -5 1]})
ans=
```

```
[485,485,485,595,595,595]
[485,485,485,595,595,595]
```

现在，提取与替换代入部分就全部介绍完了，这部分内容需要熟练掌握，此处掌握不精，到后面使用时就会绕很大的弯子，甚至完不成一个很简单的运算。

4.4　级　数　求　和

Matlab 的级数求和命令功能非常强大。symsum 是 Matlab 中符号运算工具箱(Symbolic Math Toolbox)主要的级数求和命令。下面介绍求和命令 symsum 的用法。

4.4.1　symsum(s)

s 为待求和的级数通项表达式。

命令 symsum(s)的功能是求出 s 关于系统默认变量如 k 的由 0 到 k-1 的有限项的和。如不能确定 s 的默认值，则可用 findsym(s)命令来查。

例 4.21　级数求和举例

试求 $s=ac^n$; $t=m^{2\sin(n)}$的 n 由 0 至 n-1 的和。

输入程序如下：

```
syms a m n c
s=a*c^n;
t=m^(2*sin(n));
anss=symsum(s);
anst=symsum(t);
```

结果为：

```
anss =
piecewise(c == 1, a*n, c~=1, (a*c^n)/(c - 1))
anst =
symsum(m^(2*sin(n)), n)
```

4.4.2　symsum(s,v)

v 为求和变量。求和将由 v 等于 1 求至 v-1。

当不确定自己所需的变量是系统的默认变量，或已知其不是默认变量时，需在 symsum 命令中加入对求和变量的说明，格式为：

```
symsum(s,v)
```

例如下面的程序内容：

```
syms a q n
s=a*q^n;
anss=symsum(s);
anst=symsum(s,n);
```

结果为：

```
anss =
sum(a*q^n, q)
anst =
piecewise(q == 1, a*n, q ~= 1, (a*q^n)/(q - 1))
```

结果 anss 说明，symsum(s)是以 q 为求和变量进行的运算的，由于结果不能进行化简，所以系统给出了前面的答案。

4.4.3　symsum(s,v,a,b)

前面所介绍的，一直是由 0 到 n-1 的固定长度的级数求和，在 Matlab 中也可以任选一段进行求和或将求和一直继续到正无穷。只要在命令后面补充上对求和起点和终点的说明就可以让 Matlab 完成计算。使用格式如下：

```
symsum(s,v,a,b)
```

例如下面的程序内容：

```
syms x y z a b c m n
f=a/x;
g=b/y^2;
h=c/z^3;
i=cos(a)/(2^a);
ansf1=symsum(f,x,1,10);
ansf2=symsum(f,x,1,inf);
ansg1=symsum(g,1,10);
ansg2=symsum(g,1,10);
ansh1=symsum(h,1,10);
ansh2=symsum(h,a,inf);
ansi1=symsum(i,a,1,inf);
ansi2=symsum(i,a,inf);
```

结果为：

```
ansf1=
(7381*a)/2520
ansf2=
Inf*a
ansg1=
(1968329*b)/1270080
ansg2=
(1968329*b)/1270080
ansh1=
(19164113947*c)/16003008000
ansh2=
piecewise(1 <= a, -(c*psi(2, a))/2)
ansi1=
1/(2*(2*exp(1i) - 1)) - exp(1i)/(2*(exp(1i) - 2))
ansi2=
- ((1/2)^a*exp(a*1i))/(exp(1i) - 2) + ((1/2)^a*exp(-a*1i)*exp(1i))/(2*exp(1i) - 1)
```

有了 symsum 命令和 abs 命令，判断一个级数是否是绝对收敛就容易多了。

4.5　泰勒、傅里叶级数展开

级数是一种重要的函数表示形式，很简单的通式相加往往能表达非常复杂的关系，所以反过来，如果把一些函数表达式展开为级数的形式则往往能展现出函数的许多特性。幂级数就是人们常用的一种展开方式，把函数用幂级数展开就是泰勒展开的任务。

4.5.1　一元函数泰勒展开

泰勒展开是高等数学中遇到的第一个级数展开，对它是否有深入的理解直接影响到对更深数学知识的学习和领悟。展开的实质，就是要将自变量 x 函数表示成 x^n(n 由 0 到无穷)的和的形式。当理解了泰勒展开的原理后，对任意函数进行泰勒展开就成了一项机械的工作，完全可以交给计算机来完成。

taylor 是 Matlab 中用来完成泰勒展开操作的命令。用它可以完成各种复杂的泰勒展开运算，以下将详细加以介绍。

1．taylor(f)

f 为待展开的函数表达式。命令 taylor(f) 将求解出函数 f 关于其默认变量的麦克劳林型的 6 阶近似展开。

例 4.22　泰勒展开

对以下两式进行泰勒展开。

① 　f=a*sin(x)*y^x+u*cos(v);
② 　g=a/(1+x)+b/(1+y);

输入程序如下：

```
>> syms x y a b u v
>> f=a*sin(x)*y^x+u*cos(v);
>> g=a/(1+x)+b/(1+y);
>> ansf=taylor(f);
>> ansg=taylor(g);
```

结果为：

```
ansf =
a*(log(y)^4/24 - log(y)^2/12 + 1/120)*x^5 - a*(log(y)/6 - log(y)^3/6)*x^4 +
a*(log(y)^2/2 - 1/6)*x^3 + a*log(y)*x^2 + a*x + u*cos(v)
ansg =
- a*x^5 + a*x^4 - a*x^3 + a*x^2 - a*x + a + b/(y + 1)
```

2．taylor(f, x, 'order', n)

taylor(f)命令只能求函数表达式 f 的 6 阶麦克劳林型泰勒展开式。如果求任意阶，则要在 taylor 命令后补加求阶参数 n-1，这样，求函数 f 的 100 阶泰勒展开式也没问题。

例4.23 泰勒展开举例

求函数 f=sin(x)+exp(x)*tan(x)和 g=exp(x)的 10 阶泰勒展开式。

输入程序如下：

```
>> syms x f
>> f=sin(x)+exp(x)*tan(x);
>> taylor(f, x, 'order', 10)
ans =
(1423*x^9)/25920 + (19*x^8)/240 + (19*x^7)/140 + (71*x^6)/360 + (7*x^5)/20 + x^4/2
+ (2*x^3)/3 + x^2 + 2*x
>> g=exp(x);
>> taylor(g, x, 'order', 10)
ans =
x^9/362880 + x^8/40320 + x^7/5040 + x^6/720 + x^5/120 + x^4/24 + x^3/6 + x^2/2 + x + 1
```

3．taylor(f, v)

由于在实际计算中，变量名无所不有，特别是对于多元函数。泰勒展开一定要说明对象，否则结果就与所需不同。因此，对函数中非系统默认的自变量或多元函数中的变量进行泰勒展开时，一定要在命令中加入对变量名的说明。taylor(f, v)就是其使用格式，结果是关于 v 的麦克劳林型泰勒展开式。

4．taylor(f, x, 'Expansionpoint', a)

上面介绍的例子中，不管是对哪个变量进行的都只是在变量等于零时的展开，这就局限了泰勒展开的范围。命令 taylor(f, x, 'Expansionpoint', a)的运算结果则是函数 f 在变量等于 a 处的泰勒展开结果。

例4.24 函数泰勒展开

求函数 f=sin(x)*y+exp(x)*b 在 x=5 和 x=a 处的泰勒展开式。

输入程序如下：

```
>> syms x y a b
>> f=sin(x)*y+exp(x)*b;
>> ans1=taylor(f,x,'ExpansionPoint',5)
ans1 =
b*exp(5) + y*sin(5) + ((b*exp(5))/6 - (y*cos(5))/6)*(x - 5)^3 + ((b*exp(5))/120 +
(y*cos(5))/120)*(x - 5)^5 + ((b*exp(5))/2 - (y*sin(5))/2)*(x - 5)^2 + ((b*exp(5))/24
+ (y*sin(5))/24)*(x - 5)^4 + (b*exp(5) + y*cos(5))*(x - 5)
>> ans2=taylor(f,x,'ExpansionPoint',a)
ans2 =
b*exp(a) - (b*exp(a) + y*cos(a))*(a - x) + y*sin(a) - ((b*exp(a))/6 - (y*cos(a))/6)*(a
- x)^3 - ((b*exp(a))/120 + (y*cos(a))/120)*(a - x)^5 + ((b*exp(a))/2 -
(y*sin(a))/2)*(a - x)^2 + ((b*exp(a))/24 + (y*sin(a))/24)*(a - x)^4
```

另外，Matlab 提供了一个泰勒展开图形用户界面，如图 4-4 所示，用户在 Matlab 命令窗口输入 taylortool 即可得到。

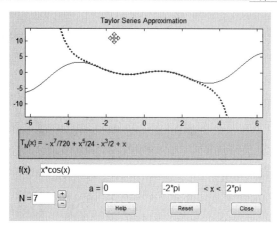

图 4-4　Taylortool GUI

4.5.2　多元函数的完全泰勒展开

在命令 taylor 中,所有操作均是对表达式的一个变量进行展开,而把其他变量当作常数。而当函数不只含有一个变量时,taylor 命令就无法处理。现在介绍一个能将 n 元函数做完全泰勒展开的命令 mtaylor。

其格式为:

```
mtaylor(f, v)
mtaylor(f, v, n)
mtaylor(f, v, n, w)
```

其中参数具体含义为:

f:待完全展开的代数表达式。

v:式中变量名列表,格式为:[var1=p1, var2=p2, …, varn=pn]

根据列表中的变量名和值,泰勒展开将在点(p1, p2, …, pn)处进行。当列表中的元素 vari 只有变量名时,系统将默认其值为 0。

n:非负整数,用于设定展开阶数。

w:与变量名列表同维的正整数列表,用于设置相应变量在展开时的权重。

另外,命令 mtaylor 并不在 Matlab 的符号运算工具箱的命令列表中,它是 MAPLE 符号运算函数库中的命令。因此调用这个命令的方法不同以前,首先,要将命令 mtaylor 由 MAPLE 的函数库读入工作空间,然后将用到专用于调用 MAPLE "引擎" 的函数 maple。因此,在 Matlab 内使用完全泰勒展开命令 mtaylor 的格式为:

```
maple('readlib(mtaylor) ')
maple('mtaylor(f, v, n, w)')
```

例 4.25　二阶泰勒展开

在(x0,y0,z0)处将 F=sin(x*y*z)进行 2 阶泰勒展开。

在命令窗口输入:

```
syms x0 y0 z0
maple('readlib(mtaylor)');
maple('mtaylor(sin(x*y*z),[x=x0,y=y0,z=z0],2)')
```

则显示结果为：

```
ans =
sin(x0*y0*z0)+cos(x0*y0*z0)*y0*z0*(x-x0)+cos(x0*y0*z0)*x0*z0*(y-y0)+cos(x0*y0*z0
)*x0*y0*(z-z0)
```

4.5.3　傅里叶级数展开

傅里叶级数展开在高等数学中很重要，它在工程计算和理论计算中都起着非常重要的
作用。

在 Matlab 中，目前还没有一个专门用于进行傅里叶级数展开的命令。不过，从其定义
来看，完全可以利用 Matlab 符号的计算能力，自己编制如下一个命令：

```
function(a0,an,bn)=mfourier(f)
syms n x
a0=int(f, -pi, pi)/pi;
an=int(f*cos(n*x), -pi, pi)/pi;
bn=int(f*sin(n*x), -pi, pi)/pi;
```

这个函数的使用很简单，只要将待展开的函数表达式赋给一个符号变量，然后用这个
变量作为命令 mfourier 的参数即可。

例 4.26　傅里叶展开

求函数 f=x^3+x^2+x 的傅里叶级数展开式。

输入程序如下：

```
>> syms x y z
>> f=x^3+x^2+x
>> [a0,an,bn]=mfourier(f)
a0 =
(2*pi^2)/3
an =
(2*(pi^2*n^2*sin(pi*n) - 2*sin(pi*n) + 2*pi*n*cos(pi*n)))/(pi*n^3)
bn =
(2*cos(pi*n)*((6*pi)/n^3 - pi^3/n) - 2*sin(pi*n)*(6/n^4 - (3*pi^2)/n^2) +
(2*(sin(pi*n) - pi*n*cos(pi*n)))/n^2)/pi
```

4.6　多 重 积 分

多重积分其本质与普通积分一样，只是将沿一维的积分改为沿二维、三维乃至多维的
积分。由于 Matlab 目前还没有一个多重积分的命令，因此本节还是用一维积分命令 int，结
合对积分函数图像的观察，完成对多重积分的计算。

4.6.1　二重积分

在一个面上积分是二重积分的本质，只要能明确地将积分面表达出来并恰当转化成 int 命令中所需的积分形式，二重积分的结果也就得到了。在前面已经学习的了 int 的使用方法，现在重点是根据画出的积分平面的外形，正确地定出两组积分限。这里用到的是 eaplot 命令来画出积分平面外形。具体用法如下例。

例 4.27　二重积分举例

试求二重积分 $\iint\limits_{D} xy\mathrm{d}x\mathrm{d}y$，其中，$D$ 是由抛物线 $y^2 = x$ 以及直线 $y = x - 2$ 所围成的闭区域。

解： ① 首先求出交点，绘出积分区域 D，输出图形，如图 4-5。同时求出其交点。

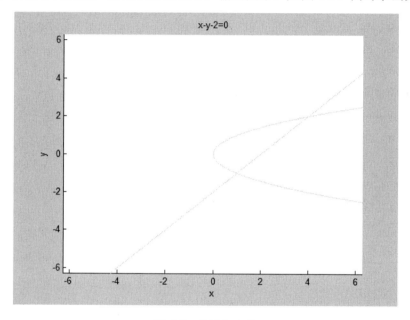

图 4-5　曲线与交点

在命令窗口输入：

```
>> syms x y;
f1='x-y^2=0';
f2='x-y-2=0';
[x,y]=solve(f1,f2,x,y)
hold on
ezplot(f1);
ezplot(f2);
x =
  4
  1
y =
  2
 -1
```

② 然后利用①中的结果进行扩大积分区域 $R = \{(x,y) \mid 0 \leqslant x \leqslant 4, -1 \leqslant y \leqslant 2\}$，在 R 上做辅助函数 $F(x,y) = \begin{cases} xy, & (x,y) \in D \\ 0, & (x,y) \in R - D \end{cases}$。

③ 对辅助函数 $F(x,y)$ 做在 R 上的积分 $\iint\limits_{R} F(x,y)\mathrm{d}x\mathrm{d}y$，输入程序并得到 $\iint\limits_{D} xy\mathrm{d}x\mathrm{d}y$ 的近似解：

```
>> vpa(dblquad(inline('x*y.*(y^2<=x).*(y+2>=x)'),0,4,-1,2),25)
ans =
4.581485164503249052359024
>> vpa(dblquad(inline('x*y.*(y^2<=x).*(y+2>=x)'),0,4,-1,2,1e-10),25)
ans =
4.581517161434134344233371
```

4.6.2 三重积分

三重积分的计算最终是化成累次积分来完成的，因此，只要能正确地得出各累次积分的积分限，便可在 Matlab 中通过多次使用 int 命令来求得计算结果。但三重积分的积分域 Ω 是一个三维空间区域，当其形状较复杂时，要确定各累次积分的积分限会遇到一定困难，此时，可以借助 Matlab 的三维绘图命令，先在屏幕上绘出 Ω 的三维立体图，然后执行命令 rotate3d on，便可拖动鼠标使 Ω 的图形在屏幕上做任意的三维旋转，并且可用下述命令将 Ω 的图形向三个坐标平面进行投影。

view(0,0)：向 XOZ 平面投影。

view(90,0)：向 YOZ 平面投影。

view(0,90)：向 XOY 平面投影。

综合运用上述方法，一般应能正确得出各累次积分的积分限。

例 4.28　求三种积分

计算 $\iiint\limits_{\Omega} z\mathrm{d}v$，其中 Ω 是由圆锥曲面 $z^2 = x^2 + y^2$ 与平面 z=1 围成的闭区域。

解：首先用 Matlab 来绘制 Ω 的三维图形，画圆锥曲面的命令如下。
在命令窗口输入：

```
syms x y z
z=sqrt(x^2+y^2);
ezsurf(z,[-1.5,1.5])
```

画第二个曲面之前，为保持先画的图形不会被清除，需要执行命令：

```
hold on
```

然后用下述命令就可以将平面 z=1 与圆锥面的图形画在一个图形窗口内(见图 4-6)：

```
 [x1,y1]=meshgrid(-1.5:1/4:1.5);
z1=ones(size(x1));
surf(x1,y1,z1)
```

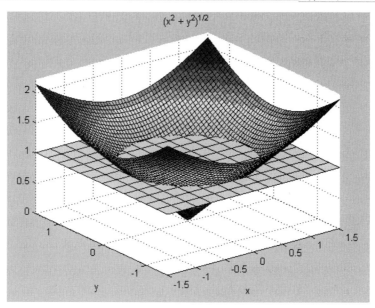

图 4-6　Ω 的三维图形

由该图很容易将原三重积分化成累次积分：

$$\iiint\limits_{\Omega} z\mathrm{d}v = \int_{-1}^{1}\mathrm{d}y\int_{-\sqrt{1-y^2}}^{\sqrt{1-y^2}}\mathrm{d}x\int_{\sqrt{x^2+y^2}}^{1} z\mathrm{d}z$$

于是可用下述命令求解此三重积分：

```
>> clear all
syms x y z
f=z;
f1=int(f,z,sqrt(x^2+ y^2),1);
f2=int(f1,x,-sqrt(1- y^2), sqrt(1- y^2));
int(f2,y,-1,1)
ans =
pi/4
```

计算结果为 $\dfrac{\pi}{4}$。

4.7　课后练习

1. 求解多项式 $x^3\text{-}7x^2+2x+40$ 的根。

2. 求解在 $x=8$ 时多项式 $(x\text{-}1)(x\text{-}2)(x\text{-}3)(x\text{-}4)$ 的值。

3. 计算多项式乘法 $(x^2+2x+2)(x^2+5x+4)$。

4. 计算多项式除法 $(3x^3+13x^2+6x+8)/(x+4)$。

5. 对下式进行部分分式展开：

$$\frac{3x^4 + 2x^3 + 5x^2 + 4x + 6}{x^5 + 3x^4 + 4x^3 + 2x^2 + 7x + 2}$$

6. 计算多项式 $4x^4 - 12x^3 - 14x^2 + 5x + 9$ 的微分和积分。

7. 解方程组 $\begin{bmatrix} 2 & 9 & 0 \\ 3 & 4 & 11 \\ 2 & 2 & 6 \end{bmatrix} x = \begin{bmatrix} 13 \\ 6 \\ 6 \end{bmatrix}$。

第 5 章

字符串、单元
数组和结构体

在 Matlab 的更多应用中，处理第 3 章中介绍的最基本数据结构——数组以外，还需要利用其他数据结构。本章介绍三种特殊的数据结构——字符串、单元数组和结构体。字符串用于对字符型数据结构进行操作，而后两种数据类型允许用户将不同类型的数据集成为单一的变量，因此相关的数据可以通过一个单元数组或结构体进行组织和操作。

学习目标
◇ 掌握字符串的生成及操作
◇ 掌握单元数组的生成及操作
◇ 掌握结构体的生成及操作

5.1　字符串操作

在许多计算机高级语言中，字符串处理一向是作为一个非常重要的部分。由于 Matlab 注重矩阵的计算和处理，因而字符串在 Matlab 中的地位没有在其他高级语言中那么举足轻重，但 Matlab 处理字符串的功能还是非常强大的，它提供了完善的处理字符串的函数，如对字符串进行比较、取子串等。同样，Matlab 对字符串的操作也是建立在矩阵处理的基础上的，可以在以下的内容中仔细体会。

5.1.1　Matlab 中的字符串符号

在 Matlab 中，要建立一个字符串变量，可以这样写：S='字符串'，即用' '将输入的字符串括起来，注意不是" "，这与一些其他的高级语言不同。而要建立一个字符串矩阵，则可以这样输入：

```
>>SA=['string11' 'string12' …
'string21' 'string22' …
'stringn1' 'stringn2' …]
```

与数组不同，字符串矩阵的每一行字符串元素的个数可以不同，但是每一行的所有字符串中字符的总个数必须相同，如果不满足这个条件，即使每行中字符串的个数相同，也会出错。事实上，Matlab 将一个行内的所有字符串都合并起来，构成一个字符串，单个字符串之间不加空格，这正是每行中输入的字符串的个数可以不相同的根本原因，例如下面一段程序：

```
>> SA=['hello';'world';'我是李某某']
SA =
hello
world
我是李某某
```

利用这个特点，可以用[ ]将任意字符串连接起来。

将上例中 SA 的上下两行连接起来，可以这样操作：

```
>> [SA(1,:) SA(2,:) SA(3,:)]
ans =
helloworld 我是李某某
```

设 S='任意字符串'，是一个由字符的 ASCII 码组成的向量，实际所显示的是由给定的字体经过编码后的字符，而不是一些数码，变量 S 的长度便是字符串中的字符的个数。例如下面一段程序：

```
>> s='hello world'
s =
hello world
```

由于 Matlab 中' '是标识字符串的特殊字符，因而要在字符串中输入' '必须通过 2 个' '来表示，而" "可以直接输入。

> **注意**
>
> Matlab 将字符串当作一个行向量，每个元素对应一个字符；也就是将字符串存在一个行向量中，向量的每个元素对应一个字符。

```
>> size(s)
ans =
    1    11
```

例 5.1　用 whos 命令查看字符串属性

```
>> whos
  Name      Size              Bytes  Class
  SA        2x16                 64  char
  ans       1x2                  16  double
  area      1x1                   8  double
  c         1x10                 20  char
  d         1x18                 36  char
  s         1x11                 22  char
>> class(s)
ans =
'char'
>> c='It''s a dog'          %字符串内为两个',而不是"
c =
'It's a dog'
>> d='She said:"I am OK"'    %字符串内为两个",而不是两个'
d =
She said:"I am OK"
```

> **注意**
>
> Matlab 在处理字符串矩阵时是把它当作数据矩阵来处理的，字符串的每个字符都是矩阵的每个元素，这样字符串矩阵也应当满足数据矩阵的所有条件，即要求每行的元素个数必须相同，上下两行的字符总数必须相同。

字符串标识方法和数值向量或矩阵相同。也就是可以对元素进行提取或重新赋值的操作，例如下面一段程序：

```
>> s1='My name is 李某某'
s1 =
My name is 李某某
>> s1(12)
ans =
李
>> s2=s1(end:-1:1)
s2 =
某某李 si eman yM
```

字符串及字符串矩阵可以进行加、减、乘、除四则运算和其他的数学运算。由于 Matlab 是将字符串及字符串矩阵当作数据矩阵来处理的，因而在进行这些运算时，实际上是由字

符串的各个字符的 ASCII 码组成的数据矩阵之间的数学运算。下面介绍一下字符串操作的
函数。通常可以打印的字符的 ASCII 码在 32~127 范围之间，但任何 8 位二进制数都是合法
的，范围在 0~255 之间，如果数值不是正整数，或是超出了上面的范围，则实际上是打印
出 ASCII 码为 fix(rem(A,256)) 的字符，例如下面的程序：

```
>> 'a'+'b'
ans =
  195
>> 'a'*'b'
ans =
      9506
其中
>> abs('a')
ans =
   97
>> abs('b')
ans =
   98
```

5.1.2　一般通用字符串操作

通用字符串操作包括字符串与 ASCII 间的转换、字符串与数据间的相互转换，字符串
大小写间的转换、字符串中空格的删除等，这些操作都是对字符串最常用和最基本的。在
其他高级语言中的字符串操作部分一般都含有这些操作，因而可以称为通用字符串操作。

1. 将整数数组转换为字符串

s=string(A) 其中 A 为正整数数组，这个函数的作用是将一个整数数组转换成字符串矩
阵，字符串中字符的 ASCII 码即是 A 中相应的元素值。

> 例 5.2　使用 string( )函数

```
>> a=[84 104 105 115 32 105 115 32 97 110 32 101 120 97 109 112 108 101]
a =
 Columns 1 through 9
   84   104   105   115    32   105   115    32    97
 Columns 10 through 18
  110    32   101   120    97   109   112   108   101
>> string(a)
ans =
This is an example
>> b=[1 2 3 4 5 6;81 72 58 124 112 114]
b =
    1    2    3    4    5    6
   81   72   58   124  112  114
>> string(b)
ans =
This is an example
```

利用 string( )函数可以将任意正整数矩阵转换为相应的字符串矩阵。

2. 将 ASCII 码转换为字符串

char(A)：此函数将由正整数组成的矩阵 A 转换成字符串矩阵，矩阵 A 的元素一般要在 0~65535 之间，超出这个范围的是没有定义的，但也可以显示出结果，只是系统会给出超出范围的警告。

s=char(C)：如果 C 是由字符串组成的单元阵，此函数将单元阵 C 转换成字符串矩阵，字符串矩阵的每行就是单元阵的每个元素，且用空格将每个字符串补齐，以保证字符串矩阵的合法性。也可以用 cellstr() 函数将一个字符串矩阵转换为一个字符串单元阵。

s=char(s1,s2,s3,…)：此函数以各个字符串是 s1、s2、s3、…为每行构成字符串矩阵 S，并自动以适当的空格追加在较短的字符串的后面，使各行的字符串的字符个数相同，以构造合法的字符串矩阵。参数中的空字符串也会被空格填充为相同大小的空格字符串。

例 5.3　使用 char( )函数

```
>> char(b)
ans =              %此结果与 string(b)得到的结果一样
>> char(65537)
Warning: Out of range or non-integer values truncated
during conversion to character.
>> s={'My' 'name' 'is' '李某某'}
s =
    {'My'}    {'name'}    {'is'}    {'李某某'}
>> k=char(s)
k =              %k 的每行字符串都用空格补成长度相同的
'My'
'name'
'is'
'李某某'
>> cellstr(k)    %将字符串矩阵转换为单元矩阵
ans =
    {'My'}
    {'name'}
    {'is'}
    {'李某某'}
```

3. 将字符串转换成 ASCII 码

abs(S)：S 为字符串，此函数返回 S 的每个字符的 ASCII 码，结果是一个整数矩阵，可以当作一般的矩阵处理。

例 5.4　使用 abs( )函数

```
>> b=abs(k)
b =
        77         121          32          32
       110          97         109         101
       105         115          32          32
     26446       26576       26576          32
```

4. 将字符串转换为相应的 ASCII 码

double(S)：此函数的作用与 abs(S)有相同之处，它是将符号矩阵或字符串转换成由双精度型的浮点数组成的矩阵。在符号运算中，它是按双精度形式计算一个符号表达式的结果。

例 5.5　使用 double( )函数

```
>> double('ab')
ans =
    97    98
>> c=sym('1+2')
c =
3
>> double(c)
ans =
    3
```

5. 输入空格符

blanks()：用于输出 n 个空格数。此函数在调整输出格式、要输出多个空格时很有用，可以精确地输出需要的空格数。通常与 disp()函数联用，对输出格式进行调整。

例 5.6　使用 blanks( )函数

```
>> a=blanks(6);
>> size(a)
ans =
    1    6
>> b=['10 spaces' blanks(10) 'end']
b =
10 spaces          end
```

6. 将字符串进行大小写转换

upper(S)：函数将字符串或字符串矩阵 S 中的所有的小写字母转换成大写，原有的大写字母保持不变。

lower(S)：函数将字符串或字符串矩阵 S 中的所有的大写字母转换成小写，原有的小写字母保持不变。

例 5.7　使用 upper( )函数

```
>> s=['hello';'WORLD'];
>> upper(s)
ans =
'HELLO'
'WORLD'
>> lower(s)
ans =
'hello'
'world'
```

7. 将字符串作为命令执行

a=eval('字符串表达式')：此函数返回由字符串表达式执行的结果。可以将各个不同部分放在"[]"内以形成一整条命令。这个函数在 M 文件中交互式执行命令时很有用。

例 5.8　使用 eval( )函数

利用 eval( )函数依次对 a1~a9 分别赋值 1~9。

```
>> for i=1:9
eval(['a' char(abs('0')+i) '=' char(abs('0')+i)])
end
a1 =
    1
a2 =
    2
a3 =
    3
a4 =
    4
a5 =
    5
a6 =
    6
a7 =
    7
a8 =
    8
a9 =
    9
```

5.1.3　字符串比较操作

字符串比较操作主要涉及对字符串按字母顺序进行比较及对字符串进行匹配、查找、替换和提取子串等一系列的操作。这些是比较有用的操作，也可以归入调用命令部分，下面来详细讲解。

1. 两个字符串比较

strcmp('string1','string2')：将两个字符串进行比较，如果两字符串相等，此函数返回逻辑"真"，否则返回逻辑"假"，即此函数只能判断两字符串是否相等，而不能判断按字母顺序谁在谁前面。

strcmp(C1,C2)：如果 C1 和 C2 都是由字符串组成的大小相同的单元阵，此函数返回一个与单元阵相同大小的逻辑矩阵。如果单元阵 C1 和 C2 相同位置上的字符串相同，则在逻辑矩阵的相应位置上输出 1，否则输出 0。C1 和 C2 其中之一或全部可以为字符串或字符串矩阵，但返回的逻辑矩阵与单元阵有相同的大小。

例 5.9　使用 strcmp( )函数举例一

利用 strcmp( )函数对两个字符串进行比较。

```
>> strcmp('hello','hello')
ans =
    1
```

```
>> strcmp('hello','world')
ans =
    0
>> c1={'my' 'name';'is' 'lilei'}
c1 =
   'my'    'name'
   'is'    'lilei'
>> c2={'her' 'name';'is' 'lili'}
c2 =
   'her'    'name'
   'is'     'lili'
>> c3='NAME'
c3 =
NAME
>> c4 = ['my' 'name';'is' 'lili']
c4 =
myname
islili
>>  c5 = ['my' 'name';'is' 'lili']
c5 =
myname
islili
>> strcmp(c1,c2)
ans =
    0    1
    1    0
>> strcmp(c1,c3)
ans =
    0    0
    0    0
>> strcmp(c5,c4)
ans =
    1
```

注意 前导或后导空格也会参与比较，比较函数对大小写是敏感的。

2. 比较字符串的前 n 个字符

strncmp('string1','string2',n)：如果两个字符串的前 n 个字符相同，则此函数返回逻辑"真"，否则返回逻辑"假"，比较函数对大小写敏感。

strncmp(C1,C2,n)：如果 C1 和 C2 为由字符串组成的大小相同的单位阵，则此函数将相同位置的字符串的前 n 个字符进行比较。如果相同，就在相同位置输出 1，否则输出 0；如其中之一为字符串，则将单位阵中的所有字符串都与这个字符串进行比较，返回与单位阵相同大小的逻辑阵。

例 5.10　使用 strncmp( )函数举例二

利用 strncmp( )函数对两个字符串的前 n 个字符进行比较。

```
>> s1='Matlab';s2='MatLab';
>> strncmp(s1,s2,3)
```

```
ans =
    1
>> strncmp(s1,s2,4)
ans =
    0
>> c1={'good' 'bad';'Matlab' 'Matlab'}
c1 =
    'good'      'bad'
    'Matlab'    'Matlab'
>> c2='MatLab'
c2 =
MatLab
>> strncmp(c1,c2,3)
ans =
    0    0
    1    1
>> strncmp(c1,c2,4)
ans =
    0    0
    0    0
```

3. 匹配字符串操作

strmatch('substr',S)：S 可以是字符串矩阵或由字符串组成的单元阵，如果是单元阵，则必须是单列，函数返回以字符串 substr 开始的行的行号。字符串矩阵的查找速度要比单元阵的查找速度快。

例 5.11　使用 strmatch( )函数

利用 strmatch( )函数对字符串进行匹配。

```
>> k=strmatch('good',strvcat('good','badgood','goodbad'))
k =
    1
    3
>> s={'yes';'noyes';'yesno'}
s =
    'yes'
    'noyes'
    'yesno'
>> strmatch('yes',s,'exact')
ans =
    1
```

4. 在字符串中查找子串

strfind('str1','str2')：此函数在长字符串中查找短的字符串，并返回字符串中短字符串开始的所有位置。子串和母串在括号中既可在前也可在后，即 str1、str2 中任意一个都可作为子串或母串。

例 5.12　使用 strfind( )函数

利用 findstr( )函数在字符串中查找子串。

```
>> s='This is a good goose.'
s =
This is a good goose.
>> b=strfind(s,'oo')
b =
12    17
```

5. 字符串替换操作

strrep('str1','str2','str3')：此函数将字符串 str1 中的所有的字符串 str2 用字符串 str3 来代替。其中，str1、str2 和 str3 任何一个可以为字符串组成的单位阵或矩阵，返回的结果与此单位阵或矩阵有相同的大小。如果两个以上为单元阵或矩阵时，则它们的类型和大小必须相同(每行字符数是不同的)。

例 5.13   使用 strrep( )函数

利用 strrep( )函数对字符串进行替换操作。

```
>> strrep(s,'oo','ee')
ans =
This is a geed geese.
>> str1={'matlab' 'welcome';'you' 'me'}
str1 =
    {'matlab'}    {'welcome'}
    {'you'}       {'me'}
>> str2={'MatLab' 'lab';'good' 'software'}
str2 =
    {'MatLab'}    {'lab'}
    {'good'}      {'software'}
>> str3={'mat' 'come';'you' 'me'}
str3 =
    {'mat'}    {'come'}
    {'you'}    {'me'}
>> strrep(str1,str3,str2)
ans =
    {'MatLablab'}    {'wellab'}
    {'good'}         {'software'}
>> strrep(str1,'me','you')
ans =
    {'matlab'}    {'welcoyou'}
    {'you'}       {'you'}
>> strrep('MatLab',str2,'!!!')
ans =
    {'!!!'}       {'MatLab'}
    {'MatLab'}    {'MatLab'}
>> strrep('matlab','lab',str3)
ans =
    {'matmat'}    {'matcome'}
    {'matyou'}    {'matme'}
```

6. 得到指定的子串

strtok('string',d)：此函数返回由字符串 d 作为分割的字符串 string 的第 1 部分，也就是

说，返回字符串 string 中，第 1 个字符 d 之前的所有字符。如果字符串中不含有字符 d，则
返回整个字符串；如果 d 字符恰为字符串 string 的第 1 个字符，则函数返回除第 1 个字符之
外的所有字符。合法的 d 可以为任意字符或字符串，如果 d 为字符串，则将它的第 1 个字
符作为分隔符。如果 string 中有前导空格，则前导空格将被忽略。

strtok('string')：此函数以默认的回车符(ASCII 码为 13)、制表符(ASCII 码为 9)、空格
(ASCII 码为 32)作为分割符，前导空格将被忽略。

[token,rem]=strtok(…)：此函数不单返回上面的查找结果 token，还返回剩余的字符串
rem，其中不包括分割符，前导空格被忽略。其中 strtok(…)可以为 strtok('string')或
strtok('string',d)形式。

例 5.14　使用 strtok( )函数

利用 strtok( )函数得到指定的子串。

```
>> s='This is my good friend.'
s =
    'This is my good friend. '
>> strtok(s,'is')
ans =
    'Th'
>> strtok(s,'o')
ans =
    'This is my g'
>> strtok(s,'T')
ans =
    'his is my good friend.'
>> strtok(s,' ')
ans =
    'This'
>> strtok(s)
ans =
    'This'
>> [token,rem]=strtok(s,'m')
token =
    'This is'
rem =
    'my good friend.'
>> [token,rem]=strtok(s)
token =
    'This'
rem =
    'is my good friend.'
```

7. 判断串中元素是否为字母

isletter(S)：S 可以是字符串或字符串矩阵，此函数返回与 S 同样维数的逻辑矩阵，如果
S 中的元素为字母，则在逻辑矩阵的相应位置上输出 1，否则输出 0。

例 5.15　使用 isletter( )函数

利用 isletter( )函数判断字符串中的元素是否为字母。

```
>> isletter(s)
ans =
 Columns 1 through 9
   1   1   1   1   0   1   1   0   1
 Columns 10 through 18
   1   0   1   1   1   1   0   1   1
 Columns 19 through 23
   1   1   1   1   0
```

8. 判断串中元素是否为空格

isspace(S)：此函数与 isletter(S)用法相同，在为空格的相应位置上输出 1，否则输出 0。

例 5.16　使用 isspace( )函数

利用 isspace( )函数判断字符串中元素是否为空格。

```
>> isspace(s)
ans =
 Columns 1 through 9
   0   0   0   0   1   0   0   1   0
 Columns 10 through 18
   0   1   0   0   0   0   1   0   0
 Columns 19 through 23
   0   0   0   0   0
```

5.1.4　字符串与数值间的相互转换

Matlab 主要是针对数据或矩阵运算的，因而在对字符串进行操作时必然会经常遇到字符串与数值之间的转换问题。将计算结果按照某种格式进行输出，或对图形对象进行标注和说明时，就必须将数值转换为字符串。Matlab 提供了将数值转换为字符串和将字符串转换为数值的两种功能函数。

1. 将整数转换为字符串

int2str(A)：其中 A 可以为数或矩阵，当然也包括复数。如果 A 为数，则此函数将 A 转换为字符串；如果 A 为矩阵，则转换为字符串矩阵，每个数之间用空格隔开；如果 A 为复数或复数矩阵，则只将其实部进行转换，即相当于 int2str(real(A))。real(A)为取矩阵 A 的实部，如果 A 中元素不为整数，则先将个数取整，再进行转换。

例 5.17　使用 int2str( )函数

利用 int2str( )函数将整数转换为字符串。

```
>> A=[1.2 2.3 3.4;4.5 5.6 6.7]
A =
   1.2000   2.3000   3.4000
   4.5000   5.6000   6.7000
>> a=int2str(A)
a =
1 2 3
```

```
5  6  7
>> b=1234.5678;
>> int2str(b)
ans =
1235
>> c=7.2+8.9i;
>> int2str(c)
ans =
7
```

2. 将浮点数转换为字符串

num2str：此函数将一个浮点数转换为字符串。这个函数在作图过程中，用相应的计算结果对输出图形进行说明和标注时非常有用，可以用在 M 函数中，根据不同的图形对标注进行相应的变化。

num2str(A)：此函数将一个浮点数或数组 A 转换为一个字符串或字符串矩阵，如果为复数，则其实部和虚部都不能忽略。

num2str(A,N)：N 指定了转换的精度，即指定了字符串中每个数字最多包含 N 位数。

num2str(A,format)：此函数用指定的格式化字符串 format 转换数或矩阵 A。关于格式化输出，格式字符串表示方法与 C 语言相同。

例 5.18　使用 num2str 函数

利用 num2str 函数将浮点数转换为字符串。

```
>> A=[123.4566666 789.25444444;-1.485962222 0.0000578426];
>> a=num2str(A)
a =
 123.4567      789.2544
-1.4860        0.0001
>> B=[1.2345+1.2000i 2.54785+3.5000i;5.47854+6.2000i 9.12045+4.5000i];
>> b=num2str(B,3)
b =
'1.23+1.2i          2.55+3.5i'
'5.48+6.2i          9.12+4.5i'
>>  A=[123.4566666 789.25444444;-1.485962222 0.0000578426];
>> a=num2str(A, '%10.3g')
a =
'123         789'
'-1.49     5.78e-005'
```

3. 将字符串转换为浮点数

str2num(S)：S 可以为字符串或字符串矩阵，S 必须是合法的数据形式或表达式。如果 S 为表达式，则此函数会给出计算所得的表达式的值，其功能与 feval 函数相同。S 中合法的字符可以包括：数字 0~9，小数点 "."，正负号 "+、-"，表示 10 乘方的 "e"，表示复数虚部的 "i"，及各种数学运算符和数学函数计算式，如*、/、sin、log 等。

例 5.19　使用 str2num( )函数

利用 str2num( )函数将字符串转换为浮点数。

```
>> str2num(a)
ans =
 123.0000  789.0000
  -1.4900    0.0001
>> str2num('sin(1+2)')
ans =
   0.1411
>> str2num('2*3;4/5-6')
ans =
   6.0000
  -5.2000
```

5.1.5　进制间的转换

数据在计算机中是以二进制的形式存在的，而十六进制在实际的表示中比二进制要方便，因而除了十进制外，二进制数和十六进制数都是比较常用的两种数据表示方法。Matlab提供了二进制、十进制和十六进制数和字符串之间的转换函数，这些函数在将数据以二进制或十六进制进行格式化输出时是非常有用的。

1. 把十进制整数转换为十六进制字符串

dec2hex(A)：此函数将一个小于 2^{52} 的非负整数转换为其十六进制的字符串形式。

dec2hex(A,n)：此函数将一个小于 2^{52} 的非负整数 A 转换为 n 位十六进制的字符串形式，如果实际转换成的十六进制的位数小于 n，则其余位上为 0；如果实际转换成的十六进制数的位数大于 n，则忽略此限制。A 可以为由满足上述条件的整数组成的矩阵，返回结果为字符串矩阵。

例 5.20　使用 dec2hex( )函数

利用 dec2hex( )函数将十进制整数转换为十六进制字符串。

```
>> a=dec2hex(12345)
a =
'3039'
>> b=dec2hex(12345,10)
b =
'0000003039'
>> c=dec2hex(12345,1)
c =
'3039'
>> A=[12345,67];
>> d=dec2hex(A,1)
d =
'3039'
'0043'
```

2. 把十六进制字符串转换为十进制整数

hex2dec(S)：此函数将字符串或字符串矩阵表示的十六进制数转换为相应的十进制数。

例 5.21　使用 hex2dec( )函数

利用 hex2dec( )函数将十六进制字符串转换为十进制整数。

```
>> hex2dec(d)
ans =
      12345
         67
```

3. 把十六进制字符串转换为浮点数

hex2num(S)：此函数将字符串表示的十六进制数转换为双精度浮点数。如果输入的字符串少于 16 个字符，函数会用 0 在其后面补足 16 个字符串。S 可以为字符串矩阵。此函数也可以处理 NaN 和 Inf 等数。

例 5.22　使用 hex2num( )函数

利用 hex2num( )函数将十六进制字符串转换为浮点数。

```
>> hex2num('e')
ans =
 -2.6816e+154
>> hex2num('e000000000000000')
ans =
 -2.6816e+154
>> hex2num(['e03';'21b'])
ans =
 1.0e+155 *
  -2.1452
   0.0000
>> hex2num('ffff')
ans =
   NaN
>> hex2num('fff')
ans =
 -Inf
```

4. 把十进制数转换为二进制字符串

dec2bin(A)：此函数将十进制数或矩阵 A 转换为它的二进制形式的字符串。A 本身或 A 的元素(A 是矩阵时)都必须小于 2^{52} 的非负整数。

dec2bin(A,n)：此函数将 A 转换成 n 个字符组成的字符串表示的 A 的 n 位二进制数。如果实际转换成的二进制数的位数小于 n，则其余位上为 0，如果实际转换成的二进制数的位数大于 n，则忽略此限制。

例 5.23　使用 dec2bin( )函数

利用 dec2bin( )函数将十进制数转换为二进制字符串。

```
>> A=[12 23;34 56];
>> dec2bin(A)
ans =
```

```
001100
100010
010111
111000
>> dec2bin(A,8)
ans =
00001100
00100010
00010111
00111000
```

5.2　单元数组和结构体

单元数组(cell array)和结构体(structure)都可以将不同类型的相关数据集成到一个单一的变量中，使得大量的相关数据的处理变得非常简单而且方便。但是，需要注意的是，单元数组和结构体只是承载其他数据类型的容器，大部分的数学运算则只是针对两者之中具体的数据进行，而不是针对单元数组或结构体本身进行。

单元数组中的每一个单元是通过一个数字来进行索引的，但用户需要加入到一个单元中或者从一个单元中提取数据时，需要给出单元数组中该单元的索引。结构体和单元数组十分相似，两者之间的主要区别在于，结构体中的数据存储并不是由数字来表示的，而是通过结构体中的名称来表示的。

5.2.1　单元数组的创建和操作

单元数组中的每一个元素称为单元(cell)。单元中的数据可以为任何数据类型，包括数值数组、字符、符号对象、其他单元数组或结构体等。不同的单元中的数据类型可以不同。理论上，单元数组可以创建任意维数的单元数组，大多数情况下，为简单起见，创建简单的单元数组(如一维单元数组)。单元数组的创建方法可以分为两种，通过赋值语句直接创建；或通过 cell 函数首先为单元数组分配内存空间，然后再对每个单元进行赋值。如果在工作空间内的某个变量名与所创建的单元数组同名，那么此时则不会对单元数组赋值。

直接通过赋值语句创建单元数组时，可以采用两种方法来进行，即按单元索引法和按内容索引法(其实也就是将花括号放在等式的右边或是左边的区别)。按单元索引法赋值时，采用标准数组的赋值方法，赋值时赋给单元的数值通过花括号 {} 将单元内容括起来。按内容索引法赋值时，将花括号写在等号左边，即放在单元数组名称后。

例 5.24　举例说明两种赋值方法

```
>> clear A        %按单元索引法赋值
>> A(1,1)={[1 2 3;4 5 6; 7 8 9]}
A =
    [3x3 double]
>> A(1,2)={1+2i}
A =
```

```
    [3x3 double]    [1.0000 + 2.0000i]
>> A(2,1)={'hello world'}
A =
    {3x3 double}    {[1.0000 + 2.0000i]}
   {'hello world'}               {}
>> A(2,2)={0:pi/3:pi}
A =
    {3x3 double}    {[1.0000 + 2.0000i]}
   {'hello world'}          {1x4 double}
>> clear B        %按内容索引法赋值
>> B{1,1}=[1 2 3;4 5 6;7 8 9]
B =
    {3x3 double}
>> B{1,2}=3+4i
B =
    {3x3 double}    {[3.0000 + 4.0000i]}
>> B{2,1}='hello world'
B =
    {3x3 double}    {[3.0000 + 4.0000i]}
   {'hello world'}               {}
>> B{2,2}=0:2:9
B =
    {3x3 double}    {[3.0000 + 4.0000i]}
{'hello world'}          {1x5 double}
>> A{2,2}
ans =
        0    1.0472    2.0944    3.1416
>> A(2,2)
ans =
   {1x4 double}
```

注意　"按单元索引法"和"按内容索引法"是完全等效的，可以互换使用。通过上面的实例，我们看到：花括号"{}"用于访问单元的值，而括号"()"用于标识单元(即：不用于访问单元的值)。具体理解"{}"和"()"区别可以在下面代码最后分别输入 A{2,2}和 A(2,2)。就会发现"按内容索引法{}"能显示完整的单元内容，而"按单元索引法()"有时无法显示完整的单元内容。如果需要将单元数组的所有内容都显示出来，则可以采用 celldisp 函数来强制显示单元数组的所有内容。

例如下面的程序：

```
>> B{2,2}
ans =
   0   2   4   6   8
>> B(2,2)
ans =
   [1x5 double]
>> B{2,:}
ans =
hello world
ans =
   0   2   4   6   8
```

```
>> B(2,:)
ans =
    {'hello world'}    {1x5 double}
```

单元数组创建的另一种方法是通过 cell 函数来进行创建。在创建时，可以采用 cell 函数生成空的单元数组，为单元数组分配内存，然后，再向单元数组内存储内容。存储数据时，可以采用按内容赋值法或采用按单元索引法来进行赋值，例如下面的一段程序：

```
>> C=cell(2,3)
C =
    {}    {}    {}
    {}    {}    {}
>> C{1,1}=randperm(5)
C =
    [1x5 double]    {o*o double}    {o*o double}
            {}    {}    {}
>> C{1,2}='He is a student'
C =
    {1x5 double}    {'He is a student'}    {o*o double}
            {}                {}    {}
>> C(2,3)={[1 2;3 4]}
C =
    {1x5 double}    {'He is a student'}            {}
            {}                {}    {2x2 double}
```

单元数组还可以通过扩展的方法来得到进一步的扩展。如利用方括号将多个单元数组组合在一起，从而形成维数更高的单元数组。如果想要获得单元数组子单元的内容，则可以利用数组索引的方法，将一个数组的子集提取出来，赋予新的单元数组。删除单元数组中的某一部分内容，可以将这部分内容设置为空数组，即可删除单元数组中的这部分内容，例如下面的程序：

```
>> C=[A;B]
C =
    {3x3 double}    {1.0000 + 2.0000i}
  {'hello world'}        {1x4 double}
    {3x3 double}    {3.0000 + 4.0000i}
  {'hello world'}        {1x5 double}
>> E=C([1 4],:)
E =
    {3x3 double}    {1.0000 + 2.0000i}
  {'hello world'}        {1x5 double}
>> C(3,:)=[]
C =
    {3x3 double}    {1.0000 + 2.0000i}
  {'hello world'}        {1x4 double}
{'hello world'}        {1x5 double]
```

在单元数组的操作中，可以利用 reshape 函数来改变单元数组的结构。经过 reshape 函数对单元数组进行处理后，单元数组的内容并不增加或减小，即单元数组改变前后的总单元数目并不发生变化。

例 5.25　利用 repmat 函数复制单元数组

```
>> A=cell(4,5);
>> size(A)        %计算单元数组 A 的大小
ans =
     4     5
>> B=reshape(A,5,4)      %改变结构后的单元数组
B =
    {}    {}    {}    {}
    {}    {}    {}    {}
    {}    {}    {}    {}
    {}    {}    {}    {}
    {}    {}    {}    {}
>> C=repmat(B,1,3)
C =
    {}    {}    {}    {}    {}    {}    {}    {}    {}    {}    {}    {}
    {}    {}    {}    {}    {}    {}    {}    {}    {}    {}    {}    {}
    {}    {}    {}    {}    {}    {}    {}    {}    {}    {}    {}    {}
    {}    {}    {}    {}    {}    {}    {}    {}    {}    {}    {}    {}
    {}    {}    {}    {}    {}    {}    {}    {}    {}    {}    {}    {}
```

5.2.2　单元数组函数

Matlab 提供了单元数组的处理函数，简单介绍如表 2-11 所示。

表 5-11　单元数组函数

函　数	说　明
cell	生成一个空的单元数组，然后再向其中添加数据
celldisp	显示单元数组的所有单元的内容
iscell	判断是否为单元数组
isa	判断输入是否为指定类的对象
deal	将多个单元的数据取出来后赋予一个独立的单元数组变量
cellfun	将一个指定的函数应用到一个单元数组的所有单元
num2cell	从一个数组中提取指定元素，填充到单元数组
size	获取数组的维数大小数值

例 5.26　举例说明单元数组函数的用法

```
>> a=ones(3,4);
>> b=zeros(3,2);
>> c=(5:6)';
>> X={a b c}
X =
    {3x4 double}    {3x2 double}    {2x1 double}
>> celldisp(X)
X{1} =
     1     1     1     1
     1     1     1     1
```

```
      1     1     1     1
X{2} =
      0     0
      0     0
      0     0
X{3} =
      5
      6
>> [i,j,k]=deal(X{:})
i =
      1     1     1     1
      1     1     1     1
      1     1     1     1
j =
      0     0
      0     0
      0     0
k =
      5
      6
>> cellfun('isreal',X)
ans =
      1     1     1
>> a=randn(3,4)
a =
   -1.0866   -0.3416    0.1684   -0.5453
    0.9679    0.4884   -0.3924   -0.6330
   -0.5865   -0.7801   -0.0458   -1.6788
>> b=num2cell(a,1)
b =
  Columns 1 through 3
    {3x1 double}    {3x1 double}    {3x1 double}
  Column 4
    {3x1 double}
>> b=num2cell(a,1)
b =
    {3x1 double}    {3x1 double}    {3x1 double}    {3x1 double}
>> c=num2cell(a)
c =
    {-1.0866}    {-0.3416}    { 0.1684}    {-0.5453}
    { 0.9679}    { 0.4884}    {-0.3924}    {-0.6330}
    {-0.5865}    {-0.7801}    {-0.0458}    {-1.6788}
```

5.2.3 结构体创建

结构体(structure)和单元数组非常相似，也是将不同类型的数据集中在一个单独变量中，结构体通过字段(fields)来对元素进行索引，在访问时只需通过点号来访问数据变量。结构体可以通过两种方法进行创建，即通过直接赋值方式创建或通过 struct 函数来创建。

例 5.27　使用结构体创建函数

```
>> circle.radius=4;
>> circle.center=[0 0];
```

```
>> circle.color='red';
>> circle.linestyle='--';
circle =
      radius: 4
      center: [0 0]
       color: 'red'
   linestyle: '--'
>> circle(2).radius=5;
>> circle(2).center=[1 1];
>> circle(2).color='blue';
>> circle(2).linestyle='...'
circle =
1x2 struct array with fields:
   radius
   center
   color
   linestyle
>> circle(1).filled='yes'
circle =
1x2 struct array with fields:
   radius
   center
   color
   linestyle
   filled
>> circle.filled
ans =
yes
ans =
    []
>> data1={4,5,'sqrt(6)'};
>> data2={[0,0] [1,1] [4 5]};
>> data3={'--' '...' '-.-.'};
>> data4={'red' 'blue' 'yellow'};
>> data5={'yes' 'no' 'no'};
>> circle=struct('radius',data1,'center',data2,'linestlye',data3,'color',data4,
'filled',data5)
circle =
1x3 struct array with fields:
   radius
   center
   linestlye
   color
   filled
```

5.2.4　结构体函数

结构体函数作为一种特殊的数组类型，具有和数值型数组和单元数组相同的处理方式。通过这些结构体处理函数，可以很方便地对结构体数据进行处理。Matlab 提供了一些常用的处理函数，如表 2-12 所示。

表 5-12　结构体函数

函　数	说　明
.getfield	获取多个结构体数组元素的值
cat	提取结构体数据后依次排序
deal	提取多个元素的数值赋予不同的变量，或对结构体字段赋值
fieldnames	返回结构体的字段名
isfield	判断一个字段名是否为指定结构体中的字段名
isstruct	和 class 一样，判断一个变量是否为结构体变量，输出逻辑值
rmfield	删除结构体的字段
orderfield	对结构体的字段进行排序

例 5.28　使用结构体处理函数

```
>> circle
circle =
1x3 struct array with fields:
    radius
    center
    linestlye
    color
    filled
>> center=cat(1,circle.center)
center =
    0    0
    1    1
    4    5
>> [a1,a2,a3]=deal(circle.color)
a1 =
red
a2 =
blue
a3 =
yellow
>> [circle.radius]=deal(12,34,56)
circle =
1x3 struct array with fields:
    radius
    center
    linestlye
    color
    filled
>> circle.radius
ans =
    12
ans =
    34
ans =
    56
>> fieldnames(circle)
ans =
```

```
    {'radius'}
    {'center'}
    {'linestlye'}
    {'color'}
    {'filled'}
>> isfield(circle,'radius')
ans =
     1
>> orderfields(circle)
ans =
1x3 struct array with fields:
    center
    color
    filled
    linestlye
    radius
>> circle_new=rmfield(circle,'filled')
circle_new =
1x3 struct array with fields:
    radius
    center
    linestlye
    color
```

5.3　课后练习

1. 编制一个脚本，查找给定字符串中指定字符出现的次数和位置。

2. 编写一个脚本，判断输入字符串中每个单词的首字母是否为大写，若不是，则将其修改为大写，其他字母为小写。

3. 创建 2×2 单元数组，第 1、2 个元素为字符串，第三个元素为整型变量，第四个元素为双精度(double)类型，并将其用图形表示。

4. 创建一个结构体，用于统计学生的情况，包括学生的姓名、学号、各科成绩等。然后使用该结构体对一个班级的学生成绩进行管理，如计算总分、平均分、排列名次等。

第6章

Matlab 编程

Matlab 作为一种广泛应用于科学计算的工具软件，不仅具有强大的数值计算能力和丰富的绘图功能，同时也可以与 C、FORTRAN 等高级语言一样进行程序设计。利用 Matlab 的程序控制功能，将相关 Matlab 命令编成程序存储在一个文件中(M 文件)，然后在命令窗口中运行该文件，Matlab 就会自动依次执行文件中的命令，直到全部命令执行完毕。Matlab 还提供丰富的函数库，可以进行程序设计，编写扩展名为.m 的 M 文件，实现各种程序设计功能。此外，Matlab 还提供大量的函数，包括内建函数和自带函数。用户也可以利用 M 文件来创建函数、函数库和脚本。与其他高级语言相比，Matlab 具有语法相对简单、使用方便、调试容易等优点。

学习目标

◇ 了解 M 文件和 P 文件
◇ 熟悉 M 文件编辑器
◇ 熟悉 Matlab 编程构件
◇ 掌握数据流结构
◇ 掌握控制命令

6.1　M 文件编辑器

M 文件是文字文件，在储存时，需以文字模式储存，也可以用各种文字编辑器修改。Matlab 在 Windows 及 Mac 平台上，提供了内置的 "M 文件编辑器"(M-File Editor)。

Matlab 文本编辑器有以下特点：

- 用 Matlab 文本编辑器在编写 M 文件时，可以直接转到指定行，可从 Go 菜单中选择 Go To 命令来完成。
- 可以直接计算 M 文件中表达式的值，结果会显示在命令窗口中，可以通过选择表达式，然后在 Text 菜单中选择 Evaluate Selection 命令来实现。
- 可以根据 Matlab 的句法自动缩排，以增加 M 文件的可读性。选择文本块后右击鼠标，在 Text 菜单中选择 Smart Indent 命令。

6.1.1　运行 M 文件编辑器

Matlab 编程有两种工作方式：一种称为行命令方式，就是在工作窗口中一行一行地输入程序，计算机每次对一行命令做出反应，因此也称为交互式的指令行操作方式；另一种工作方式为 M 文件编程工作方式。编写和修改 M 文件就要用到文本编辑窗口。

在 Matlab 的 Command Window 窗口中不太方便进行程序编辑，因为每按下一次 Enter 键，系统就会立即执行输入的命令。我们通常在 Matlab Editor/Debugger 窗口(文本编辑窗口)编辑较大的程序，以便在写完一段程序后再执行。M 文件的编写在 Matlab 环境下必须通过 M 文件编辑器进行。在默认情况下，M 文件编辑器不随 Matlab 的启动而开启，只有编写 M 文件时才启动。文件编辑器不仅可以编辑 M 文件，还可以对 M 文件进行交互式调试。不仅可以处理扩展名为.m 的文件，而且可以阅读和编辑其他 ASCII 码文件。

在 Command window 窗口中，双击工具栏中最左端的工具按钮 ⬚。这样就打开了一个空白的程序编辑窗口，如图 6-1 所示。

另外，从 File 菜单项中选择 New\M-File 也可以打开一个空白的程序编辑窗口。在 Matlab 的命令窗口输入 edit 命令，此时系统也会启动 Matlab editor/Debugger 的程序编辑窗口，我们可以在这个窗口中编辑文本命令。选择 Open，则是在程序编辑窗口里打开一个已存在的 Matlab 文件(.m)。在这个窗口中，用户可以编辑并保存所编写的程序，要想运行该编写的程序，可以把编辑好的程序粘到 Command Window 中去执行，也可以直接点击本窗口菜单 Debug 中的 Run。本窗口的菜单和工具栏给我们提供了编辑和调试程序所需要的各种工具。

M 文件编辑器的运行方法有以下三种。

- 菜单操作：从 Matlab 主窗口的 File 菜单中选择 New 命令，再选择 Script 命令，屏幕上将出现 Matlab 文本编辑器窗口。
- 命令操作：在 Matlab 命令窗口输入 edit 命令，启动 Matlab 文本编辑器后，输入 M 文件的内容并存盘。

- 命令按钮操作：单击 Matlab 主窗口工具栏上的 命令按钮，启动 Matlab 文本编辑器后，输入 M 文件的内容并存盘。

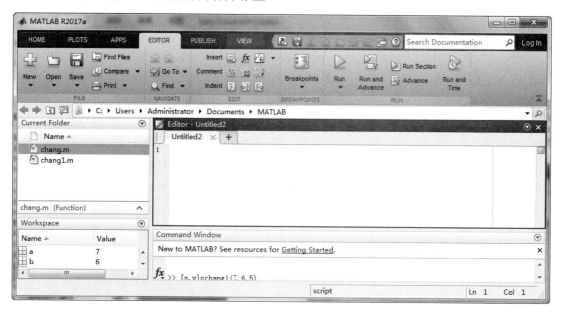

图 6-1　文本编辑窗口

6.1.2　设置 M 文件编辑器的属性

用户还可以在这个窗口里定义具有某种特定功能的函数，然后把它保存为 M 文件，在以后的编程中，如果用到这种功能，就可以调用这个函数。事实上，Matlab 好多工具箱里的命令函数都是通过这种方法定义的，这样，Matlab 的工具箱就具有了非常强大的扩展性，我们可以编写我们自己常用的具有某些功能的命令函数，并把它们加到工具箱里去。系统在执行编辑的程序时，是逐条逐句地解释执行，遇到有语法上、逻辑上或系统上的错误时，则会立即显示出相关的错误信息，而不再继续执行。下面介绍文本编辑器的工具栏中各个按钮的功能，如图 6-2 所示。

图 6-2　文本编辑器的工具栏

6.2　M 文件和 P 文件

Matlab 作为一种应用广泛的科学计算软件，不仅可以通过直接交互的指令和操作方式进行强大的数值计算、绘图等，还可以像 C、C++ 等高级程序语言一样，根据自己的语法规则来进行程序设计。编写的程序文件以.m 作为扩展名，称之为 M 文件。

M 文件由以下四部分组成，函数定义行、帮助信息行、帮助文件文本和函数体。函数体功能的实现部分是用于实际计算、功能实现和对输出变量进行赋值。

通过编写 M 文件，用户可以像编写批处理命令一样，将多个 Matlab 命令集中在一个文件中，既能方便地进行调用，又便于修改；还可以根据用户自身的情况，编写用于解决特定问题的 M 文件，这样就实现了结构化程序设计，并降低代码重用率。实际上，Matlab 自带的许多函数就是 M 函数文件。

Matlab 提供的编辑器可以使用户方便地进行 M 文件的编写。

M 文件有两种形式：M 函数文件和 M 脚本文件。它们都是由 Matlab 语句或命令组成的文件。两种文件的扩展名都是.m。要注意的是，M 文件名一定以字母开头，而且最好不要与内置函数重名。

P 文件是对应 M 文件的一种预解析版本(preparsed version)。因为当你第一次执行 M 文件时，Matlab 需要将其解析一次，即第一次执行后的已解析内容会放入内存在第二次执行时使用，即第二次执行时无需再解析，这无形中增加了执行时间。所以我们就预先做解析，那么以后再使用该 M 文件时，便会直接执行对应的已解析版本，即 P 文件。如 Matlab 的当前目录(Current Directory)有 test.m 文件，预解析后，又有 test.p 文件。

因为 P 文件的调用优先级比 M 文件要高，所以当你调用 test 时，会做优先选择而调用了 test.p。

6.2.1　M 文件函数文件

函数文件是 M 文件中的一种类型，它也是由 Matlab 语句构成的文本文件并以 .m 为扩展名。Matlab 的函数文件必须以关键字 function 语句引导，其基本结构如下：

```
function [返回参数 1,返回参数 2,…]=函数名(输入参数 1,输入参数 2,…)
```

需要特别注意，函数文件具有如下特点：

- 函数名由用户自定义，与变量的命名规则相同。
- 保存的文件名必须与定义的函数名一致。
- 用户可通过返回参数及输入参数来实现函数参数的传递，但返回参数和输入参数并不是必需的。返回参数如果多于 1 个，则应用[ ]将它们括起来，否则可以省略[ ]；输入参数列表必须用( )括起来，即使只有一个输入参数。
- 注释语句段的每行语句都应该用"%"引导，"%"后面的内容不执行。用户可用

help 命令显示出注释语句的内容，用作函数使用前的信息参考。

- 如果函数较复杂，则正规的参数个数检测是必要的。如果输入或返回参数格式不正确，则应该给出相应的提示。函数中输入和返回参数的实际个数分别由 Matlab 内部保留变量 nargin 和 nargout 给出，只要运行了该函数，Matlab 将自动生成这两个变量，因此用户编程可直接应用。

- 与一般高级语言不同的是，函数文件末尾处不需要使用 end 指令(循环控制和条件转移结构中的除外)。

例 6.1　使用函数 M 文件计算向量的平均值

打开 M 文件编辑器，输入以下内容，并将其保存为 my.m：

```
function y=my(x)
%MY Mean of vector elements.
%MY(X),where X is a vector,is the mean of vector
%elements.Nonvector input results in an error.
[i,j]=size(x);
if (~(i==1)|(j==1)) |(i==1&j==1)
error('Input must be a vector')      %错误信息
end
y=sum(x)/length(x);                  %实际计算
```

该例中，真正进行计算的只是最后一行命令，除此以外将会对不合适的输入变量进行判断，并给出错误信息。将以上的 my.m 保存到 Matlab 当前目录下，我们就可以在命令行或其他的 M 文件中对其进行调用。例如：

```
>> z=1:59;
>> A=my(z)
A =
   30
```

6.2.2　M 文件脚本文件

M 脚本文件是指由 Matlab 语句构成的文本文件，以 .m 为扩展名。运行命令文件的效果等价于从 Matlab 命令窗口中按顺序逐条输入并运行文件中的指令，类似于 DOS 下的批处理文件。命令文件运行过程中所产生的变量保留在 Matlab 的工作空间中，命令文件也可以访问 Matlab 当前工作空间的变量，其他命令文件和函数可以共享这些变量。因此，命令文件常用于主程序的设计。

脚本文件与函数文件的区别在于脚本文件没有函数定义行，且一般没有注释信息，当然也可以添加注释信息，即以%开头的内容。在使用方法、变量生存周期中也存在差异，如表 6-1 所示。

脚本文件和函数文件适用于不同的情况，有时需要把脚本文件转换为函数文件。转换方法实际上非常简单，只需要在脚本文件前面添加必要的函数定义行和注释信息即可。

表 6-1　脚本文件与函数文件的区别

比较项目	M 脚本文件	M 函数文件
输入/输出参数	不接收输入参数，也不返回输出参数	接收输入参数，也可以返回参数
变量情况	处理工作空间中的变量	默认内部变量为局部变量，工作区间不能访问
试用情况	常用于需多次执行的一系列命令	常用于需多次执行且需要输入/输出参数的命令集合，常作为 Matlab 应用程序的扩展编程使用

例 6.2　求长方体表面积和体积

已知长方体的长 a = 7、宽 b = 6、高 h = 5。编写命令文件求该长方体的表面积和体积。首先在 Matlab 命令窗口中输入长方体参数：

```
a=7;b=6;h=5;
```

然后新建一个文本文件，在该文本编辑窗口中输入要求的表面积和体积的指令，如图 6-3 所示。从文本编辑器的菜单栏选择 File→Save As 命令，以文件名 chang.m 保存在默认的当前工作目录中。

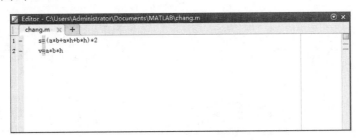

图 6-3　输入指令的文本编辑窗口

最后在 Matlab 工作窗口中输入 M 文件名 chang，就能得到如图 6-4 所示的结果。

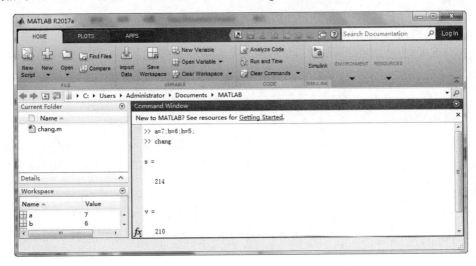

图 6-4　命令文件调用及结果

可见，命令文件在执行过程中，已经成功访问了 Matlab 工作空间的变量和数据(长方体长、宽、高参数 a、b、h)，并将执行的结果数据(长方体的表面积和体积 s、v)保留在 Matlab 的工作空间中，工作空间中的其他命令文件和函数可以共享这些变量。

用户在应用命令文件时，可能希望将自己的文件保存在自定义的工作目录中，而不是保存在 Matlab 默认的工作目录"安装路径\Matlab\work"中。这时必须更改 Matlab 的工作路径或添加 Matlab 的搜索路径，否则运行命令文件时系统将无法找到该命令文件，导致出错。

例 6.3 利用 M 脚本文件求表面积和体积

首先新建一个文本文件，在该文本编辑窗口中输入求表面积和体积的指令，显示结果如图 6-5 所示。

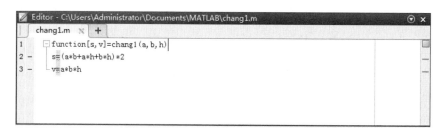

图 6-5 函数文件编辑窗口

然后从菜单栏选择 File→Save As 命令，将该文件以文件名 chang1.m 保存在默认的当前工作目录中。

最后在 Matlab 命令窗口中调用该函数文件，得到如图 6-6 所示的结果。

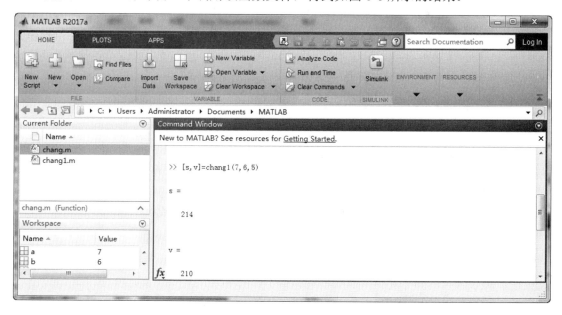

图 6-6 调用函数文件的窗口

6.2.3　M 文件规则与属性

M 文件函数必须遵循以下特定规则：

- 函数名和文件名要相同。例如，函数 a 要存在名为 a.m 的文件中。
- Matlab 第一次执行一个 M 文件函数时，它会打开相应的文本文件并将命令编译成存储器的内部表示。如果函数包含了对其他 M 文件函数的引用，它们也将被编译到存储器。普通的脚本 M 文件不被编译，即使它是从函数 M 文件中调用；打开脚本 M 文件，调用一次就逐行进行注释。
- 第一行帮助行，名为 H1 行，可用 lookfor 命令搜索。在 M 函数文件中，到第一个非注释行为止的注释行是帮助文件。当需要帮助时，返回该文本。
- 函数可以有零个或更多个输入参量，也可以有零个或更多个输出参量。
- 函数可以按少于函数 M 文件中所规定的输入输出变量进行调用，但不能用多于函数 M 文件中所规定的输入输出变量数目。如果变量数目多于 M 函数文件中 function 语句一开始所规定的数目，则调用时自动返回错误提示。
- 当调用一个函数时，所用的输入和输出的参量的数目，在函数内是规定好的。函数工作空间变量 nargin 包含输入参量个数；函数工作空间变量 nargout 包含输出参量个数。

6.2.4　P 文件及操作

一般的 M 文件都是文字文件，所有的 Matlab 原始程序代码都看得到，当别人使用我们的程序代码，但我们又不想让他看到程序代码的内容时，可以使用 pcode 命令将脚本或函数转成 p-code(即 Pseudo-Code)。函数被调用时，Matlab 会载入并剖析此函数，并将剖析结果存放置在内存中，而 pcode 的作用是就是将程序代码剖析后的结果储存在.p 文件中。当程序代码牵涉到很多 M 文件时，将程序代码转成 p-code，可以节省剖析的时间。

将当前工作目录切换到.p 文件所在的目录，然后就可以在左侧的工作空间窗口看见该目录所包含的.p 文件了：

- pcode FunName　　　　　　在当前目录上生成 FunName.p
- pcode FunName-inplace　　　在 FunName.m 所在的目录上生成 FunName.p
- inmen　　　　　　　　　　列出内存中所有 p 码文件名
- clear FunName　　　　　　　清除内存中的 FunName.p 码文件
- clear function　　　　　　　清除内存中的所有 p 码文件

P 码文件较之原码文件有两大优点：

- 运行速度快，对于规模较大的问题，其效果尤为显著。
- 由于 P 码是二进制文件，难于阅读，因此用户常借助其为自己的程序保密。

6.3　Matlab 编程的构件

6.3.1　变量

Matlab 将每个变量都保存在一块内存空间中,这个空间称为工作空间。主工作空间包括所有通过命令窗口创建的变量和脚本文件运行生成的变量。变量是任何程序设计语言的基本元素之一。根据变量作用的工作空间分类,变量可分为三种类型:局部变量(local)、全局变量(global)和永久变量(persistent)。

1. 局部变量

通常,每个 M 文件中定义的函数,都有自己的局部变量(local),一个函数的局部变量与另外一个函数中的同名变量相互独立。函数中的局部变量与基本工作空间中的同名变量也是相互独立的。当函数调用结束时,这些变量随之删除,不保存在内存中。然而脚本文件是没有独立工作空间的,所以,如果在脚本中改变了工作空间中变量的值,那么脚本文件调用结束后,该变量的值就会发生改变。

在函数中,变量默认为局部变量。

2. 全局变量

如果在几个函数中和基本工作空间中都声明了一个特殊的变量名作为全局变量(global),则在这几个函数和基本工作空间中都可以访问全局变量。局部变量是存在于函数空间内部的中间变量,产生于该函数的运行过程中,其影响范围也仅限于该函数本身。全局变量是在不同的工作空间中可以被共享的变量。如果某个函数的运作使全局变量的内容发生了变化,那么其他的函数空间以及基本工作空间中的同名变量也就随之变化。只有把与全局变量联系的所有工作空间都删除,全局变量才能删除。

每个希望共享全局变量的函数或 Matlab 基本工作空间,必须逐个用 global 对具体变量加以专门定义,其格式如下:

```
global var1 var2
```

如果一个 M 文件中包含的子函数需要访问全局变量,则需要在子函数中声明该变量;如果需要在命令行中访问该变量,则需要在命令行中声明该变量。

需要注意的是,Matlab 中,变量名的定义区分大小写。

例 6.4　全局变量的使用

输入如下程序:

```
function y=myprogram(x)
global T
T=T*2;
y=exp(T)*sin(x);
```

然后在命令窗口声明全局变量，再赋值调用：

```
>> global T
>> T=0.3
T=
    0.3000
>> myprogram(pi/2)
ans=
 1.8221
>> exp(T)*sin(pi/2)
ans=
 1.8221
>>T=0.6000
```

通过例 6.4 可见，用 global 将 T 声明为全局变量后，函数内部对 T 的修改也会直接作用到 Matlab 工作区中。函数 myprogram 调用一次后，T 的值从 0.3 变为 0.6。

3. 永久变量

除了局部变量和全局变量外，Matlab 中还有一种变量类型，即永久变量。永久变量的定义格式如下：

```
persistent var1 var2
```

永久变量的特点：

- 只能在函数文件内部定义。
- 只有该变量从属的函数才能访问该变量。
- 当函数运行结束时，该变量的值保留在内存中，当该函数再次被调用时，可以再次利用这些变量。

6.3.2 变量的检测、传递

在编写程序的时候，参数传递一直是个非常重要的问题。Matlab 提供多种函数来实现变量的检测、传递、例如 nargin 和 nargout 函数用来检测输入输出变量的个数，varargin 和 varargout 函数可以用来实现可变长度变量的输入输出等。

1. 输入输出参量检测命令

主要的输入输出参量检测命令如表 6-2 所示。

表 6-2　输入输出参量检测命令

命　令	功　能
nargin	在函数体内，用于获取实际输入参量
nargout	在函数体内，用于获取实际输出参量
nargin('fun')	获取'fun'指定函数的标称输入参量数
nargout('fun')	获取'fun'指定函数的标称输出参量数
inputname(n)	在函数体内使用，给出第 n 个输入参量的实际调用变量名

在函数体内使用 nargin、nargout 的目的是，与程序流控制命令配合，对于不同数目的输入输出参量数，函数完成不同的任务。

例 6.5　函数输入输出变量的检测实例

输入如下程序：

```
function [y1,y2]=mytest(x1,x2)
if nargin==1
  y1=x1;
  if nargout==2
    y2=x1
  end
else
  if nargout==1
    y1=x1+x2;
  else
    y1=x1;
    y2=x2;
  end
end
```

当只有一个输入参数和一个输出参数时，把 x1 赋值给 y1；当有一个输入和两个输出参数时，把 x1 赋值给 y1 和 y2；当有两个输入参数和一个输出参数时，把 x1+x2 的计算结果赋值给 y1；当有两个输入参数和两个输出参数时，把 x1 赋值给 y1，x2 赋值给 y2。

2. varargin 和 varargout

varargin 和 varargout 函数用来实现可变长度变量的输入输出。其调用格式如下：

- function [y1,y2]=example(a,b,varargin)表示函数 example 可以接受大于或等于两个输入参数，返回两个输出参数，两个必选的输入参数是 a 和 b，其他更多的输入参数被封装在 varargin 中。
- function [y1,y2,varargout]=example(x,y)表示函数 example 接受两个输入参数 x 和 y，若返回大于等于两个输出参数，前两个输出参数为 y1 和 y2，其他更多的输出参数封装在 varargout 中。

例 6.6　使用 varargout 函数

输入如下程序：

```
function [s,varargout]=mysize(x)
n=max(nargout,1)-1;
s=size(x);
for k=1:n
varargout(k)={s(k)};       %为可变长度输出变量赋值
end
```

函数中使用了可变长度的变量输出，可以返回一个矩阵的大小和每一维的长度。

```
>> [s,i,j]=mysize(rand(8,9))
s =
      8    9
```

```
i =
  8
j =
  9
```

6.3.3　运算关系与运算符号

Matlab 的运算符可分为三种类型：算术运算符、关系运算符和逻辑运算符。

1. 算术运算

算术运算执行数值运算，如表示加、减、乘、除、求幂等。算术运算符如表 6-3 所示。

表6-3　算术运算符

符　　号	功　　能	符　　号	功　　能
+	加法	–	减法
*	矩阵乘法	.*	乘，点乘，即数组乘法
/	右除	./	数组右除
\	左除	\.	数组左除
^	乘方	.^	数组乘方
'	复共轭转置	.'	转置

例 6.7　矩阵的乘除、乘方和转置

输入如下程序：

```
%定义矩阵A和矩阵B
>> A=round(rand(3)*10)
A =
        10   10    1
         2    5    4
10     8    9
>> B=magic(3)
B=
         8    1    6
         3    5    7
         4    9    2
>> A*B     %矩阵的乘法
ans =
  114   69   132
   47   63    55
  140  131   134
>> A/B     %矩阵的右除
ans =
    0.8417  -1.0333   1.5917
   -0.0889   0.5778   0.2444
    0.8083   0.4333   0.5583
>> A\B     %矩阵的左除
```

```
ans =
  -0.0063   -0.2595   -1.3481
   0.8354    0.2532    1.9494
  -0.2911    1.0633   -0.0127
```

2. 关系运算

在 Matlab 中，可以对参与量进行关系运算，其运算结果是"真"或"假"的表数值 1 或 0。Matlab 提供了 6 种关系运算符，见表 6-4。

表 6-4   关系运算符

运 算 符	功 能	运 算 符	功 能
<	小于	>=	大于或等于
<=	小于或等于	>	大于
==	等于	~=	不等于

它们的含义不难理解，但要注意其书写方法与数学中的不等式符号不尽相同。

关系运算符的运算法则为：

- 当两个比较量是标量时，直接比较两数的大小。若关系成立，关系表达式结果为 1，否则为 0。
- 当参与比较的量是两个维数相同的数组时，比较是对两数组相同位置的元素按标量关系运算规则逐个进行，并给出元素比较结果。最终的关系运算结果是一个维数与原数组相同的矩阵，它的元素由 0 或 1 组成。
- 当参与比较的一个是标量，而另一个是数组时，则把标量与数组的每一个元素按标量关系运算规则逐个比较，并给出元素比较结果。最终的关系运算结果是一个维数与原数组相同的矩阵，它的元素由 0 或 1 组成。

例 6.8   判断矩阵方阵

产生 5 阶随机方阵 A，其元素为[10,70]区间的随机整数，然后判断 A 的元素是否能被 3 整除。

首先，生成 5 阶随机方阵 A。输入如下程序：

```
A=fix((70-10+1)*rand(5)+10)
>> A=fix((70-10+1)*rand(5)+10)
A =
    26    40    55    68    61
    51    68    25    43    25
    49    30    40    18    59
    19    45    52    19    24
    17    23    64    25    66
```

其次，判断 A 的元素是否可以被 3 整除：

```
P=rem(A,3)==0
>> P=rem(A,3)==0
```

```
P =
     0     0     0     0     0
     1     0     0     0     0
     0     1     0     1     0
     0     1     0     0     1
     0     0     0     0     1
```

其中，rem(A,3)是矩阵 A 的每个元素除以 3 的余数矩阵。此时，0 被扩展为与 A 同维数的零矩阵，P 是进行等于(==)比较的结果矩阵。

3. 逻辑运算

Matlab 提供了 3 种逻辑运算符：&表示逻辑运算"与"、|表示逻辑运算"或"、~表示逻辑运算"非"。

逻辑运算的运算法则如下：

- 在逻辑运算中，确认非零元素为真，用 1 表示，零元素为假，用 0 表示。
- 设参与逻辑运算的是两个标量 a 和 b，则有如下关系。

  a&b：a、b 全为非零时，运算结果为 1，否则为 0。

  a|b：a、b 中只要有一个非零，运算结果为 1。

  ~a：当 a 是零时，运算结果为 1；当 a 非零时，运算结果为 0。

- 若参与逻辑运算的是两个同维数组，那么运算将对数组相同位置上的元素按标量规则逐个进行。最终运算结果是一个与原数组同维的矩阵，其元素由 1 或 0 组成。
- 若参与逻辑运算的一个是标量，一个是数组，那么运算将在标量与数组中的每个元素之间按标量规则逐个进行。最终运算结果是一个与数组同维的矩阵，其元素由 1 或 0 组成。
- 逻辑非是单目运算符，也服从数组运算规则。
- 在算术、关系、逻辑运算中，算术运算优先级最高，逻辑运算优先级最低。

例 6.9　向量的逻辑运算

```
>> A=[2 0 3 4 0 5];
B=[5 6 7 0 0 1];
>> A&B     %两个向量与运算，对应元素都不为零时则返回 1
ans =
     1     0     1     0     0     1
>> A|B     %两个向量或运算，对应元素有一个不为零时则返回 1
ans =
     1     1     1     1     0     1
>> ~A      %一个向量进行非逻辑运算，对应元素非零时则返回 0
ans =
     0     1     0     0     1     0
```

例 6.10　数组的逻辑运算

```
>> A=[0 1 2 4;5 0 0 8];
>> B=[3 7 0 2;6 5 0 1];
```

```
>> A&B      %数组 A 与 B 的逻辑与运算
ans =
    0    1    0    1
    1    0    0    1
>> A|B      %数组 A 与 B 的逻辑或运算
ans =
    1    1    1    1
    1    1    0    1
>> A&2      %数组 A 与标量 2 的逻辑与运算
ans =
    0    1    1    1
    1    0    0    1
```

逻辑运算和关系运算经常结合在一起使用。另外有三个很重要的逻辑运算函数 xor、all、any；函数 xor 用于求两个运算之间的异或逻辑关系，对应两个元素中仅有一个为非零时返回 1。例如：

```
>> C=xor(A,B)      %数组异或逻辑关系
C =
    1    0    1    0
    0    1    0    0
```

异或逻辑运算相当于下面的运算表示式：

```
>> C=~(A&B)&(A|B)
C =
    1    0    1    0
    0    1    0    0
```

函数 all 以列向数组为参数，如果参数为矢量，则当矢量中元素全部为非零时返回 1，否则返回 0；如果参数为矩阵，当各列元素都为非零时返回 1，否则返回 0。

例 6.11　使用数组逻辑运算函数

输入如下程序：

```
>> A=[0 1 2 4;5 0 0 8];
>> all(A)      %数组 A 中第 4 列所有元素都为非零
ans =
    0    0    0    1
>> C=[1 2 0 0];
>> all(C)
ans =
    0
```

函数 any 与函数 all 一样，都以列向量数组为参数，当数组中各列有任一元素为非零时返回 1，否则返回 0。例如：

```
>> any(A)      %以数组 A 作为参数，其中前三列中含有非零元素，因此都返回 1
ans =
    1    1    1    1
>> any(A(1,:))      %以数组 A 的第一列作为参数，其中含有非零参数，因此返回 1
ans =
    1
```

函数 find 可以根据逻辑表达式找出满足条件的下标。函数 find 找出满足条件的下标后，可以将其赋值给一个矢量，这个矢量可以用于任意大小或形状的数组。

例 6.12   使用 find 函数

用函数 find 找出数组中大于 8 的元素并赋值，输入如下程序：

```
>> A=magic(3)
A =
    8    1    6
    3    5    7
    4    9    2
>> i=find(A>8)      %找出数组 A 中大于 8 的元素，下标赋值给 i
i =
    6
>> A(i)=100      %用 100 为所有大于 8 的元素赋值
A =
    8    1    6
    3    5    7
    4  100    2
```

如果要获得满足条件的行下标和列下标，可以用如下的表达式：

```
>> [i,j]=find(A>8)
i =
    3
j =
    2
```

6.3.4   关键字

关键字即 Matlab 中用于编程使用的若干词汇，如 for、while、if、return 等。在 Matlab 指令窗口中运行 iskeyword 指令，或在帮助浏览器的搜索栏中输入 keyword，可获得全部关键字。

6.3.5   指令行

指令由数字、变量、运算符、标点符号、关键字、函数等各种基本构件按 Matlab 的规则组成。在 Matlab 中，执行计算，完成一个应用目的，都是靠运行一条指令(Command)、多条指令或许多条指令构成的 M 文件实现的。

在帮助浏览器的搜索栏中，输入"Basic Command Syntax"，可获得相关在线帮助。

6.3.6   常见函数

Matlab 提供了两种演算函数来提高计算的灵活性：一种是 eval，它具有对字符串表达式进行计算的能力；另一种是函数句柄演算函数 feval，它具有对函数句柄进行操作的能力。

1. eval 命令

eval 命令的使用方式如下：

```
y=eval('s')              %执行 s 指定的计算
[y1,y2,…]=eval('s')      %执行对 s 代表的函数文件的调用，并输出计算结果
```

例 6.13　eval 函数的使用

输入如下程序：

```
>>a=solve('x^2+4*x-9=0')      %求方程的根
a =
 -2+13^(1/2)
 -2-13^(1/2)
>> eval('a')                  %执行 a 指定的计算
```

其显示结果如下：

```
a =
 -2+13^(1/2)
 -2-13^(1/2)
```

为了得到直观的带小数的数据，我们输入>>eval(a)就能够得到：

```
>> eval(a)
ans =
   1.6056
  -5.6056
%计算合成串
s={'sin','cos','tan'};
for k=1:3
t=pi*k/12;
y(1,k)=eval([s{k},'(',num2str(t),')',]);
end
```

在命令窗口中显示运行结果，如下所示：

```
>> y
y =
   0.2588    0.8660    1.0000
```

注意

　　eval 命令的输入参量必须是字符串，构成字符串的 s，可以是 Matlab 任何合法的命令、表达式、语句或 M 文件名；第二种格式中的 s 只能是(包括输入参量在内的)M 函数文件名。

2. feval 命令

feval 命令的调用方式如下：

```
[y1,y2,…]=feval(FH,arg1,arg2,…)    %(新格式)执行函数句柄 FH 指定的计算
[y1,y2,…]=feval(FIL,arg1,arg2,…)   %执行内联函数 FIL 指定的计算
```

其中，FH 是函数句柄，它用@或 str2func 专门创建；第三种调用格式仅对内联函数对象使用。三种调用格式中的 arg1、arg2 等是传给函数的参数，它们的含义及排列次序均应与"被计算函数的输入参量含义及次序"一致。feval 与函数句柄配套使用，而 eval 与字符串配套使用。Matlab 中的泛函命令，如 fzero、ode45、ezplot 等都借助于 feval 函数构成。

例 6.14   feval 命令的使用

输入程序如下：

```
>> rand('seed',1);
>> A=rand(2,2);
>> Heig=@eig;
>> d=feval(Heig,A)
d =
   0.7568
  -0.1488
```

函数句柄只能被 feval 命令使用，而不能被 eval 使用。

6.4   数据流结构

和各种常见的高级语言一样，Matlab 也提供了多种经典的程序结构控制语句。一般来讲，决定程序结构的语句可分为顺序语句、循环语句和分支语句三种，每种语句有各自的流控制机制，相互配合使用可以实现功能强大的程序。

6.4.1   顺序结构

顺序结构是最简单的程序结构，顺序语句就是依次顺序执行程序的各条语句。用户编写好程序后，系统将依次顺序执行程序的各条语句。顺序结构程序比较容易编制，但是，由于它不包含其他的控制语句，程序结构比较单一，因此实现的功能比较有限。

例 6.15   顺序结构实例

绘制以 a 为横轴，b 为纵轴的图形。

在 M 文件编辑器中新建包含如下内容的 M 文件，保存并执行：

```
a=[15 20 25 30 35]      %定义变量a
b=[100.1 101.5 102.9 105.0 107.1]    %定义变量b
figure(1)          %以a为横轴，以b为纵轴作图
plot(a,b)
hold on
plot(a,b,'r*')          %用红色'*'画出相关的点
```

图形窗口中的输出结果如图 6-7 所示。

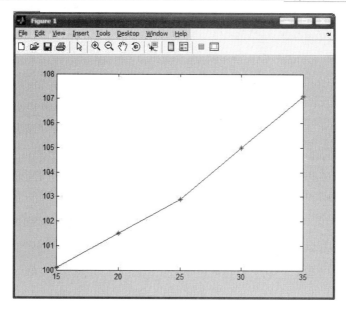

图 6-7　plot 函数绘制的二维图形

6.4.2　if 和 switch 选择结构

1. if 语句

在编写程序时，往往要根据一定的条件进行一定的判断，此时需要使用判断语句进行流控制。if 语句通过检验逻辑表达式的真假，判断是否运行后面的语句组。执行 if 语句需要计算逻辑表达式的结果，如果值为 1，说明逻辑表达为真；如果值为 0，说明逻辑表达式为假。需要注意的是，当逻辑表达式使用矩阵时，要求矩阵元素必须都不为 0，逻辑表达式才为真。

if 语句的语法结构包括以下三种。

(1) if…end：

```
if 逻辑表达式
    执行语句
end
```

这是最简单的判断语句。当表达式为真时，则执行 if 与 end 之间的执行语句；当表达式为假时，则跳过执行语句，然后执行 end 后面的程序。

(2) if…else…end：

```
if 逻辑表达式
    执行语句1
else
    执行语句2
end
```

如果表达式为真，则执行语句 1，否则执行语句 2。

例 6.16　if...else...end 语句使用

输入如下程序：

```
if a>b
   disp('a is bigger than b')      %若a>b 则执行此语句
   y=a;                            %若a>b 则执行此语句
else
   disp('a is not bigger than b')  %若a <=b 则执行此语句
   y=b;                            %若a <=b 则执行此语句
end
```

当输入 a=3，b=4 时，其运行结果如下：

```
a =
    3
b =
    4
a is not bigger than b
```

(3)　if...elseif...end：

当有更多判断条件的情况下，可以使用如下结构：

```
if 逻辑表达式1
    执行语句1
elseif 逻辑表达式2
    执行语句2
elseif 逻辑表达式3
    执行语句3
elseif ...
    ...
else
    执行语句
end
```

在这种情况下，如果程序运行到的某一条表达式为真时，则执行相应的语句，此时系统不再对其他表达式进行判断，即系统将直接跳到 end。另外，最后的 else 可有可无。

需要注意的是，如果 elseif 被分开误写成 else if，那么系统会认为这是一个嵌套的 if 语句，所以最后需要有多个 end 关键词相匹配。

例 6.17　使用 if 语句

计算 x=6 时的表达式 $y(x)=\begin{cases} 2x+1, x<0 \\ 3x-2, 0 \leq x \leq 4 \\ 4x-3, x>4 \end{cases}$ 的值。

在 M 文件编辑器中新建包含如下内容的 M 文件，保存并执行：

```
x=6
if x<0
   y=2*x+1;    %若x<0 则执行此语句
elseif x>=0&x<=4
   y=3*x-2;    %若0≤x≤4 则执行此语句
else
```

```
    y=4*x-3;      %若 x>4 则执行此语句
end
y
```

命令窗口中的输出结果如下所示:

```
x =
     6
y =
    21
```

此程序也可以用 if...end 语句表达:

```
x=6
if x<0
    y=2*x+1
end
if x>=0&x<=4
    y=3*x-2
end
if x>4
    y=4*x-3
end
```

2. switch 语句

在 Matlab 中,除了上面介绍的 if 分支语句外,还提供了另外一种分支语句形式,那就是 switch 分支语句。switch 语句是将表达式的值依次和提供的检测值范围比较,如果比较结果都不同,则取下一个检测范围进行比较;如果比较结果包含相同的检测值,则执行相应的语句组,然后跳出结构。

switch 语句的语法结够如下所示:

```
switch 表达式
    case 条件语句 1
        执行语句组 1
    case 条件语句 2
        执行语句组 2
    ...
    case 条件语句 n
        执行语句组 n
    otherwise
        执行语句组
end
```

其中,otherwise 表示除 n 种情况之外的情况,它可以省略。

需要说明的是,switch 指令后面的表达式可以是一个标量,也可以是一个字符串。当它是一个标量时,需要判断表达式值==检测值 i 是否成立;当此表达式是一个字符串时,Matlab 将调用函数 strcmp 来实现比较。case 指令后面的检测值可以是标量、字符串或元胞数组。当检测值是一个元胞数组时,系统将表达式值与元胞数组中的所有元素比较,当某个元素和表达式值相等时,则执行相应 case 指令后面的语句组。

例 6.18   使用 switch 语句

判断键盘输入值并给出相应的提示。

在 M 文件编辑器中新建包含如下内容的 M 文件，保存并执行：

```
num=input('请输入一个数');              %提示用户输入一个数
switch num
   case -1
      disp('I am a student')
   case 0
      disp('I am a teacher')
   case 1
      disp('I want to be a teacher')
   otherwise
      disp('You want to be a teacher')      %如果不是以上数值，执行此语句
end
```

保存并执行后，提示输入数值，输入数值为 5 时，命令窗口中的输出结果如下所示：

```
请输入一个数5
num =
    5
You want to be a teacher
```

6.4.3   for 和 while 循环结构

在实际的工程问题中，可能会遇到很多有规律的重复运算或者操作，如果在某些程序中需要反复执行某些语句，就可以使用循环语句对其进行控制。在 Matlab 中，提供了两种循环方式，for 循环和 while 循环。

1. for 循环

for 循环的特点在于，它的循环判断条件同时是对循环次数的判断。也就是说，for 循环次数是预先设定好的。

for 循环的语法结构如下所示：

```
for 循环变量=表达式1:表达式2:表达式3
循环体
end
```

需要说明的是，循环体的执行次数是由表达式的值决定的，表达式 1 的值是循环变量的起点，表达式 2 的值是循环变量的步长(步长的默认值是 1)，表达式 3 的值是循环变量按步长方向增加不允许超过的界限。

循环结构可以嵌套使用。

例 6.19   使用 for 循环语句

在 M 文件中使用 for 循环语句创建一个 3×3 的矩阵。其中，矩阵中的每一个元素的值与其对应的行数和列数有如下关系 a=$\frac{1}{i+j+1}$，其中，a 为矩阵中任意一个元素，i 为这个元

素所对应的行数，j 为这个元素所对应的列数。

在 M 文件编辑器中新建包含如下内容的 M 文件：

```
for i=1:3                    %外循环开始
   for j=1:3                 %内循环开始
       a(i,j)=1/(i+j+1);     %循环体，赋值语句
   end                       %内循环结束
end                          %外循环结束
```

在编写完上述代码后，将此 M 文件命名为 xh.m 并保存在 Matlab 的搜索路径范围内，然后在命令窗口中运行上述代码，得到如下结果：

```
a =
    0.3333    0.2500    0.2000
    0.2500    0.2000    0.1667
    0.2000    0.1667    0.1429
```

注意　如果矩阵 A 本身不存在 m n 个元素，则缺少的元素会被系统自动添加上去。此外，不可以在 for 语法结构的内部对循环变量重新赋值来终止循环的执行。可以通过专门的 break 命令来完成。有关 break 语句的具体使用方法，会在后面的章节中向读者详细介绍。

2. while 循环

与 for 循环不同，while 语句的判断控制是逻辑判断语句，因此，它的循环次数并不确定。

while 循环的语法结构如下所示：

```
while 表达式
    执行语句
end
```

在这个循环中，只要表达式的值不为假，程序就会一直运行下去。通常在执行语句中要有使表达式值改变的语句。

注意　当程序设计出了问题，比如表达式的值总是真时，程序就容易陷入死循环。因此在使用 while 循环时，一定要在执行语句中设置使表达式的值为假的情况，以避免出现死循环。

例 6.20　while 循环使用

输入如下程序：

```
i=1;
while i<8        %i<8 时进行循环
   x(i)=i^2;     %循环体内的计算
   i=i+1;        %表达式的改变
end
```

在命令窗口中运行以上命令，可以得到如下结果：

```
>> x
x =
    1    4    9   16   25   36   49
>> i
i =
    8
```

当 i=8 时，不满足 while 语句小于 8 的循环条件，因此循环结束。

例 6.21   使用循环体语句

在 M 文件中使用循环体语句创建一个 4×4 的矩阵。其中，矩阵中的每一个元素的值与其对应的行数和列数有如下关系 $a=|i-j|$。其中，a 为矩阵中任意一个元素，i 为这个元素所对应的行数，j 为这个元素所对应的列数。

```
for i=1:1:5                    %行数循环，从 1 到 5
    j=5;
    while j>0                  %列数循环，从 5 到 1
        a(i,j)=i-j;            %矩阵中第 i 行第 j 列的元素 a 的值为(i-j)
        if a(i,j)<0
            a(i,j)=-a(i,j);     %当 a(i,j)为负数时，取其相反数
        end
        j=j-1;
    end
end
```

运行此文件，得到如下结果：

```
>> a
a =
    0    1    2    3    4
    1    0    1    2    3
    2    1    0    1    2
    3    2    1    0    1
    4    3    2    1    0
```

6.4.4   try-catch 容错结构

在程序设计中，有时候会遇到不能确定某段代码是否会出现运行错误的情况。因此，为了保证程序在所有的条件下都能够正常运行，我们有必要在程序中添加错误检测语句。Matlab 提供了 try-catch 结构，用来捕获和处理错误。

try-catch 结构的语法格式如下：

```
try
  statement
  ...
  statement
catch
  statement
...
  statement
end
```

程序执行时，首先执行 try 后面的代码段，如果 try 和 catch 之间的代码执行没有错误发生，则程序通过，不执行 catch 和 end 之间的部分，而继续执行 end 后面的代码。一旦 try 和 catch 之间的代码执行发生错误，则立刻转而执行 catch 和 end 之间的部分，然后才继续执行 end 后的代码。

Matlab 提供了 lasterr 函数，可以获取出错信息。

例 6.22　使用 lasterr 函数获取出错信息

对 3×3 魔方阵进行援引，当行数超出魔方阵的最大行数时，将改向对最后一行的援引，并显示"出错"警告。

```
n=i;                    %n 为行数，其值 i 是提示我们输入的
A=magic(3);
try
    A_n=A(n,:)          %取 A 的第 n 行元素
catch
    A_end=A(end,:)      %如果取 A(n,:)出错，则改取 A 的最后一行
    disp(lasterr)       %显示出错的原因
end
```

当 i=2 时，程序执行 try 和 catch 之间的代码，其运行结果如下：

```
n =
    2
A_n =
    3    5    7
```

当 i=4 时，程序执行 catch 和 end 之间的代码，其运行结果如下：

```
n =
    4
A_end =
    4    9    2
Attempted to access A(4,:); index out of bounds because size(A)=[3,3].
```

6.4.5　其他数据流结构

前面我们已经介绍了 Matlab 的一些常用的流程控制结构，用户可以使用这些语句进行一些比较复杂的程序设计。但是在程序中还会经常遇到一些特殊情况，如提前终止循环、跳出子程序、显示出错信息等情况。因此，除了上面介绍的这些控制语句外，还需要其他的控制流语句配合来实现这些功能。Matlab 中，能实现这些功能的函数有 continue、break、return、echo、error 等。在此，我们只介绍 echo 命令，其他命令在下一节中详细介绍。

通常在运行 M 文件时，执行的语句是不显示在命令窗口中的。但在特殊情况下，比如需要查看程序运行的中间变量，以及调试和演示程序时需要将每条命令都显示出来。Matlab 提供 echo 命令来实现这样的操作。

对于函数文件和脚本文件，echo 命令的语法结构稍有不同。

(1) 对于函数文件，echo 命令的语法结构如下所示。

- echo file on：显示文件名为 file 的 M 文件的执行语句。
- echo file off：不显示文件名为 file 的 M 文件的执行语句。
- echo file：在上述两种情况之间进切换，用户只要输入 echo 命令，就可以将现有的状态切换成其对立的状态。
- echo on all：显示其后所有 M 文件的执行语句。
- echo off all：不显示其后所有 M 文件的执行语句。

(2) 对于脚本文件，echo 命令的语法结构如下所示。

- echo on：显示其后所有执行的语句。
- echo off：不显示其后所有执行的语句。
- echo：在上述两种情况之间进行切换。

例 6.23　使用 echo 命令

显示执行语句，输入如下程序：

```
echo on
x1=rand(3);
y1=cos(x1);
echo off
x2=rand(3)
y2=sin(x1)
```

保存并执行后，命令窗口中的输出结果如下所示：

```
x1=rand(3);
y1=cos(x1);
echo off
x2 =
    0.1190    0.3404    0.7513
    0.4984    0.5853    0.2551
    0.9597    0.2238    0.5060
y2 =
    0.4704    0.6514    0.6286
    0.4310    0.6851    0.6092
    0.6022    0.2725    0.1619
```

6.5　控制命令

6.5.1　continue 和 break 命令

1. continue 命令

在 Matlab 中，continue 命令的作用就是结束本次循环，即跳过本次循环中尚未执行的语句，进行下一次是否执行循环的判断。

例 6.24　使用 continue 命令

读取数据，遇到大于 9 的数显示其位置(-1 表示全不大于 9)。

```
num=20;
a=10*rand(1,num)        %生成一个具有 20 个元素并且值都大于 1 的随机向量
address=-1;
n=0;
while n<num             %当 n<20 时进行循环
    n=n+1;
    if a(n)<=9
        continue;       %当 a 的元素<=9 时，就不执行后面的语句，而返回 while 继续
    end
    address=n
end
```

命令窗口中的输出结果如下所示：

```
 Columns 1 through 15
   4.3874   3.8156   7.6552   7.9520   1.8687   4.8976   4.4559 6.4631
7.0936   7.5469   2.7603   6.7970   6.5510   1.6261   1.1900
 Columns 16 through 20
   4.9836   9.5974   3.4039   5.8527   2.2381
address =
   17
```

2. break 命令

break 命令的作用是终止本次循环，跳出最内层的循环，也就是说不必等到循环的结束而是根据条件来退出循环。它的用法和 continue 类似，常常和 if 语句联合使用来强制终止循环，但 break 和 continue 命令不同的是：break 语句将终止整个循环；continue 语句将结束本次循环，并进入下一次循环。

同样，我们还是以例题的功能为模板，来实现 break 语句的功能。

例 6.25 使用 break 命令

读取矩阵数据，遇到大于 5 的数退出并显示退出时的位置(-1 表示全不大于 5)。

```
a=10*rand(5)                %生成 5 个大于 1 的随机数
size_a=size(a);             %生成 5×5 的随机矩阵
for i=1:size_a(1)           %外循环，行数 i 从 1 开始执行
    address(i)=-1;
    for j=1:size_a(2)       %内循环，列数 j 从 1 开始执行
        if a(i,j)>5         %判断矩阵元素是否大于 5
            address(i)=j;   %遇到大于 5 的数，将列数 j 的值赋给地址
            break;          %终止循环，输出地址值
        end
    end
end
address
```

命令窗口中的输出结果如下所示：

```
a =
   8.6869   4.3141   1.3607   8.5303   0.7597
   0.8444   9.1065   8.6929   6.2206   2.3992
   3.9978   1.8185   5.7970   3.5095   1.2332
```

```
    2.5987    2.6380    5.4986    5.1325    1.8391
    8.0007    1.4554    1.4495    4.0181    2.3995
address =
    1    2    3    3    1
```

6.5.2　return 和 pause 命令

1. return 命令

return 命令可以使得正在执行的函数正常退出，返回调用它的函数，并且继续执行该函数。return 语句经常被用于函数的末尾以正常结束函数的运行，当然也可以在某一个条件满足时强行退出该函数。

例 6.26　return 命令调用实例

首先创建一个函数文件，若输入不是空阵，则返回该参数的余弦值。

```
function a=my_return(A)    %my_return 用来演示 return 命令的使用
if isempty(A)
   disp('输入为空阵');
   return
else
   a=cos(A);
end
```

将上述内容保存到当前目录下，然后可以进行调用计算，其结果如命令窗口中所示：

```
>> my_return([])
输入为空矩阵
>> my_return(pi/3)
ans =
   0.5000
```

在本例中，输入 my_return([])文件时，执行的是 disp('输入为空阵')命令，然后再调用 return 命令，直接退出函数 my_return，并不执行 return 下面的指令。

2. pause 命令

pause 命令用于暂时中止运行程序。当程序运行到此命令时，程序暂时中止，然后等待用户按任意键继续运行。pause 命令在程序调试的过程中和用户需要查询中间结果时经常用到，它的语法结构如下所示。

- pause：暂时中止程序执行，等待用户按任意键继续。
- pause(n)：使程序暂时中止 n 秒，n 为非负实数。
- pause on：允许后续的 pause 命令暂时中止程序的执行。
- pause off：使后续的 pause 或 pause(n)命令变为无效。

例 6.27　使用 pause 命令

查看绘图结果，输入如下程序：

```
t=0:0.001*pi:2*pi;
y=exp(cos(t));
a=plot(t,y,'Ydatasource','y');
for k=1:1:10
    y=exp(cos(t.*k));
    refreshdata(a,'caller')
    drawnow;
    pause(0.3)
end
```

本例中所绘制的图形在程序运行过程中是不断变化的，其最终的图形结果如图 6-8 所示。

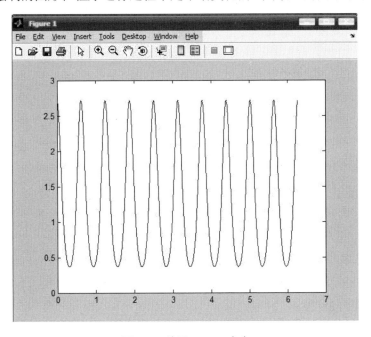

图 6-8　使用 pause 命令

6.5.3　input 和 keyboard 命令

1. input 指令

input 指令的作用是提示用户在程序运行过程中向系统中输入参数，并且通过按回车键接收输入值，送到工作空间。input 指令的调用格式如下。

- user_v=input('message')：显示 message，等待用户输入，将用户输入的数值、字符串和元胞数组等赋给变量 user_v。
- user_v=input('message','s')：将用户输入的数值、字符串和元胞数组等作为字符串赋给变量 user_v。

例 6.28　猜字谜小游戏设计

使用 input 函数进行猜字谜小游戏设计。系统产生一个 0~10 之间的整数，有 3 次机会，猜错给出提示，猜对退出程序。

```
disp('GAME START!')                    %开始游戏
x=fix(10*rand);                        %生成一个随机数，大小在0~10之间
for n=1:3                              %循环语句，用户有3次机会
   a=input('please enter your number:');    %
   if a<x                             %所猜的数偏小
      disp('your number is lower');
   elseif a>x                         %所猜的数偏大
      disp('your number is higher');
   else
      disp('great!');                 %猜对了
      return                          %猜对后退出程序
   end
end
disp('GAME OVER!')                     %若3次都没有猜对，提示用户游戏结束
```

命令窗口中的输出结果如下所示：

```
GAME START!
please enter your number:5
your number is higher
please enter your number:2
your number is higher
please enter your number:1
your number is higher
GAME OVER!
```

本例中窗口输出结果显示，猜了三次都没有猜对，此时显示"GAME OVER!"。

2. keyboard 指令

keyboard 命令的作用是停止程序的执行，并把控制权交给键盘。通常 keyboard 指令用于程序的调试和变量的修改。系统执行 keyboard 的指令时，显示提示符，等待用户输入，显示如下：

```
K>>
```

当用户输入 return 指令，按下 Enter 键后，则控制权将再次交给程序。

注意

input 指令和 keyboard 指令功能类似，不同的是，input 指令只允许输入变量的值，而 keyboard 指令却可以输入多行 Matlab 指令。

6.5.4 error 和 warning 命令

1. error 指令

error 命令用来指示出错信息，并且终止当前程序的运行。error 的语法结构如下所示：

```
error('message')
```

其中 message 为出错信息，此指令终止程序的执行。

例如，使用 error 指令显示出错信息，输入如下程序：

```
b=inf;
if isinf(b)
    error('b is a infinity number');
    disp('display again');
end
```

命令窗口中的输出结果如下所示：

```
??? Error using ==> Untitled at 3
b is a infinity number
```

可以看出，命令窗口中没有显示 display again 的信息。本例表明，执行 error 语句后，程序将终止运行。

2. warning 指令

warning 指令的作用是显示警告信息，常用于必要的错误提示，其语法结构如下所示：

```
warning('message')
```

其中 message 表示显示的是警告内容。

例如，使用 warning 指令显示警告信息，输入如下程序：

```
b=inf;
if isinf(b)
    warning('b is a infinity number');
    disp('display again');
end
```

命令窗口中的输出结果如下所示：

```
warning: b is a infinity number
> In Untitled at 3
display again
```

命令窗口中显示了 display again 的信息。本例表明，执行 warning 语句后，程序仍继续执行。

6.6　课后练习

1. 命令文件与函数文件的主要区别是什么？
2. 如何定义全局变量？
3. 如果 x 是一个结构型数组，如何观察其中的内容？
4. if 语句有几种表现形式？
5. 说明 break 语句和 return 语句的用法。
6. 有一周期为 4π 的正弦波上叠加了方差为 0.1 的正态分布的随机噪声的信号，用循环结构编制一个三点线性滑动平均的程序。(提示：①用 0.1*randn(1,n)产生方差为 0.1 的正态分布的随机噪声；②三点线性滑动平均就是依次取每三个相邻数的平均值作为新的数据，

如 x1(2)=(x(1)+x(2)+x(3))/3，x1(3)=(x(2)+x(3)+x(4))/3 等)

7．编制一个解数论问题的函数文件：取任意整数，若是偶数，则用 2 除，否则乘 3 加 1，重复此过程，直到整数变为 1。

8．有一组学生的考试成绩(见表)，根据规定，成绩在 100 分时为满分，成绩在 90~99 之间时为优秀，成绩在 80~89 分之间时为良好，成绩在 60~79 分之间时为及格，成绩在 60 分以下时为不及格，编制一个根据成绩划分等级的程序。

学生姓名	王	张	刘	李	陈	杨	于	黄	郭	赵
成　绩	72	83	56	94	100	88	96	68	54	65

第 7 章

符号及其运算

Matlab 提供了强大的符号运算功能，可以按照推理解析的方法进行运算。Matlab 的符号运算功能是建立在数学计算软件 Maple 基础上的，在进行符号运算时，Matlab 调用 Maple 软件进行运算，然后将结果返回到命令窗口中。符号运算部分是本书的重要内容之一，需要注意的是，在符号运算的整个计算过程中，所有的运算均是以符号进行的，即使以数字形式出现的量也是字符量。

学习目标

◇ 掌握符号变量的创建
◇ 掌握符号表达式与符号方程的创建
◇ 熟悉符号矩阵的创建
◇ 了解符号微积分与符号积分变换
◇ 掌握符号代数方程和微分方程的求解
◇ 了解图示化符号函数计算器

7.1 符号变量的创建

在 Matlab 的数据类型中，符号型与字符型是两种重要而又容易混淆的数据类型。符号运算工具箱中的一些命令，它们的参数既可以是符号型，又可以是字符型；而还有很多命令，它们的参数则必须是非符号型。鉴于符号型数据是符号运算的主要数据类型，因此在说明完两种数据类型变量的创建方法和不同之处后，本书只采用符号型数据作为以后所介绍命令的参数。

7.1.1 字符型数据变量的创建

在 Matlab 的工作空间内，字符型数据变量同数值型变量一样是以矩阵形式进行保存的。它的语法格式为：

```
Var='expression'
```

例 7.1 创建字符型数据变量

```
>> China='China'
China =
'China'
>> X='a-b+c*d'
X =
'a-b+c*d'
>> Y='I am a student'
Y =
'I am a student'
>> Z='1+sin(2)/3'
Z =
'1+sin(2)/3'
```

此时，可以检查一下前面 4 个字符变量的大小：

```
>> SChina=size(China)
SChina =
    1    5
>> SX=size(X)
SX =
    1    7
>> SY=size(Y)
SY =
    1   14
>> SZ=size(Z)
SZ =
    1   10
```

上例的结果充分说明了字符型变量是以矩阵的形式存储在 Matlab 的工作空间内的。

7.1.2　符号型数据变量的创建

1．使用 sym 函数定义符号变量

sym 函数可以生成单个的符号变量，创建方法如下所示：

```
>> sqrt(3)
ans =
    1.7321
>> a=sqrt(sym(3))
a =
3^(1/2)
>> double(a)
ans =
    1.7321
>> sym(3)/sym(5)
ans =
3/5
>> 3/5+6/7
ans =
    1.4571
>> sym(3)/sym(5)+sym(6)/sym(7)
ans =
51/35
```

以上可以看出字符型变量与其他数据类型的区别。

2．使用 syms 函数定义符号变量

syms 函数的功能比 sym 函数要更为强大，它可以一次创建任意多个符号变量。而且，syms 函数的使用格式也很简单，具体用法如下：

```
syms    var1 var2 var3 ......
```

例如在 Matlab 程序窗口输入下面的内容：

```
>> syms China X Y Z
```

该命令执行后，屏幕并无任何反应，但这 4 个符号变量已存在于 Matlab 工作空间中了。此时可用 whos 命令检查存在于工作空间中的各种变量及所属类型。结果显示如下：

```
>> whos
  Name        Size            Bytes  Class     Attributes
  China       1x5               10   char
  SChina      1x2               16   double
  SX          1x2               16   double
  SY          1x2               16   double
  SZ          1x2               16   double
  X           1x7               14   char
  Y           1x1               28   char
  Z           1x1               20   char
  a           1x1                8   sym
  ans         1x1                8   sym
```

7.1.3 符号变量的基本操作

1. 使用 findsym 函数用于寻找符号变量

该函数用于找出一个表达式中存在哪些符号变量，例如，给定由符号变量定义的符号表达式 f 和 g，其中 $f = e^x$，$g = \sin(ax + b)$。那么，使用 findsym(f) 和 findsym(g) 可以分别找出两个表达式中的符号变量，此外，对于任意表达式 s，使用 findsym(s,n) 可以找出表达式 s 中 n 个与 x 接近的变量。

例 7.2 使用 findsym 函数

```
>> syms alpha a b x
>> findsym(alpha+a+b)
ans =
'a,alpha,b'
>> findsym(sin(alpha)*x+a/2+b*4)
ans =
'a,alpha,b,x'
>> findsym(sin(3)*4+x/2+b*4)
ans =
'b,x'
```

2. 任意精度的符号表达式

Matlab 提供了 digits 和 vpa 这两个函数来实现任意精度的符号运算。

(1) digits 函数设定所用数值的精度：

● 单独使用 digits 命令，将在命令窗口中显示当前设定的数值精度。

● digits(D) 命令将设置数值的精度为 D 位。其中 D 为一个整数，或者是一个表示数的字符型变量或符号变量。

● D=digits 命令也是在命令窗口中返回当前设定的数值精度，其中 D 是一个整数。

例如在 Matlab 窗口输入下面的内容：

```
>> digits
Digits = 32
```

此时，由输出结果可以知道当前的数值精度为 32 位。

继续在命令窗口中输入如下命令：

```
>> digits(100)
```

此时，命令窗口没有任何反应，但是，系统内部已经将数值精度设定为 100 位。

继续在命令窗口输入如下命令：

```
>> d=digits
d =
  100
```

可见，此时，数值精度已经设定为 100 位了。

(2) vpa 函数进行可控精度运算：

- R=vpa(S)命令将显示符号表达式 S 在当前精度 D 下的值。其中 D 是使用 digits 函数设置的数值精度。

- vpa(S,D)命令显示符号表达式 S 在精度 D 下的值，这里的 D 不是当前的精度值，而是临时使用 digits 函数设置为 D 位精度。

例如在 Matlab 窗口输入下面的内容：

```
>> x=vpa(pi)
x =
3.1415926535897932384626433832795028841971693993751058209749445923078164062862089986280348253421117068
>> s=vpa(hilb(2))
s =
[1.0,0.5]
[0.5,0.33333333333333333333333333333333333333333333333333333333333333333333333333333333333333333333333333]
>> s=vpa(hilb(2),5)
s =
[ 1.0,     0.5]
[ 0.5, 0.33333]
```

可见，此时系统是默认精度值为 100 位，所显示的值都有 100 位小数，而第 3 条命令则将矩阵的精度定义为 5 位。

3. 数值型变量与符号型变量的转换形式

对于任意数值型变量 t，使用 sym 函数可以将其转换为 4 种形式的符号变量，分别为有理数形式 sym(t)或 sym(t,'r')、浮点数形式 sym(t,'f')、指数形式 sym(t,'e')和数值精度形式 sym(t,'d')。

例 7.3　数值型变量与符号型变量的转换过程

```
>> t=0.01
t =
    0.0100
>> sym(t)
ans =
1/100
>> sym(t,'r')
ans =
1/100
>> sym(t,'f')
ans =
5764607523034235/576460752303423488
>> sym(t,'e')
ans =
eps/1067 + 1/100
>> sym(t,'d')
ans =
0.010000000000000000208166817117217
```

在 Matlab 中，默认的精度是 32 位，因此，上面的显示值也具有 32 位精度。此外，也可以使用上述方法将数值型矩阵转换为符号型矩阵。注意此时只能将其转换为有理数形式，如果用户想转换为其他 3 种类型，Matlab 将给出错误的提示。在命令窗口输入如下命令：

```
>> A=hilb(5)
A =
    1.0000    0.5000    0.3333    0.2500    0.2000
    0.5000    0.3333    0.2500    0.2000    0.1667
    0.3333    0.2500    0.2000    0.1667    0.1429
    0.2500    0.2000    0.1667    0.1429    0.1250
    0.2000    0.1667    0.1429    0.1250    0.1111
>> A=sym(A)
A =
[   1, 1/2, 1/3, 1/4, 1/5]
[ 1/2, 1/3, 1/4, 1/5, 1/6]
[ 1/3, 1/4, 1/5, 1/6, 1/7]
[ 1/4, 1/5, 1/6, 1/7, 1/8]
[ 1/5, 1/6, 1/7, 1/8, 1/9]
>> A=sym(A,'d')
Error using sym>assumptions (line 2255)
Second argument d not recognized.
Error in sym>tomupad (line 2232)
    assumptions(S,x.s,a);
Error in sym (line 123)
        S.s = tomupad(x,a);
>> A=sym(A,'e')
Error using sym>assumptions (line 2255)
Second argument e not recognized.
Error in sym>tomupad (line 2232)
    assumptions(S,x.s,a);
Error in sym (line 123)
        S.s = tomupad(x,a);
>> A=sym(A,'f')
Error using sym>assumptions (line 2255)
Second argument f not recognized.
Error in sym>tomupad (line 2232)
    assumptions(S,x.s,a);
Error in sym (line 123)
        S.s = tomupad(x,a);
```

7.2　符号表达式与符号方程创建

创建符号表达式和符号方程的目的，就是将表达式和方程赋值给一个变量，这个变量也就成了符号变量。而引入这个符号变量后，再引用相应的表达式和方程就方便了许多，不必再一个个重新输入了。

7.2.1　符号表达式的创建

经常使用的符号表达式的创建方法有两种，它们各有自己的优点和缺点，因此需要根据不同的场合选择使用。

1. 使用 sym 函数直接创建符号表达式

使用 sym 函数创建符号表达式有两种定义方法，一是使用 sym 函数将式中的每一个变量定义为符号变量；二是使用 sym 函数将整个表达式集体定义。但是，在使用第二种方法时，虽然也生成了与第一种方法相同的表达式，但是并没有将里边的变量也定义为符号变量。

使用 sym 函数直接创建符号表达式的方法不需要在前面有任何说明，因此使用非常快捷。但在此创建过程中，包含在表达式内的符号变量并未得到说明，也就不存在于工作空间。下面举例说明如何创建符号表达式。

例 7.4　创建符号表达式

```
>> a=sym('a');
>> b=sym('b');
>> c=sym('c');
>> x=sym('x');
>> g=a*x^2+b*x+c
g =
a*x^2 + b*x + c
```

从该例可以看出，符号表达式创建成功并将其赋予了变量 g。也可以采用整体定义法，此时，将整个表达式用单引号括起来，再用 sym 函数加以定义，例如在命令窗口输入如下命令：

```
>> g=sym('a*x^2+b*x+c')
g =
a*x^2 + b*x + c
>> f=g^2-g*3+4
f =
(a*x^2 + b*x + c)^2 - 3*b*x - 3*a*x^2 - 3*c + 4
```

注意　用到 sym 函数的时候，由于在 sym 命令内，表达式和方程式都是对空格敏感的，因此，不用随意添加空格符到式中，以免影响后面的运算结果。

2. 使用 syms 函数直接创建符号表达式

使用 syms 函数创建符号表达式的方法与 sym 命令相反。它需要在具体创建一个符号表达式之前，就将这个表达式所包含的全部符号变量创建完毕。但在创建这个表达式时，只需按给其赋值时的格式输入即可完成。

例 7.5　使用 syms 函数创建符号表达式

```
>> syms a b c x
>> g=sym('a*x^2+b*x+c')
g =
a*x^2 + b*x + c
```

```
>> f=g^2-g*3+4
f =
(a*x^2 + b*x + c)^2 - 3*b*x - 3*a*x^2 - 3*c + 4
```

7.2.2　符号方程的创建

符号方程与符号表达式的区别在于表达式是一个由数字和变量组成的代数式，而方程则是由函数和等号组成的等式。在 Matlab 语言中，生成符号方程的方法与使用 sym 函数生成符号表达式类似，但是不能采用直接生成法生成符号函数。

例 7.6　创建符号方程

```
>> equation=sym('a*x^2+b*x+c=0')
equation =
a*x^2 + b*x + c = 0
```

7.2.3　符号表达式的操作

用户可以对符号表达式进行各种操作，包括四则运算、合并同类项、多项式分解和简化等。下面详细介绍具体用法。

1. 符号表达式的四则运算

符号表达式也与通常的算数式一样，可以进行四则运算。

例 7.7　符号表达式的四则运算

```
>> syms a b x y
>> fun1=sin(x)-cos(y)
fun1 =
sin(x) - cos(y)
>> fun2=a-b
fun2 =
a - b
>> fun1-fun2
ans =
b - a - cos(y) + sin(x)
>> fun1*fun2
ans =
-(a - b)*(cos(y) - sin(x))
```

2. 合并符号表达式的同类项

在 Matlab 语言中，使用 collect 函数来合并符号表达式的同类项，其使用格式如下：
- collect(S,v)命令将符号矩阵 S 中所有同类项合并，并以 v 为符号变量输出。
- collect(S)命令使用 findsym 函数规定的默认变量代替上式中的 v。

例 7.8　符号表达式的合并同类项运算

```
>> collect(x^2*y-x*y+x^2-4*x)
```

```
ans =
(y + 1)*x^2 + (- y - 4)*x
>> f=-2/3*x*(x-1)+4/5*(x-1);
>> collect(f)
ans =
(22*x)/15 - (2*x^2)/3 - 4/5
```

3．符号多项式的因式分解

在 Matlab 语言中，使用 horner 函数进行符号多项式的合并，其使用格式为 horner(P)，该命令将符号表达式 P 进行因式分解。

例 7.9　符号表达式的因式分解

```
>> syms x
>> f1=2*x^3+4*x^2-15*x+33
f1 =
2*x^3 + 4*x^2 - 15*x + 33
>> horner(f1)
ans =
x*(x*(2*x + 4) - 15) + 33
>> f2=x^2-2*x+16
f2 =
x^2 - 2*x + 16
>> horner(f2)
ans =
x*(x - 2) + 16
```

4．符号表达式的化简

在 Matlab 语言中，使用 simplify 函数和 simple 函数进行符号表达式的简化。下面对它们的使用方法进行介绍。

(1) simplify 函数的使用。

simplify(S)命令将符号表达式 S 中的每一个元素都进行简化，该函数的缺点是即使多次运用 simplify 也不一定能得到最简形式。

例 7.10　利用 simplify 函数对符号表达式进行化简

```
>> syms x
>> f1=(1/x-3/x^2+5/x-9)^(1/2)
f1 =
(6/x - 3/x^2 - 9)^(1/2)
>> sf1=simplify(f1)
sf1 =
(-(3*(3*x^2 - 2*x+1))/x^2)^(1/2)
>> sf2=simplify(sf1)
sf2 =
(-(3*(3*x^2 - 2*x+1))/x^2)^(1/2)
>> simplify(sin(x)^2+cos(x)^2)
ans =
1
```

(2) simple 函数的使用。

用 simple 函数对符号表达式进行化简，该方法比使用 simplify 函数要简单，所得的结果也比较合理。其使用格式如下：

- simple(S)命令使用多种代数化简方法对符号表达式 S 进行化简，并显示其中最简单的结果。

- [R,how]simple(S)命令在返回最简单的结果的同时，返回一个描述化简方法的字符串 how。

例 7.11　利用 simple 函数对符号表达式进行化简

```
>> f=2*cos(x)^2-sin(x)^2
f =
2*cos(x)^2 - sin(x)^2
>> simple(f)
simplify:
2 - 3*sin(x)^2
radsimp:
2*cos(x)^2 - sin(x)^2
simplify(100):
3*cos(x)^2 - 1
combine(sincos):
(3*cos(2*x))/2 + 1/2
combine(sinhcosh):
2*cos(x)^2 - sin(x)^2
combine(ln):
2*cos(x)^2 - sin(x)^2
factor:
2*cos(x)^2 - sin(x)^2
expand:
2*cos(x)^2 - sin(x)^2
combine:
2*cos(x)^2 - sin(x)^2
rewrite(exp):
2*(1/(2*exp(x*i)) + exp(x*i)/2)^2 - (i/(2*exp(x*i)) - (exp(x*i)*i)/2)^2
rewrite(sincos):
2*cos(x)^2 - sin(x)^2
rewrite(sinhcosh):
2*cosh(x*i)^2 + sinh(x*i)^2
rewrite(tan):
(2*(tan(x/2)^2 - 1)^2)/(tan(x/2)^2 + 1)^2 - (4*tan(x/2)^2)/(tan(x/2)^2 + 1)^2
mwcos2sin:
2 - 3*sin(x)^2
collect(x):
2*cos(x)^2 - sin(x)^2
ans =
2 - 3*sin(x)^2
```

下面再应用[R,how]=simple(S)命令对相同的表达式进行化简，用户可以从中对比两个命令的区别，如下面的程序：

```
>> [R,how]=simple(f)
R =
```

```
2 - 3*sin(x)^2
how =
simplify
```

5．subs 函数用于替换求值

使用 subs 函数可以将符号表达式中的字符型变量用数值型变量替换，其使用方法如下：

- subs(S)命令将符号表达式 S 中的所有符号变量用调用函数中的值或是 Matlab 工作区间的值代替。
- subs(S,new)命令将符号表达式 S 中的自由符号变量用数值型变量或表达式 new 替换。例如用户想求表达式 $f = 2x^2 + 3x + 1$ 当 $x = -1$时的值，可以使用 subs(f,-1)。
- subs(S,old,new)命令将符号表达式 S 中的符号变量 old 用数值型变量或表达式 new 替换。

例 7.12　利用 subs 函数对符号表达式进行替换操作

```
>> syms x y
>> f=x^2*y-4*x*sqrt(y)
f =
x^2*y - 4*x*y^(1/2)
>> subs(f,x,3)
ans =
9*y - 12*y^(1/2)
>> subs(f,y,3)
ans =
3*x^2 - 4*3^(1/2)*x
```

如果用户没有指定被替换的符号变量，那么 Matlab 将按如下规则选择默认的替换变量，对于单个字母的变量，Matlab 选择在字母表中与 x 最接近的字母，如果有两个变量离 x 一样近，Matlab 将选择字母表中靠后的那个。因此，在上边的程序段中，subs(f,x,3)与 subs(f,3)的返回值是相同的，用户可以使用 findsym 函数寻址默认的替换变量，例如下面的程序：

```
>> syms x y
>> f=x+y
f =
x + y
>> findsym(f,1)
ans =
x
```

以上部分的程序段进行了单个变量的替换，使用 subs 函数也可以进行多个变量的替换，如下所示：

```
>> subs(sin(x)+cos(y),{x,y},{sym('alpha'),2})
ans =
cos(2) + sin(alpha)
```

同时，也可以使用矩阵作为替换变量，用来替换符号表达式中的符号变量，如下所示：

```
>> syms x
>> subs(exp(y*x),'a',-magic(2))
ans =
```

```
[ exp(x*y), exp(x*y)]
[ exp(x*y), exp(x*y)]
>> subs(x*y,{x,y},{[-1 2;3 -4],[1 1;2 3]})
ans =
   [-1     2]
   [6    -12]
```

6. 反函数的运算

反函数运算是符号运算的重要组成部分，在 Matlab 语言中，使用 finverse 函数来实现对符号函数的反函数运算。其使用格式如下：

- g=finverse(f)命令用于求函数 f 的反函数，其中 f 为一符号表达式，x 为单变量，函数 g 也是一个符号函数，且满足 g(f(x))=x。
- g=finverse(f,v)命令所返回的符号函数表达式的自变量是 v，这里 v 是一个符号变量，且是表达式的向量变量。而 g 的表达式要求满足 g(f(x))=v。当 f 包括不止一个变量时最好使用该命令。

例 7.13　符号函数的反函数运算

```
>> f=x^2-y
f =
x^2 - y
>> finverse(f)
ans =
(x + y)^(1/2)
>> syms x
>> f=x^2
f =
x^2
>> g=finverse(f)
g =
x^(1/2)
```

可见，由于函数 $f = x^2$ 的反函数不唯一，Matlab 语言将给出警告信息，并且以 x 默认为正值给出反函数。

我们可以验证 finverse 函数的正确性，及验算 g(f(x))是否等于 x，程序如下：

```
>> fg=simplify(compose(g,f))
fg =
(x^2)^(1/2)
```

7. 复合函数的运算

在科学计算中，经常要遇到求解复合函数的情况，比如函数 $z = f(y)$，而该函数的自变量 y 又是另外一个函数，$y = g(x)$，也就是 $z = f(g(x))$，此时，求 z 对 x 的函数的过程就是求解复合函数的过程。

在 Matlab 语言中，提供了专门用于进行复合函数运算的函数 compose。它的使用方法如下所示：

- compose(f,g)命令返回当 z = f(y) 和 y = g(x) 时的复合函数 z = f(g(x))。这里 x 是为 findsym 定义的 f 的符号变量，y 是为 findsym 定义的 g 的符号变量。

- compose(f,g,z)命令返回当 z = f(y) 和 y = g(x) 时的复合函数 z = f(g(x))，返回的函数以 z 为自变量。这里 x 是为 findsym 定义的 f 的符号变量，y 是为 findsym 定义的 g 的符号变量。

- compose(f,g,x,z)命令返回复合函数 f(g(z))，这里 x 是函数 f 的独立的变量。也就是说，例如若 f = cos(x / t)，那么 compose(f,g,x,z)命令将返回 cos(g(z)/t)，而 compose(f,g,t,z)命令将返回 cos(x / g(z))。

- compose(f,g,x,y,z)命令返回 f(g(z)) 并使得 x 为函数 f 的独立变量，y 是函数 g 的独立变量。例如若 f = cos(x / t) 并且 g = sin(y / u)，那么 compose(f,g,x,y,z)命令将返回 cos(sin(z / u)/ t) 而 compose(f,g,x,u,z)命令将返回 cos(sin(y / z)/ t)。

例 7.14　复合函数运算

```
>> syms x y z t u
>> f=1/(x^2-1)
f =
1/(x^2 - 1)
>> g=sin(y)
g =
sin(y)
>> h=x^t
h =
x^t
>> p=exp(y/u)
p =
exp(y/u)
>> compose(f,g)
ans =
1/(sin(y)^2 - 1)
>> compose(f,g,t)
ans =
1/(sin(t)^2 - 1)
>> compose(h,g,t,z)
ans =
x^sin(z)
>> compose(h,p,x,y,z)
ans =
exp(z/u)^t
>> compose(h,p,t,u,z)
ans =
x^exp(y/z)
```

7.3　符号矩阵的创建

在 Matlab 语言中，符号矩阵的生成与数值矩阵的相关操作很相似，但是要用到符号定义函数 sym，本节主要介绍怎样使用该函数生成符号矩阵。

7.3.1 用 sym 命令直接创建符号矩阵

该方法简单实用，用户在学习上面章节的内容之后，就可以用与创建数值矩阵相同的方法直接创建符号矩阵。所创建的符号矩阵的元素可以是任何符号变量及符号表达式和方程，矩阵行之间以分号隔断，各矩阵元素之间可以使用空格或逗号分隔；各符号表达式的长度可以不同；矩阵元素可以是任意的符号函数。

例 7.15 直接创建符号矩阵

```
>> matrix1=sym('[5/x 2+sin(x) x-y;x/y,1+y,cos(y);x^2,2+3 6*y]')
matrix1 =
[ 5/x, sin(x) + 2, x - y]
[ x/y,      y + 1, cos(y)]
[ x^2,          5,    6*y]
```

上面的程序中，使用了空格、逗号作为矩阵元素之间的分隔，且各符号表达式的长度既可以相同，也可以不同。在实际使用中，为了格式与页面的整洁，建议只采用一种分隔方法。

7.3.2 由数值矩阵转换为符号矩阵

由于数值型和符号型是 Matlab 的两种不同数据类型，因此在 Matlab 中，分属于这两个数据类型的变量之间不能直接运算，而是在 Matlab 的工作空间内将数值型变量转换为符号型变量后进行计算。这个转化过程是在系统内部自动完成的，也可通过命令将数值量转化为符号量，并将这个新产生的符号量赋值给另一个变量，以利于后面的计算。

将一个数值矩阵 M 转化为符号矩阵 S 的命令为：

```
S=sym(M)
```

例 7.16 数值矩阵转化为符号矩阵

```
>> M=[1 2 3 4;5 6 7 8;9 10 11 12]
M =
     1     2     3     4
     5     6     7     8
     9    10    11    12
>> S=sym(M)
S =
[ 1,  2,  3,  4]
[ 5,  6,  7,  8]
[ 9, 10, 11, 12]
```

> **说明**
>
> 不管原来数值矩阵 M 是分数还是浮点数形式赋值的，当它被转化为符号矩阵后，都将以最接近原数的精确有理形式给出，例如下面的程序：
>
> ```
> >> M=[2/3 0.25 3.67;4^0.1 pi 7.23;sin(2) log(5) 1/9]
> M =
> ```

```
    0.6667    0.2500    3.6700
    1.1487    3.1416    7.2300
    0.9093    1.6094    0.1111
>> S=sym(M)
S =
[                                    2/3,                   1/4, 367/100]
[5173277483525749/4503599627370496,                        pi, 723/100]
[4095111552621091/4503599627370496,7248263982714163/4503599627370496,  1/9]
```

7.3.3　利用矩阵元素的通式创建符号矩阵

如果要创建一个如下形式的矩阵 M：

```
M =
[      1/(a + 1),    1/(a^2 + 4),    1/(a^3 + 9),   1/(a^4 + 16)]
[   1/(a^5 + 25),   1/(a^6 + 36),   1/(a^7 + 49),   1/(a^8 + 64)]
[   1/(a^9 + 81),  1/(a^10 + 100), 1/(a^11 + 121), 1/(a^12 + 144)]
[ 1/(a^13 + 169), 1/(a^14 + 196), 1/(a^15 + 225), 1/(a^16 + 256)]
[ 1/(a^17 + 289), 1/(a^18 + 324), 1/(a^19 + 361), 1/(a^20 + 400)]
[ 1/(a^21 + 441), 1/(a^22 + 484), 1/(a^23 + 529), 1/(a^24 + 576)]
```

如果一项一项地输入，太烦琐了。而此矩阵 M 还是有些规律的，处于第 r 行第 c 列的元素为：

```
M(r,c)=1/((4*r-4+c)^2+a^(4*r-4+c))
```

可以利用这个规律，创造一个函数来实现这个指令：

```
function M=symmat(row,column,f)
%symmat 命令是利用通式来创建符号矩阵
%symmat(row,column,f)参数 row,column 分别是待创建符号矩阵的行数和列数，f 则为矩阵元素的通式
for R=1:row
    for C=1:column
        c=sym(C);
        r=sym(R);
        M(R,C)=subs(sym(f));
    end
end
```

在这个函数中，以"%"提示的内容是本函数的说明和帮助部分。通过这几行文字，可以知道该命令所需的参数及其含义，而且可以用 help 命令来单独查阅该命令的说明信息。

例 7.17　利用矩阵元素的通式创建符号矩阵

```
>> syms x y c r
>> a=sin(c+(r-1)*2);
>> b=exp(r+(c-2)*3);
>> c=(c+(r-3)*4)*x+(r+(c-2)*5)*y;
>> A=symmat(3,3,a)
A =
[ sin(1), sin(2), sin(3)]
[ sin(3), sin(4), sin(5)]
[ sin(5), sin(6), sin(7)]
>> B=symmat(4,3,b)
```

```
B =
[ 1/exp(2), exp(1), exp(4)]
[ 1/exp(1), exp(2), exp(5)]
[       1, exp(3), exp(6)]
[ exp(1), exp(4), exp(7)]
>> C=symmat(5,5,c)
C =
[ - 7*x - 4*y,    y - 6*x,   6*y - 5*x,  11*y - 4*x,  16*y - 3*x]
[ - 3*x - 3*y, 2*y - 2*x,    7*y - x,        12*y,     x + 17*y]
[    x - 2*y, 2*x + 3*y,  3*x + 8*y,  4*x + 13*y,  5*x + 18*y]
[    5*x - y, 6*x + 4*y,  7*x + 9*y,  8*x + 14*y,  9*x + 19*y]
[        9*x, 10*x + 5*y, 11*x + 10*y, 12*x + 15*y, 13*x + 20*y]
```

由于在函数 symmat 中，采用了 M(R,C)=subs(sym(f)) 的方法，因此当 f 为字符参数时，symmat 命令同样可以给出正确答案，例如下面的程序：

```
>> A=symmat(3,3,'sin(c+(r-1)*2)')
A =
[ sin(1), sin(2), sin(3)]
[ sin(3), sin(4), sin(5)]
[ sin(5), sin(6), sin(7)]
>> B=symmat(4,3,'exp(r+(c-2)*3)')
B =
[ 1/exp(2), exp(1), exp(4)]
[ 1/exp(1), exp(2), exp(5)]
[       1, exp(3), exp(6)]
[ exp(1), exp(4), exp(7)]
>> C=symmat(5,5,'(c+(r-3)*4)*x+(r+(c-2)*5)*y')
C =
[ - 7*x - 4*y,    y - 6*x,   6*y - 5*x,  11*y - 4*x,  16*y - 3*x]
[ - 3*x - 3*y, 2*y - 2*x,    7*y - x,        12*y,     x + 17*y]
[    x - 2*y, 2*x + 3*y,  3*x + 8*y,  4*x + 13*y,  5*x + 18*y]
[    5*x - y, 6*x + 4*y,  7*x + 9*y,  8*x + 14*y,  9*x + 19*y]
[        9*x, 10*x + 5*y, 11*x + 10*y, 12*x + 15*y, 13*x + 20*y]
```

7.3.4　符号矩阵及符号数组的运算

1．符号矩阵的四则运算

(1) A+B 和 A-B 命令可以实现符号阵列的加法和减法。若 A 与 B 为同型阵列时，A+B、A-B 分别对对应分量进行加减；若 A 与 B 中至少有一个为标量，则把标量扩大为与另外一个同型的阵列，再按对应的分量进行加减。

(2) A*B 命令可以实现符号矩阵的乘法。A*B 为线性代数中定义的矩阵乘法。按乘法定义要求必须有矩阵 A 的列数等于矩阵 B 的行数或者至少有一个为标量时，方可进行乘法操作，否则系统将返回出错信息。

(3) A\B 命令可以实现矩阵的左除法。X=A\B 为符号线性方程组 A*X=B 的解。需要指出的是，A\B 近似地等于 inv(A)*B。若 X 不存在或者不唯一，则产生警告信息。矩阵 A 可以是矩形矩阵(即非正方形矩阵)，但此时要求方程组必须是相容的。

(4) A/B 命令可以实现矩阵的右除法。X=A/B 为符号线性方程组 X*A=B 的解。需要指出的是，B/A 粗略地等于 B*inv(A)。若 X 不存在或者不唯一，则提示警告信息。矩阵 A 可以是矩形矩阵(即非正方形矩阵)，但此时要求方程组必须是相容的。

例 7.18 符号矩阵的四则运算

```
>> a=sym('[2*x,1/x,x^2,sin(x)]')
a =
[ 2*x, 1/x, x^2, sin(x)]
>> b=sym('[x,y,y^2,y*2]')
b =
[ x, y, y^2, 2*y]
>> a+b
ans =
[ 3*x, y + 1/x, x^2 + y^2, 2*y + sin(x)]
>> a-b
ans =
[ x, 1/x - y, x^2 - y^2, sin(x) - 2*y]
>> a'*b
ans =
[   2*x*conj(x),    2*y*conj(x),    2*y^2*conj(x),     4*y*conj(x)]
[    x/conj(x),      y/conj(x),      y^2/conj(x),    (2*y)/conj(x)]
[   x*conj(x)^2,    y*conj(x)^2,    y^2*conj(x)^2,    2*y*conj(x)^2]
[ x*sin(conj(x)), y*sin(conj(x)), y^2*sin(conj(x)), 2*y*sin(conj(x))]
>> a\b
ans =
[ 1/2, y/(2*x), y^2/(2*x), y/x]
[   0,       0,         0,   0]
[   0,       0,         0,   0]
[   0,       0,         0,   0]
>> a/b
Warning: System is inconsistent. Solution does not exist.
ans =
Inf
```

由程序结果可见，由于 a/b 的结果不存在或者不唯一，所以系统提示错误信息，并将其值定为 Inf。

2. 符号数组的四则运算

(1) A.*B 命令用于符号数组的乘法运算。A.*B 为按参量 A 与 B 对应的分量进行相乘。A 与 B 必须为同型阵列，或至少有一个为标量。即：$A_{n \times m} .* B_{n \times m} = (a_{ij})_{n \times m} .* (b_{ij})_{n \times m}$ $= C_{n \times m} = (c_{ij})_{n \times m}$，则 $c_{ij} = \sum_{ij=1}^{k} a_{ij} * b_{ij}$，$i = 1, 2, ..., n; j = 1, 2, ..., m$。

(2) A./B 命令用于数组的右除法运算。A./B 为按对应的分量进行相除。若 A 与 B 为同型阵列时，$A_{n \times m} ./ B_{n \times m} = (a_{ij})_{n \times m} ./ (b_{ij})_{n \times m} = C_{n \times m} = (c_{ij})_{n \times m}$，则 $c_{ij} = \sum_{ij=1}^{k} a_{ij} * b_{ij}$，$i = 1, 2, ..., n; j = 1, 2, ..., m$。若 A 与 B 中至少有一个为标量，则把标量扩大为与另外一个同型的阵列，再按对应的分量进行操作。

(3) A.\B 命令用于数组的左除法运算。A.\B 为按对应的分量进行相除。若 A 与 B 为同型阵列时， $A_{n\times m}.\backslash B_{n\times m}=(a_{ij})_{n\times m}.\backslash(b_{ij})_{n\times m}=C_{n\times m}=(c_{ij})_{n\times m}$ ， 则 $c_{ij}=\sum_{ij=1}^{k}a_{ij}*b_{ij}$ ， $i=1,2,...,n$; $j=1,2,...,m$。若 A 与 B 中至少有一个为标量，则把标量扩大为与另外一个同型的阵列，再按对应的分量进行操作。

例 7.19　符号数组的四则运算

```
>> m=sym('[1,2,3;x,y,z;a,b,c]')
m =
[ 1, 2, 3]
[ x, y, z]
[ a, b, c]
>> n=sym('[1/x,x*2,x^2,x*y;a,b,c,d;1,2,3,4]')
n =
[ 1/x, 2*x, x^2, x*y]
[   a,   b,   c,   d]
[   1,   2,   3,   4]
>> m*n
ans =
[ 2*a + 1/x + 3,      2*b + 2*x + 6,      x^2 + 2*c + 9,      2*d + x*y + 12]
[   z + a*y + 1, 2*x^2 + 2*z + b*y,   x^3 + 3*z + c*y, y*x^2 + 4*z + d*y]
[ c + a*b + a/x, b^2 + 2*c + 2*a*x, a*x^2 + 3*c + b*c, 4*c + b*d + a*x*y]
```

3. 矩阵和数组的转置运算

(1) A'命令可以实现矩阵的 Hermition 转置。若 A 为复数矩阵，则 A'为复数矩阵的共轭转置。即，若 $A=(a_{ij})=(x_{ij}+i*y_{ij})$ ，则 $A'=(a_{ij})=(\overline{a}_{ij})=(x_{ij}-i*y_{ij})$ 。

(2) A.'数组转置。A.'为真正的矩阵转置，其没有进行共轭转置。

例 7.20　符号和数组的转置运算

```
>> syms w x y z a b c d
>> m=[1,2,3,4;w,x,y,z;a,b,c,d]
m =
[ 1, 2, 3, 4]
[ w, x, y, z]
[ a, b, c, d]
>> m'
ans =
[ 1, conj(w), conj(a)]
[ 2, conj(x), conj(b)]
[ 3, conj(y), conj(c)]
[ 4, conj(z), conj(d)]
>> m.'
ans =
[ 1, w, a]
[ 2, x, b]
[ 3, y, c]
[ 4, z, d]
```

以上所求为矩阵 m 的 Hermition 转置矩阵，由于 w、x、y、z、a、b、c 和 d 都是符号变量，系统无法给出具体值，只能用 conj(x)等值给出。后面的程序所求值为 m 矩阵的倒置。

4．矩阵和数组的幂运算

(1)　A^B 命令可以实现矩阵的幂运算。计算矩阵 A 的整数 B 次方幂。若 A 为标量而 B 为方阵，A^B 用方阵 B 的特征值与特征向量计算数值。若 A 与 B 同时为矩阵，则返回一错误信息。

(2)　A.^B 命令可以实现数值的幂运算。A.^B 为按 A 与 B 对应的分量进行幂计算。若 A 与 B 为同型阵列时，$A_{n\times m}.^{\wedge}B_{n\times m} = (a_{ij})_{n\times m}.^{\wedge}(b_{ij})_{n\times m} = C_{n\times m} = (c_{ij})_{n\times m}$，则 $c_{ij} = \sum_{ij=1}^{k} a_{ij}{}^{\wedge}b_{ij}$，$i = 1,2,...,n; j = 1,2,...,m$。若 A 与 B 中至少有一个为标量，则把标量扩大为与另外一个同型的阵列，再按对应的分量进行操作。

例 7.21　符号和数值组的幂运算

```
>> a=sym('[1/x,x,x^2,x^3;w,x,y,z;1,2,3,4]')
a =
[ 1/x, x, x^2, x^3]
[   w, x,   y,   z]
[   1, 2,   3,   4]
>> b=sym('[5,3,6,7;h,i,j,k;8,4,6,2;3,4,6,8]')
b =
[ 5, 3, 6, 7]
[ h, i, j, k]
[ 8, 4, 6, 2]
[ 3, 4, 6, 8]
>> b^2
ans =
[          3*h + 94,          67 + 3*i,          3*j + 108,          3*k + 103]
[ h*(5 + i) + 8*j + 3*k, 3*h + 4*j + 4*k - 1, 6*h + j*(6 + i) + 6*k, 7*h + 2*j + k*(8 + i)]
[          4*h + 94,          56 + 4*i,           4*j + 96,           4*k + 84]
[          4*h + 87,          65 + 4*i,          4*j + 102,           4*k + 97]
>> a^2
Error using mupadmex
Error in MuPAD command: not a square matrix
[(Dom::Matrix(Dom::ExpressionField()))::_power]
Error in sym/mpower (line 207)
        B =
        mupadmex('symobj::mpower',A.s,p.s);
>> a.^2
ans =
[ 1/x^2, x^2, x^4, x^6]
[   w^2, x^2, y^2, z^2]
[     1,   4,   9,  16]
>> b.^2
ans =
[ 25,  9, 36, 49]
[ h^2, -1, j^2, k^2]
[ 64, 16, 36,  4]
[  9, 16, 36, 64]
```

可见，由于 a 矩阵不是方阵，无法进行矩阵的幂运算，系统将提示出错警告。

5．符号矩阵的秩

在 Matlab 语言中，使用 rank 函数来求符号矩阵的秩，其使用格式说明如下。

rank(A)命令求出方阵 A 的线性不相关的独立行和列的个数。而 rank(A,tol)命令则求出
A 中比 tol 值大的值的个数，在 rank(A)命令中，默认 tol=max(size(A))*norm(A)*eps。

例 7.22　符号矩阵的求秩运算

```
>> rank(a)
ans =
3
>> rank(b)
ans =
4
```

6．符号矩阵的逆和行列式运算

这两种运算都要求所给的矩阵为方阵，在 Matlab 语言中，分别使用 inv 函数和 det 函数
来实现这两种功能：

- inv 函数可以用来求方阵的逆，inv(X)命令所求值就是方阵 X 的逆。当 X 奇异或范
  数很小时，系统将给出错误信息。
- det 函数可以求方阵的行列式，det(X)命令所求值就是方阵 X 的行列式。

例 7.23　符号矩阵的求逆运算

```
>> a=sym(hilb(5))
a =
[   1, 1/2, 1/3, 1/4, 1/5]
[ 1/2, 1/3, 1/4, 1/5, 1/6]
[ 1/3, 1/4, 1/5, 1/6, 1/7]
[ 1/4, 1/5, 1/6, 1/7, 1/8]
[ 1/5, 1/6, 1/7, 1/8, 1/9]
>> inv(a)
ans =
[   25,  -300,   1050,  -1400,    630]
[ -300,  4800, -18900,  26880, -12600]
[ 1050, -18900,  79380, -117600,  56700]
[ -1400, 26880, -117600, 179200, -88200]
[  630, -12600,  56700,  -88200,  44100]
>> det(a)
ans =
1/266716800000
>> b=sym('[1,x;1/x;x^2]')
b =
[   1, x]
[ 1/x, 0]
[ x^2, 0]
>> inv(b)
Error using mupadmex
Error in MuPAD command: Error: Expecting a square
```

```
matrix. [linalg::inverse]
Error in sym/inv (line 1528)
        X = mupadmex('symobj::inv',A.s);
```

此时，由于 b 是奇异矩阵，系统给出错误警告。

7.4　符号微积分

微积分是数学分析中一个十分重要的内容，是高等数学建立的基础。在 Matlab 中，能够通过符号相关的函数计算实现微积分运算，本节主要介绍符号微积分的运算。

7.4.1　符号极限

极限在高等数学中占有非常重要的地位，是微积分的基础和出发点。极限的定义为当自变量趋近某个范围或数值时，函数表达式的数值即为此时的极限。无穷逼近的思想也是符号极限中的求解方式之一，是函数微分的基本思想之一。因此，要想学好微积分，就必须先了解极限的求法。在 Matlab 语言中，使用 limit 函数来求符号极限：

- limit(F,x,a)命令用来计算符号表达式当 $x \to a$ 时，F=F(x)的极限值。
- limit(F,a)命令用命令 findsym(x)确定 F 中的自变量，设为变量 x，再计算当 $x \to a$ 时 F 的极限值。
- limit(F)命令用命令 findsym(x)确定 F 中的自变量，设为变量 x，再计算当 $x \to 0$ 时 F 的极限值。
- limit(F,x,a,'right')或 limit(F,x,a,'left')命令用来计算符号函数 F 的单侧极限：左极限 $x \to a_-$ 或右极限 $x \to a_+$。

例 7.24　符号极限的求解

```
>> syms x y z w
>> limit(sin(x)/x)
ans =
1
>> limit((x-2)/(x^2-4),2)
ans =
1/4
>> limit((1+2/x)^2*x,x,inf)
ans =
Inf
>> limit(1/x,x,0,'right')
ans =
Inf
>> limit(1/x,x,0,'left')
ans =
-Inf
>> limit((sin(x+y)-sin(x))/y,y,0)
ans =
cos(x)
```

```
>> limit(w,x,inf,'left')
ans =
w
```

从上面的示例可以看出，通过 limit 函数既可以求解有限极限，也可以求解无限极限。当需要求解的极限通过数组形式表示时，系统将自动对每个元素求解极限。

7.4.2 符号微分和求导

在 Matlab 语言中，使用 diff 函数来进行微分和求导运算。使用 jacobian 函数实现对多元符号函数的求导。下面进行详细介绍。

1．diff 函数的使用

(1) diff(x)命令根据由 findsym(x)命令返回的自变量 v，求表达式 x 的一阶导数。

(2) diff(x,n)命令根据由 findsym(x)命令返回的自变量 v，求表达式 x 的 n 阶导数，n 必须为自然数。

(3) diff(x,'v')或 diff(S,sym('v'))命令根据由 findsym(x)命令返回的自变量 v，计算 x 的一阶导数。

(4) diff(S,'v',n)命令根据由 findsym(x)命令返回的自变量 v，计算 x 的 n 阶导数。

例 7.25 利用 diff 函数求符号微分

```
>> sym x
>> diff(x^3-3*x^2+4*x-9)
ans =
3*x^2 - 6*x + 4
>> diff(cos(x^3),5)
ans =
1620*x^7*cos(x^3) - 360*x*cos(x^3) + 2160*x^4*sin(x^3) - 243*x^10*sin(x^3)
>> syms f t x
>> f=[4,t^2;t*sin(x),log(t)]
f =
[     4,    t^2]
[ t*sin(x),  log(t)]
>> diff(t)
ans =
1
>> diff(f)
ans =
[      0, 0]
[t*cos(x), 0]
>> diff(f,t,2)
ans =
[ 0,    2]
[ 0, -1/t^2]
>> diff(diff(f,x),t)
ans =
[      0, 0]
[cos(x), 0]
```

从上面的示例可以看出，当未指定自变量时，系统采用默认的自变量来求导数；当需要求解的对象为数组时，diff 函数将根据指定的自变量或默认自变量，对每个元素求导数。

例 7.26　对多个自变量函数中的某个变量求导

```
>> syms x y f
>> f=x*y-x^2+cos(y)-sin(x)
f =
cos(y) - sin(x) + x*y - x^2
>> diff(f,y)
ans =
x - sin(y)
>> diff(f,x)
ans =
y - 2*x - cos(x)
>> diff(f,x,2)
ans =
sin(x) - 2
```

2. jacobian 函数的使用

jacobian(f,v) 命令用于计算数量或向量 f 对于向量 v 的 jacobi 矩阵，所得结果的第 i 行第 j 列的数是 df(i)/dv(j)。注意，当 f 是数量的时候，该命令返回的是 f 的梯度。同时，注意 v 可以是数量，虽然此时 jacobian(f,v) 等价于 diff(f,v)。

例 7.27　利用 jacobian 函数求符号微分

```
>> syms x1 x2
>> f=[x1*exp(x2);x1-x2;sin(3*x1)*cos(4*x2)]
f =
        x1*exp(x2)
          x1 - x2
 cos(4*x2)*sin(3*x1)
>> v=[x1,x2]
v =
[ x1, x2]
>> jacobian(f,v)
ans =
[          exp(x2),         x1*exp(x2)]
[                1,                 -1]
[ 3*cos(3*x1)*cos(4*x2), -4*sin(3*x1)*sin(4*x2)]
```

在进行 jacobian 矩阵的求解过程中，需要将欲求解的多元函数向量定义为列向量，将自变量定义为行向量。在求解之后，得到的表达式形式一般都比较复杂，因此，可以通过符号表达式操作中的 simple 等命令进行简化。

7.4.3　符号积分

在高等数学的研究中，对于积分可以细分为不定积分、定积分、旁义积分和重积分等。这些积分过程比微分过程更为难求。符号积分指令简单，但积分时间可能会更长，给出的结果往往比较冗长，如果积分不能给出"闭"解时，积分运行结束将会给出警告信息。在 Matlab 语言中，符号积分用 int 函数来实现符号积分运算。格式如下：

- int(S)命令根据由 findsym(S)命令返回的自变量 v，求 S 的不定积分，其中 S 为符号矩阵或符号数量。如果 S 是一个常数，那么积分将针对 x。
- int(S,v)命令对符号表达式 S 中指定的符号变量 v 计算不定积分。需要注意的是，表达式 R 只是函数 S 的一个原函数，后面没有带任意常数 C。
- int(S,a,b)命令根据由 findsym(S)命令返回的自变量 v，对符号表达式 S 中的符号变量 v 计算从 a 到 b 的定积分。
- int(S,v,a,b)命令对表达式 S 中指定的符号变量 v 计算从 a 到 b 的定积分。

例 7.28　利用 int 函数求符号积分

```
>> syms x y z u t
>> A=[sin(x*t),cos(x*t);-cos(x*t),sin(x*t)]
A =
[ sin(t*x), cos(t*x)]
[ -cos(t*x), sin(t*x)]
>> int(1/(1-x^2))
ans =
atanh(x)
>> int(1/(1+x^2))
ans =
atan(x)
>> int(sin(z*u),z)
ans =
-cos(u*z)/u
>> int(besselj(1,x),x)
ans =
-besselj(0, x)
>> int(y*log(1+y),0,1)
ans =
1/4
>> int(4*x*t,x,2,sin(t))
ans =
- 2*t*(cos(t)^2+3)
>> int([exp(t),exp(u*t)])
ans =
[ u*exp(t), exp(t*u)/t]
>> int(A,t)
ans =
[ -cos(t*x)/x,  sin(t*x)/x]
[ -sin(t*x)/x, -cos(t*x)/x]
```

从上面的示例可以看出，使用 int 函数对符号表达式或符号表达式数组求积分时，不但可以求解定积分，也可以求解不定积分；当求解对象为符号表达式数组时，将对数组的每个元素依次求积分。

7.5 符号积分变换

积分变换方法在自然科学和工程实际中有非常广泛的应用，如常见的 Fourier 变换、Laplace 变换和 Z 变换在信号处理和动态特性研究中起着非常重要的作用。从数学上来讲，所谓积分变换，就是通过数学变换将复杂的计算转变为简单的计算。如通过积分变换，把一类函数 A 变换为另一类函数 B，函数 B 一般是含有参量 a 的积分 $\int_a^b f(t)k(t,a)dt$ ：变换的结果是将函数 A 中的函数 f(t)变换为另一类函数 B 中的函数 f(a)。其中，k(t,a)为积分变换的核，而 f(t)和 f(a)分别称为原函数和象函数。

7.5.1 Fourier 变换及其逆变换

1. Fourier 变换

在 Matlab 语言中，使用 fourier 函数来实现 Fourier 变换。其使用格式如下：

- F=fourier(f)命令将以 x 为默认独立变量，返回符号数量 f 的 Fourier 变换。默认的返回值是关于 w 的一个函数。如果 f=f(w)，那么该命令返回一个关于 t 的函数 F=F(t)。
- F=fourier(f,v)命令将返回一个函数 F，该函数以符号 v 为自变量，代替默认符号 w：$fourier(f,v) <=> F(v) = int(f(x)*exp(-i*v*u),x,-inf,inf)$。
- fourier(f,u,v)命令将返回函数 f，该函数以符号 u 为自变量，代替默认值 x：$fourier(f,u,v) <=> F(v) = int(f(x)*exp(-i*v*u),x,-inf,inf)$。

例 7.29 使用 Fourier 变换函数

```
>> syms x y w z
>> fourier(1/x)
ans =
pi*sign(w)*i
>> fourier(exp(-y)*sym('Heaviside(t)',w)
>> fourier(exp(-y)*sym('Heaviside(t)'),w)
ans =
Heaviside(t)*fourier(exp(-y), y, w)
>> fourier(diff(sym('F(x)')),x,w)
ans =
w*fourier(F(x), x, w)*1i
```

从上面的示例可以看出，当未指定函数傅里叶变换的自变量时，将自动根据默认自变量进行求解；当被变换函数含有多个自变量时，可以指定需要变换的自变量；此外，还可以在变换命令中指定傅里叶变换后的自变量名。

2. Fourier 变换的逆变换

在 Matlab 语言中，使用 ifourier 函数来实现 Fourier 变换的逆变换。其使用格式如下：

- f=ifourier(F)命令将以 w 为默认独立变量，返回符号数量 f 的 Fourier 变换的逆变换。默认的返回值是关于 x 为自变量的一个函数：$F = F(w) \Rightarrow f = f(x)$。如果 F=F(x)，那么该命令返回一个关于 t 的函数 f=f(t)。

- f=ifourier(F,u)命令将返回一个函数 f，该函数以符号 u 为自变量，代替默认符号 x：$ifourier(F,u) <=> f(u) = \frac{1}{2pi} * int(F(w) * exp(-i * w * u), w, -inf, inf)$。

- f=ifourier(F,v,u)命令将返回一个函数 f，该函数以符号 v 为自变量，代替默认符号 w：$ifourier(F,v,u) <=> f(u) = \frac{1}{2pi} * int(F(v) * exp(-i * u * v), x, -inf, inf)$。

例 7.30　使用 Fourier 变换的逆变换函数

```
>> syms t u w x
>> ifourier(w*exp(-3*w)*sym('heaviside(w)'))
ans =
1/(2*pi*(-3+x*i)^2)
>> ifourier(1/(1 + w^2),u)
ans =
exp(-abs(u))/2
>> ifourier(v/(1 + w^2),v,u)
ans =
[-(dirac(1, u)*1i)/(w^2 + 1), -(dirac(1, u)*1i)/(w^2 + 1)]
>> ifourier(fourier(sym('f(x)'),x,w),w,x)
ans =
f(x)
```

7.5.2　Laplace 变换及其逆变换

1. Laplace 变换

在 Matlab 语言中，使用 laplace 函数实现 Laplace 变换。其使用格式如下：

- L=laplace(F)命令返回数量符号 F 的以 t 为独立自变量的 Laplace 变换 L。默认的返回值是一个关于 s 的函数。如果 F=F(s)，那么该命令返回一个关于 t 的函数 L=L(t)。

- L=laplace(F,t)命令返回的函数是一个关于 t 的函数 L，而不是默认的 s：$laplace(F,t) <=> L(t) = int(F(x) * exp(-t * x), 0, inf)$。

- L=laplace(F,w,z)命令返回的函数 L 是一个关于 z 的函数，而不是默认的 s：$laplace(F,w,z) <=> L(z) = int(F(w) * exp(-z * w), 0, inf)$。

例 7.31　使用 Laplace 变换函数

```
>> syms a s t w x
>> laplace(t^5)
ans =
120/s^6
>> laplace(exp(a*s))
ans =
-1/(a - z)
```

```
>> laplace(sin(w*x),t)
ans =
w/(t^2 + w^2)
>> laplace(cos(x*w),w,t)
ans =
t/(t^2 + x^2)
>> laplace(x^sym(3/2),t)
ans =
(3*pi^(1/2))/(4*t^(5/2))
>> laplace(diff(sym('F(t)')))
ans =
s*laplace(F(t), t, s) - F(0)
```

2. Laplace 变换的逆变换

在 Matlab 语言中，使用 ilaplace 函数实现 Laplace 变换的逆变换。其使用格式如下：

- F=ilaplace(L)命令返回数量符号 L 的以 t 为独立自变量的 Laplace 逆变换 F。默认的返回值是一个关于 s 的函数。如果 L=L(t)，那么该命令返回一个关于 x 的函数 F=F(s)。

- F=laplace(L,y)命令返回的函数是一个关于 y 的函数 F，而不是默认的 t：$ilaplace(L, y) <=> F(y) = int(L(y) * exp(s * y), s, c - i * inf, c + i * inf)$。

- F=laplace(L,y,x)命令返回的函数 F 是一个关于 x 的函数，而不是默认的 t：$ilaplace(L, y, x) <=> F(y) = int(L(y) * exp(x * y), y, c - i * inf, c + i * inf)$。

例 7.32　使用 Laplace 变换的逆变换函数

```
>> syms s t w x y
>> ilaplace(1/(s-1))
ans =
exp(t)
>> ilaplace(1/(t^2+1))
ans =
sin(x)
>> ilaplace(t^(-sym(5/2)),x)
ans =
(4*x^(3/2))/(3*pi^(1/2))
>> ilaplace(y/(y^2 + w^2),y,x)
ans =
cos(w*x)
>> ilaplace(sym('laplace(F(x),x,s)'),s,x)
ans =
F(x)
```

7.5.3　Z 变换及其反变换

1. Z 变换

在 Matlab 语言中，可以实现 Z 变换的命令为 ztrans。具体格式如下：

- F=ztrans(f)命令返回数量符号 f 的以 n 为独立自变量的 Z 变换 F。默认的返回值是一个关于 z 的函数：f=f(n)=>F=F(z)。f 的 Z 变换定义成 F(z)=symsum(f(n)/z^n,n,0,inf)。如果 f=f(z)，那么该命令将返回一个关于 w 的函数 F=F(w)。
- F=ztrans(f,w)命令返回的函数是一个关于 w 的函数 F，而不是默认的 z：ztrans(f,w)<=>F(w)=symsum(f(n)/w^n,n,0,inf)。
- F=ztrans(f,k,w)命令返回的函数 f 关于 k 的 Z 变换函数：ztrans(f,k,w)<=>F(w)=symsum(f(k)/w^k,k,0,inf)。

例 7.33   使用 Z 变换函数

```
>> syms n
>> f=n^4
f =
n^4
>> ztrans(f)
ans =
(z*(z^3 + 11*z^2 + 11*z + 1)/(z - 1)^5
>> syms a z
>> g=a^z
g =
a^z
>> ztrans(g)
ans =
-w/(a - w)
>> syms a n w
>> f=sin(a*n)
f =
sin(a*n)
>> ztrans(f)
ans =
(z*sin(a))/(z^2 - 2*cos(a)*z + 1)
```

2．Z 的逆变换

在 Matlab 语言中，可以实现 Z 反变换的命令为 iztrans。具体格式如下：

- f=iztrans(F)命令返回数量符号 F 的以 z 为独立自变量的 Z 的逆变换 f。默认的返回值是一个关于 n 的函数：F=F(z)=>f=f(n)。如果 F=F(n)，那么该命令将返回一个关于 k 的函数 f=f(k)。
- f=iztrans(F,k)命令返回的函数是一个关于 k 的函数 f，而不是默认的 n，这里 m 是一个数量符号。
- f=iztrans(F,w,k)命令将 F 看成是 w 的函数而不是默认的 symvar(F)，它返回的函数 f 是关于 k 的 Z 的逆变换函数：F=F(w)和 f=f(k)。

例 7.34   使用 Z 变换的逆变换函数

```
>> syms z
>> f=2*z/(z-2)^2
f =
(2*z)/(z - 2)^2
>> iztrans(f)
```

```
ans =
2^n + 2^n*(n - 1)
>> syms n
>> g=n*(n+1)/(n^2+2*n+1)
g =
(n*(n + 1))/(n^2 + 2*n + 1)
>> iztrans(g)
ans =
(-1)^k
>> syms z a k
>> f=z/(z-a)
f =
-z/(a - z)
>> iztrans(f,k)
ans =
piecewise(a == 0, kroneckerDelta(k, 0), a ~= 0, a*(a^k/a - kroneckerDelta(k, 0)/a)
+ kroneckerDelta(k, 0))
>> simplify(iztrans(f,k))
ans =
piecewise([a = 0, kroneckerDelta(k, 0), a ~= 0, a^k])
```

7.6　符号代数方程求解

代数方程是指未涉及微积分运算的方程，相对比较简单。在 Matlab 中，求解用符号表达式表示的代数方程可由函数 solve 实现，其调用格式如下：

- solve(s)：求解符号表达式 s 的代数方程，求解变量为默认变量。
- solve(s,v)：求解符号表达式 s 的代数方程，求解变量为 v。
- solve(s1,s2,…,sn,v1,v2,…,vn)：求解符号表达式 s1,s2,…,sn 组成的代数方程组，求解变量分别为 v1,v2,…,vn。

solve 函数能求解一般的线性、非线性或超越代数方程。对于不存在符号解的代数方程组，若方程组中不包含符号参数，则 solve 函数给出该方程组的数值解。

例 7.35　solve 函数示例一

解方程：$\dfrac{1}{x-3}+a=\dfrac{1}{x+4}$

命令如下：

```
>> x=solve(sym('1/(x-3)+a=1/(x+4)'))
x =
 -(a + 7^(1/2)*(a*(7*a - 4))^(1/2))/(2*a)
 -(a - 7^(1/2)*(a*(7*a - 4))^(1/2))/(2*a)
```

例 7.36　solve 函数示例二

解方程组：$\begin{cases} 3x-4y+5z=15 \\ -x+2y-3z=9 \\ x^2-4y^2=12 \end{cases}$

命令如下：

```
>> [x y z]=solve('3*x-4*y+5*z=15','-x+2*y-3*z=9','x^2-4*y^2=12')
x =
 24(4*55^(1/2))/5
 (4*55^(1/2))/5 + 24
y =
3 - (8*55^(1/2))/5
(8*55^(1/2))/5 + 3
z =
- (4*55^(1/2))/5 - 9
  (4*55^(1/2))/5 - 9
```

7.7 符号微分方程求解

在数值计算中，对于微分方程的求解，边值类型的微分方程求解比初值类型的微分方程求解更为复杂一些，此时，可以使用 Matlab 提供的符号微分方程求解方法来得到微分方程的结果，求解过程相对比较简单。但是，符号微分方程的求解也并非存在一般的通用解法，因此，在求解过程中，可以和数值解法相结合之后进行求解，互为补充。

在 Matlab 中，用大写字母 D 表示导数。例如，Dy 表示 y'，D2y 表示 y''，Dy(0)=5 表示 y'(0)=5。D3y+D2y+Dy-x+8=0 表示微分方程 y'''+y''+y'-x+8=0。符号常微分方程求解可以通过函数 dsolve 来实现，其调用格式如下。

- dsolve(e,c,v)：该函数求解常微分方程 e 在初值条件 c 下的特解。参数 v 描述方程中的自变量，省略时按默认原则处理，若没有给出初值条件 c，则求方程的通解。
- dsolve(e1,e2,…,en,c1,…,cn,v1,…,vn)：该函数求解常微分方程组 e1,…,en 在初值条件 c1,…,cn 下的特解，若不给出初值条件，则方程组的通解，v1,…,vn 给出求解变量。若边界条件少于方程的阶数，则返回的结果中会出现任意常数 C1,C2,…。

例 7.37 符号微分方程的求解

```
>> dsolve('Dx=-a*x')
ans =
C4*exp('-a*t')
>> x=dsolve('Dx=-a*x','x(0)=1','s')
x =
exp(-a*s)
>> y=dsolve('(Dy)^2+y^2=1','y(0)=0')
y =
 -(exp(-t*li-(pi*li)/2)*(exp(t*2i)-1))/2
 -(exp(t*li-(pi*li)/2)*(exp(-t*2i)-1))/2
>> s=dsolve('Df=f+g','Dg=-f+g','f(0)=1','g(0)=2')
s =
    g: [1x1 sym]
    f: [1x1 sym]
>> w=dsolve('Dw=w^2*(1-w)')
w =

                                1
                                0
```

```
1/(lambertw(0, (-exp(c1)-t-1)) + 1)
>> y3=dsolve('Dx=4*x-2*y','Dy=2*x-y','t')
y3 =
   y: [1x1 sym]
   x: [1x1 sym]
>> [x y]=dsolve('Dx=4*x-2*y','Dy=2*x-y','t')
x =
C20/2 + 2*C19*exp(3*t)
y =
C20 + C19*exp(3*t)
```

dsolve 命令最多可以接受 12 个输入参量(包括方程组与定解条件个数)。若没有给定输出参量，则在命令窗口显示解列表。若该命令得不到解析结果，则返回一个警告信息，同时返回一个空的 sym 对象。这时，用户可以用命令 ode23 或 ode45 求解方程组的数值解。

7.8　图示化符号函数计算器

与其他的高级语言相比，Matlab 语言的一个重要优点是简单易学，在符号运算方面，Matlab 同样体现了这个特点。Matlab 语言提供了图示化符号函数计算器，用户可以进行一些简单的符号运算和图形处理。虽然它的功能不是十分强大，但是，由于它操作方便，使用简单，可视性和人机交互性都很强，因此深得用户喜欢。Matlab 语言有两种符号函数计算器，一种是单变量符号函数计算器；另一种是泰勒级数逼近计算器。

7.8.1　单变量符号函数计算器

单变量符号函数计算器实际上是已经做好的一个 GUI 界面。在命令行中输入 funtool 命令后，系统弹出单变量符号函数计算器界面，如图 7-1 所示。

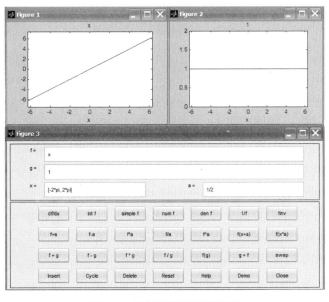

图 7-1　符号函数计算器界面

funtool 命令将生成 3 个图形窗口，Figure 1 用于显示函数 f 的图形(显示图形窗口 1)，Figure 2 用于显示函数 g 的图形(显示图形窗口 2)，Figure 3 为一可视化的、可操作与显示一元函数的计算器界面(控制窗口)。在该界面上有许多按钮，可以显示两个由用户输入的函数计算结果：加、乘、微分等。funtool 还有一个函数存储器，允许用户将函数存入，以便后面调用。在开始时，funtool 显示两个函数 f(x)=x 与 g(x)=1 在区间[-2π, 2π]上的图形。funtool 同时在下面显示一控制面板，允许用户对函数 f、g 进行保存、更正、重新输入、联合与转换等操作。注意在任何情况下，这 3 个图形中只能有一个处于激活状态。

1．输入框的功能

控制窗口中一共有 4 个文本框，分别是"f="、"g="、"x=" 和 "a="。用户使用图示化符号函数计算器，就是在这 4 个窗口中输入相关的数据来进行操作。下面介绍一下控制窗口中这 4 个文本框的功能。

- "f=" 文本框显示代表函数 f 的符号表达式，它的默认值是 x，用户可以在该行输入其他有效的表达式来定义 f，再按 Enter 键，即可在显示图形窗口 1 中绘出图形。
- "g=" 文本框显示代表函数 g 的符号表达式，它的默认值是 1，用户可以在该行输入其他有效的表达式来定义 g，再按 Enter 键，即可在显示图形窗口 2 中绘出图形。
- "x=" 文本框显示用于函数 f 与 g 的绘制区间，它的默认值为[-2π<s<2π, -2π<t<2π]。用户可以在该行输入其他的不同区间，再按 Enter 键，即可改变显示图形窗口 1 与显示图形窗口 2 中的区间。
- "a=" 文本框显示一个用于改变函数 f 的常量因子，它的默认值为 1/2。用户可以在该行输入不同的常数。

2．控制按钮的功能

在文本框的下边，是 4 行控制按钮，用户可以使用它们来进行对函数的一些运算操作，并取得一些帮助信息。

(1) 运算操作按钮的功能。

前 3 行操作按钮用于对文本框中输入的函数进行各种操作，其中第 1 行的按钮用于函数自身的操作，第 2 行的按钮用于函数 f 和常数 a 之间的操作，第 3 行的按钮用于函数 f 和函数 g 之间的操作。它们的使用功能如下。

- df/dx：函数 f 的导数。
- int f：函数 f 的积分(没有常数的一个原函数)，当函数 f 的原函数不能用初等函数表示时，操作可能失败。
- simple f：化简函数 f(若有可能)。
- num f：函数 f 的分子。
- den f：函数 f 的分母。
- 1/f：函数 f 的倒数。
- finv：函数 f 的反函数，若函数 f 的反函数不存在，操作可能失败。

- f+a：用 f(x)+a 代替函数 f(x)。
- f-a：用 f(x)-a 代替函数 f(x)。
- f*a：用 f(x)*a 代替函数 f(x)。
- f/a：用 f(x)/a 代替函数 f(x)。
- f^a：用 f(x)^a 代替函数 f(x)。
- f(x+a)：用 f(x+a)代替函数 f(x)。
- f(x-a)：用 f(x-a)代替函数 f(x)。
- f+g：用 f(x)+g(x)代替函数 f(x)。
- f-g：用 f(x)-g(x)代替函数 f(x)。
- f*g：用 f(x)*g(x)代替函数 f(x)。
- f/g：用 f(x)/g(x)代替函数 f(x)。
- g=f：用函数 f(x)代替函数 g(x)。
- swap：函数 f(x)与 g(x)互换。

(2) 系统操作按钮的功能。

第 4 行的操作按钮用于控制进行函数计算的各种操作，并提供各种在线帮助信息。它们的使用功能如下。

- Insert：将函数 f(x)保存到函数内存列表中的最后。
- Cycle：用内存函数列表中的第二项代替函数 f(x)。
- Delete：从内存函数列表中删除函数 f(x)。
- Reset：重新设置计算器为初始状态。
- Help：显示在线的关于计算器的帮助。
- Demo：运行该计算器的演示程序。
- Close：关闭计算器的三个窗口。

例如，将这两个函数的内容更改为：

```
f=a*sin(2*x)*cos(x/3),g=exp(-x/5)*sin(2*x)
```

其中，变量 x 的取值范围为[-2*π，2*π]，常数 a 为 1/2。当输入这两个函数之后，图形界面同时可以显示这两个函数在取值范围内的曲线，如图 7-2 所示。可以看出，通过单变量分析界面，可以很方便地对函数的性能进行简单的分析和操作。

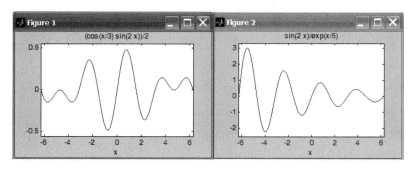

图 7-2　函数图像

在函数操作界面中，可以对函数 f 进行一系列的操作，如求导(df/dx)，积分(int f)，简化 (simple f)，提取函数因式(num f)，提取函数表达式分母(den f)，求导数(1/f)和取反(inv f)等。第二行的操作命令涉及对函数 f 和常数 a 的加减乘除等操作。第三行的操作命令则涉及函数 f 和函数 g 的操作。在该函数分析界面中，对函数的操作只涉及对 f 的操作，如果需要对函数 g 进行操作，则可以使用 swap 命令，交换两个函数后进行分析。

在函数操作界面的最后一行，和一般的计算功能相似。如果需要查看该函数界面的代码，则可以单击 help 按钮，选择查看代码超链接，既可以查看代码，也可以对函数代码做一些修改，如图 7-3 所示。

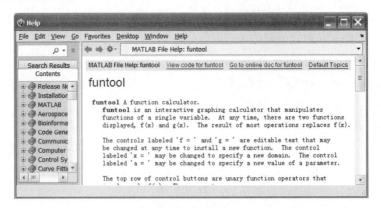

图 7-3　帮助文件

7.8.2　泰勒级数逼近计算器

泰勒级数分析是数学分析和工程分析中常见的一种分析方法，常常可以分析某一变化范围内的函数形态。通过 Taylor Tool 分析界面，可以直观地观察泰勒级数逼近和原来的函数之间的偏差，以及两者之间的形态差异。和单变量分析工具一样，也可以在命令窗口直接输入 taylortool 命令后，由系统弹出分析界面。分析界面如图 7-4 所示。

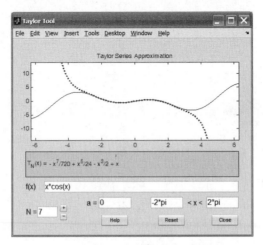

图 7-4　分析界面

在该分析界面中，函数可以通过 f(x)文本框输入，N 表示函数展开的阶数，a 表示函数的展开点位置，函数的展开范围可以通过右端的范围文本框输入。默认情况下的函数 x*cos(x)的泰勒级数展开后的函数形态和原函数之间的图形关系如图 7-4 所示，可以看出两者之间形态的直接差异。

Taylortool(f)在[-2*π，2*π]区间内绘制函数 f 从第 1 阶到第 N 阶的部分泰勒级数和。默认的 N 值为 7。

例如，求函数 f(x)=sin(x)*cos(x)在区间[-π，π]的 10 阶泰勒级数。

用户在"f(x)="文本框中输入"sin(x)*cos(x)"，在"N="文本框中输入"10"，在"<x<"文本框的左右两边输入"-π"和"π"。按 Enter 键确认后，即得到如图 7-5 所示的泰勒级数逼近图。

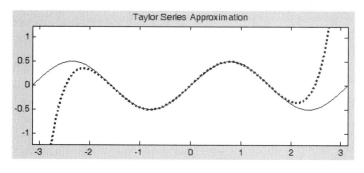

图 7-5　泰勒级数逼近图

7.9　课后练习

1. 创建符号变量有几种方法？
2. 下面三种表示方法有什么不同的含义？
(1)　f=3*x^2+5*x+2
(2)　f='3*x^2+5*x+2'
(3)　x=sym('x')
3. 用符号函数法求解方程 $at^2+b*t+c=0$。
4. 用符号计算验证三角等式：

$$\sin(\varphi_1)\cos(\varphi_2)-\cos(\varphi_1)\sin(\varphi_2)=\sin(\varphi_1-\varphi_2)$$

5. 求矩阵 $A=\begin{bmatrix} a_{11} & a_{12} \\ a_{21} & a_{22} \end{bmatrix}$ 的行列式值、逆和特征根。

6. 因式分解：$x^4-5x^3+5x^2+5x-6$

7. $f=\begin{bmatrix} a & x^2 & \dfrac{1}{x} \\ e^{ax} & \log(x) & \sin(x) \end{bmatrix}$，用符号微分求 df/dx。

第 8 章

图 形 绘 制

Matlab 不仅具有强大的数值运算功能，还有强大的绘图功能，能够将数据方便地以二维、三维乃至四维的图形形式呈现，并且能够设置图形的颜色、线性、视觉角度等。应用 Matlab，除了能做一般的曲线图、条形图、散点图等统计图形之外，还能绘制流线图、三维矢量图等工程实用图形。由于系统采用面向对象的技术和拥有丰富的矩阵计算能力，所以在图形处理方面既方便又高效。本章介绍 Matlab 绘图的基本命令和基本操作以及二维和三维图形的绘制。

学习目标

◇ 掌握基本绘图命令

◇ 掌握二维绘图命令及操作

◇ 熟悉三维绘图命令及操作

8.1　基本绘图命令

8.1.1　图形窗口简介

在 Matlab 自动生成的图形窗口上，图形窗口和命令窗口是相互独立的。图形窗口的属性由系统和 Matlab 共同控制。当 Matlab 中没有图形窗口时，将新建一个图形窗口作为输出窗口；当 Matlab 中已经存在一个或多个图形窗口时，Matlab 一般指定最后一个图形窗口作为当前图形命令的输出窗口。不同的图形结果分别在不同的图形窗口中输出。

1. 图形窗口的创建和设置

用户如果想在 Matlab 下建立一个图形窗口(如图 8-1 所示)，只要在命令窗口输入 figure 即可实现，也可以从菜单栏中选择 File→New→Figure 命令来完成。每执行一次 figure 就产生一个图形窗口，可以同时产生若干个图形窗口，Matlab 会自动地为这些窗口的名字添加序号作为区别。

Matlab 创建图形窗口的函数是 figure，其使用格式如下所示。

- figure：创建一个图形窗口。
- figure(n)：如果 n 句柄对应的窗口对象已经存在，则该命令使该图形窗口成为当前窗口；如果不存在，则新建一个句柄值为 n 的窗口对象。
- g= figure(...)：返回图形窗口对象的句柄。

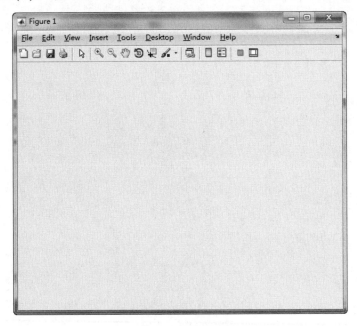

图 8-1　Matlab 图形窗口

创建一个图形对象时，Matlab 将自动选择该图形对象的属性值。用户可以利用两种方法来对图形进行控制。一种是使用属性编辑器，另一种是使用 get、set 函数。get 函数可以获得当前图形对象的属性，如果用户需要修改图形的某项属性，可以通过 set 函数来实现。通常使用 gcf 命令获得当前图形的句柄以作为 get、set 函数的输入参量。下面将会分别介绍这两种控制图形对象的方法。

(1) 使用属性编辑器：在图形窗口中选择 View→Porperty Editor 菜单命令，激活属性编辑器，如果想要关闭属性编辑器，只需再选择 View→Porperty Editor 菜单命令即可。如果想要设置更多的属性，可选择属性编辑器左下角的 More Properties 选项来设置更多的属性要求。

(2) Matlab 中的 get 函数是用于返回图形窗口的属性，它的调用格式如下。

● g=get(n)：返回句柄为 n 的图形窗口的所有属性值。

● g=get(n,'PropertyName')：返回 PropertyName 的属性值。

● g=get(0,'Factory') 和 g=get(0,'Factory ObjectType Property Name')：返回图形窗口属性的出厂设置。第一个指令是返回图形窗口的所有属性值，第二个指令是返回图形窗口的特定属性值。

● g=get(n,'Default') 和 g=get(0,'Default ObjiectType Property Name')：返回图形窗口的默认属性设置，二者的区别同上。

(3) Matlab 中的 set 函数是用于设置图形窗口属性的，它的调用格式如下：

set(h,'PropertyName',PropertValue,…)：该函数设置由 h 指定的对象的属性名 PropertyName 的属性值为 PropertValue。h 是句柄向量，这种情况下，将设置所有对象的属性值。

注意
在命令窗口中运行绘图指令后，将自动创建一个名为 Figure 1 的图形窗口。这个窗口被作为当前窗口，所有的绘图指令在该图形窗口中执行，后续绘图指令覆盖原图形或者叠加在原图形上。

使用 subplot 命令时，各个绘图区域以"从左到右、先上后下"的原则来编号。Matlab 允许每个绘图区域以不同的坐标系单独绘制图形。

例 8.1　图形窗口示例

举例说明图形窗口的创建、查看与设置，输入程序如下：

```
>> figure
>> x=0:pi/20:4*pi;
>> y=cos(x);
>> plot(x,y,'k-+')
```

运行结果如图 8-2 所示。

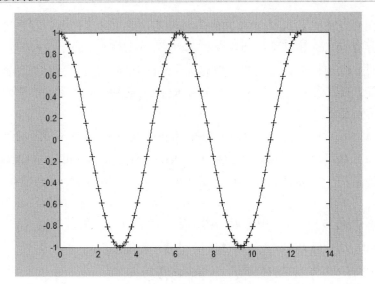

图 8-2 属性设置前的图形

设置属性:

```
>> get(findobj('Type','line'),'color')
ans =
     0     0     0
>> set(findobj('Type','line'),'Color','r')
>> set(findobj('Type','line'),'linestyle',':')
```

运行结果如图 8-3 所示。

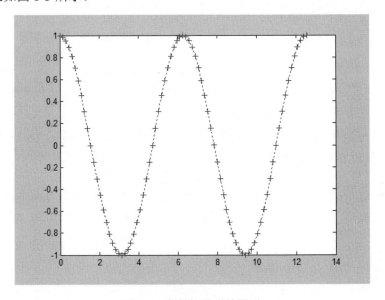

图 8-3 属性设置后的图形

2. 图形窗口的菜单栏

(1) File 菜单: 该菜单里包含新建、保存、打开等命令, 主要指令如表 8-1 所示。

表 8-1　File 菜单功能

选　项	功　能
Generate Code	生成 M 文件，该指令可以将当前的图形窗口中的图形自动转化为 M 文件
Import Data	用于数据导入
Save Workspace As	用于将图形窗口中的数据存储为二进制文件，供其他的编程语言使用
Preferences	用于设置图形窗口的风格
Export Setup	导出设置。可以设置颜色、字体、大小等。可以将图像以多种格式导出，如 efm、bmp、jpg、pdf 等

(2)　Insert 菜单：其指令如表 8-2 所示。

表 8-2　Insert 菜单功能

选　项	功　能
X Label	插入 X 轴
Title	插入标题
Legend	添加图例
Colorbar	添加颜色条
Line	插入直线
Light	亮度控制
Arrow	插入箭头
Text arrow	插入文本箭头
Double arrow	插入双箭头
Textbox	插入文本框
Rectangle	插入矩形
Ellipse	插入椭圆
Axes	添加坐标系

(3)　Edit 菜单：其指令如表 8-3 所示。

表 8-3　Edit 菜单功能

选　项	功　能
Copy Figur	复制绘制出来的图像，可以粘贴到 Word 文档里
Copy Options	将图形粘贴到剪切板
Figure Properties	图像属性设置
Axes Properties	坐标轴属性设置，包括标题、坐标轴标记、范围等
Current Object Properties	设置当前对象的属性
Color Map	设置图形的颜色表

3. 图形窗口的工具栏

图 8-4 为图形窗口中的工具栏，下面将详细介绍工具栏的功能。

图 8-4　图形窗口中的工具栏

：新建图形窗口。　　　　　　：旋转三维图形。

：打开图形文件。　　　　　　：去点。

：保存图形窗口文件。　　　　：设置绘图颜色。

：打印图形。　　　　　　　　：选择要显示的坐标轴的名称。

：放大和缩小图形窗口中的图形。　：插入颜色条。

：移动图形。　　　　　　　　：插入图例。

：打开绘图工具　　　　　　　：编辑模式。

8.1.2　基本绘图操作

Matlab 的基本绘图函数包括 line 函数、plot 函数和 polar 函数，line 函数是直角坐标系中的简单绘图函数，plot 函数是直角坐标系中常用的绘图函数，而 polar 函数是极坐标中的绘图函数。

一个完整的图形应该包括图形的生成、坐标轴名称、图形的标题、图形中曲线的注释和图形中曲线的线性及颜色等方面。下面将为读者分别讲解以上几个方面的内容。

在 Matlab 中绘制曲线的基本函数有很多，表 8-4 列出了常用的基本绘图函数。

表 8-4　基本绘图函数

命　令	功　能
line	将数组中的各点用线段连接起来
plot	建立向量或矩阵各队队向量的图形
loglog	x、y 轴都取对数标度建立图形
semilogx	x 轴用于对数标度，y 轴线性标度绘制图形
semilogy	y 轴用于对数标度，x 轴线性标度绘制图形
plotyy	在图的左右两侧分别建立纵坐标轴

Matlab 中最常用的二维曲线的绘图命令 plot。使用该命令，软件将开辟一个图形窗口，并画出坐标面上的一条二维曲线。其调用格式如下。

- plot(y)：输出以向量 y 元素序号 m 为横坐标，向量 y 对应元素 m 为纵坐标的图形。
- plot(x,y,'str')：用'str'指定的方式，输出以 x 为横坐标，y 为纵坐标的图形。在指定方式 str 中，用户可以规定绘制曲线的线型、数据点型、颜色等。

● plot(x1,y1,'str1',x2,y2,'str2',...)：在一幅图中，用'str1'指定的方式，输出以 x1 为横坐标，y1 为纵坐标的图形。用'str2'指定的方式，输出以 x2 为横坐标，y2 为纵坐标的图形。str 为 Matlab 中的一些绘图选项，用于确定所绘曲线的线型、颜色和数据点标记符号，它们可以组合使用。选项的具体功能如表 8-5 所示。

表 8-5　曲线颜色、线型及坐标点形状设置值

指　令	功　能	指　令	功　能
y	黄色	.	点
k	黑色	o	圆
w	白色	+	加号
b	蓝色	*	星号
g	绿色	-	实线
r	红色	:	点线
c	亮青色	-.	点虚线
m	锰紫色	--	虚线

例 8.2　plot 绘图实例

在[0，2π]内同时绘制两条曲线 y1=sin(x) 和 y2=cos(x)，并设置两条曲线的线型和颜色。

```
>> x=0:0.05*pi:2*pi;              %按步长赋值生成 x 数组
>> y1=sin(x); y2=cos(x);         %生成正弦、余弦函数值数组 y1、y2
>> plot(x,y1,'y*',x,y2,'c+')     %在窗口中画出正弦、余弦曲线
```

运行结果如图 8-5 所示。

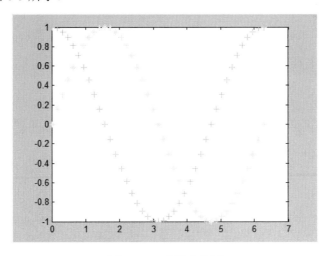

图 8-5　正余弦曲线图

在 Matlab 中有时需要在一个窗口能够显示多个图形的效果，这就需要用函数 subplot 进行多重子图窗口的创建，其调用格式如下。

● a=subplot(m,n,i)：此命令将当前窗口分割成 m×n 个子图，并将第 i 个子图作为当前

视图，返回值 a 为当前视图的句柄值。其中每个子图都完全等同于一个完整的图形窗口，可在其中完成所有图形操作命令。这些图按行编号，即位于第 a 行 b 列处是其第(a-1)n+b 个子图。

例 8.3　用 subplot 创建多重子窗口

在命令窗口输入程序如下：

```
x=(-pi:0.01:pi);
h1=subplot(2,2,1)
y1=sin(x);
plot(x,y1)
h2=subplot(2,2,2)
y2=cos(x)
plot(x,y2)
x=(-pi/2+0.1:0.01:pi/2-0.1);
h3=subplot(2,2,3)
y3=tan(x);
plot(x,y3)
h4=subplot(2,2,4)
x=(0.1:0.01:pi-0.1);
y4=1./tan(x);
plot(x,y4)
```

则显示结果如图 8-6 所示。

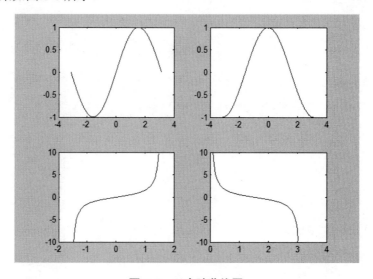

图 8-6　正余弦曲线图

8.1.3　图形注释

1. 坐标轴注释

给坐标轴添加注释，需要用到函数 xlabel、ylabel 和 zlabel。以 xlabel 为例，其调用格式如下。

xlabel('text','property1',propertyvalue1,…)：text 为要添加的标注文本，property 指该文本

的属性，propertyvalue1 为相应的属性值。该指令把文本按照设置的格式添加到 x 轴的下方。

2. 图形注释

给图形加标题的函数是 title，其调用格式如下。

title('text','property1','prooertyvalue1,…)：其调用格式与给坐标轴注释的格式类似，区别是 title 函数把文本加到了图形的上方。title 命令要写到 plot 命令之后，否则不起作用。

3. 添加图例

除了给图形添加标题、标注和文本，利用 legend 函数给图形添加注释，它用文本确认每一个数据集，为图形添加图例便于图形的观察和分析。其调用格式如下。

legend(str1,postion ,…)：在指定位置建立图例，并用字符串 str1 等作为标注。参数 postion 是图例在图上位置的指定符，其取值为 0(自动最佳位置)、1(右上角)、2(左上角)、3(左下角)、4(右下角)和-1(图右侧)。

只要指定标注字符串，该函数就会按顺序把字符串添加到相应的曲线线型之后。Matlab 能够对图例进行调整：用鼠标左键选择图例拖动，就可以移动图例到需要的位置，用鼠标左键双击图例中的某个字符串，就可以对该字符串进行编辑。legend off 指令能从当前图形中清除图例。

例 8.4　添加注释指令

输入程序如下：

```
>> x=0:0.05*pi:2*pi;
>> plot(x,sin(x),'r+',x,cos(x),'b:');
>> xlabel('x'),ylabel('y');
>> title('sinandcos');
>> legend('sin','cos')
```

运行结果如图 8-7 所示。

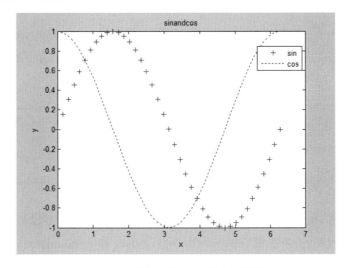

图 8-7　添加标注的正余弦曲线图

4. 添加文本字符串

在 Matlab 中除了在坐标轴上能够做标志外，还可以用 text 函数在图形窗口的任意位置加入文本字符串。其调用格式如下。

text(x,y,'str')：x 值和 y 值用于指定加入字符串的位置，str 是需要添加的字符串。该字符串中可以添加由"\"引导的特征字符串来表示特殊符号。

例 8.5   使用 text 函数添加标注

输入程序如下：

```
>> x=0:0.05*pi:2*pi;
>> plot(x,sin(x));
>> text(1.2,sin(1.2),'y=sin(1.2)');
>> text(4,sin(4),'y=sin(4)')
```

运行结果如图 8-8 所示。

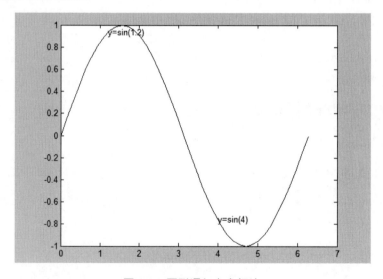

图 8-8   图形添加文字标注

Matlab 还提供了一个使用鼠标交互式添加文本的函数 gtext。其调用格式如下。

gtext('str','property name',property value,…)：str 可以是一个字符串，也可以是一个字符串数组。调用该函数后，图形窗口中的鼠标指针会变成十字光标，通过移动鼠标来控制十字光标的定位。移动到合适的位置后，按下鼠标或者键盘上的任意键，都会在光标位置显示指定的文本。

8.1.4   特殊函数

在二维统计分析时，常需要用不同的图形来表示统计结果，例如有条形图、阶梯图、杆图和填充图等。这时 plot 函数绘制的图形不能满足这些要求，Matlab 就提供了绘制特殊图形的函数，见表 8-6。

表 8-6　特殊二维绘图函数

指　令	功　能	指　令	功　能
bar	条形图	stairs	阶梯图
comet	建立彗星流动图	stem	绘制离散序列数据
errorbar	图形加上误差范围	fill	实心图
fplot	较精确的函数图形	feather	羽毛图
polarplot	极坐标图	compass	罗盘图
histogram	二维条形直方图	quiver	向量场图
polarhistogram	极坐标直方图	pie	饼形图

1. 条形图

在 Matlab 中使用 bar 和 barh 来绘制条形图，两者的区别是，bar 函数用来绘制垂直的条形图，而 barh 用来绘制水平的条形图。其调用格式如下。

- bar(y)：对 y 绘制条形图，横坐标表示矩阵的行数，纵坐标表示矩阵元素值的大小。
- bar(x,y)：在指定的纵坐标 x 上以水平方向画出 y，其中 x 为严格单增的向量。若 y 为矩阵，则 bar 把矩阵分解成几个行向量，在指定的纵坐标处分别画出。
- bar(…,width)：指定每个条形图的相对宽度。条形图的默认宽度为 0.8。
- bar(…,'style')：指定条形的排列类型。style 的取值为 group 和 stack。其中 group 表示若 y 为 n×m 阶的矩阵，则 bar 显示 n 组，每组有 m 个水平条形的条形图。stack 表示对矩阵 y 的每一个行向量显示在一个条形图中，条形的高度为该行向量中的分量。其中同一条形图中的每个分量用不同的颜色显示出来，从而可以显示每个分量在向量中的分布。
- h=bar(…)：返回一个 patch 图形对象句柄的向量。

例 8.6　使用 bar 和 barh 示例

输入程序如下：

```
>> y=[1 2 3;4 5 6;7 8 9];
>> subplot(2,1,1)
>> bar(y)
>> subplot(2,1,2)
>> barh(y)
```

运行结果如图 8-9 所示。

2. 饼形图

在统计学中，经常要使用饼形图来表示个统计量占总量的份额，饼形图可以显示向量或矩阵中的元素占总体的百分比。在 Matlab 中使用 pie 来绘制二维饼形图。其调用格式如下所示。

- pie(x)：绘制 x 的饼形图，x 的每个元素占有一个扇形，在绘制时，如果 x 的元素之和大于 1，则按照每个元素所占的百分比绘制；如果元素之和小于 1，则按照每个元素的值绘制，绘制出一个不完整的饼形图。

- pie(x，explode)：参数 explode 设置相应的扇形偏离整体图形，用来突出显示。explode 必须与 x 具有相同的维数。explode 和 x 的分量对应，若其中有分量不为零，则 x 中的对应分量将分离出饼形图。

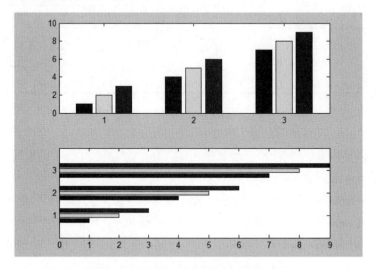

图 8-9 水平条形图和垂直条形图的绘制

例 8.7 绘制饼形图实例

输入程序如下：

```
>> x=[2 4 0.5 0.15 6];
>> explode=[0 0 0 0 1];    %突出显示第 4 个元素
>> pie(x,explode)
```

运行结果如图 8-10 所示。

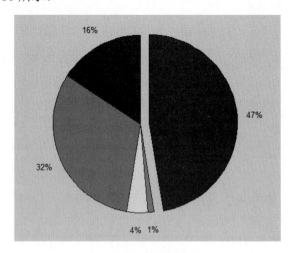

图 8-10 饼形图的绘制

3. 极坐标图

在 Matlab 中利用 polar 函数绘制极坐标图。该函数接受极坐标形式的函数 rho=f(θ)。其调用格式如下。

- polar(theta,rho)：用极角 theta 和极径 rho 绘制极坐标图形。其中极角为从 x 轴到半径向量的角度大小；极径为半径向量的长度。
- polar(theta,rho,LineSpec)：使用 LineSpec 指定极坐标图中线条的颜色、类型与记号类型。
- polar(AX，...)：在句柄值为 AX 的坐标轴中绘制极坐标图。
- h=polar(...)：返回组成极坐标的图形对象的句柄值向量。

输入程序如下：

```
>> theta=[0:0.05*pi:2*pi];
>> rho=sin(2*theta).*cos(2*theta);
>> polar Polt(theta,rho)
```

运行结果如图 8-11 所示。

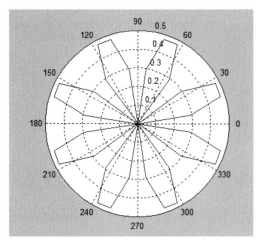

图 8-11　极坐标图的绘制

4. 误差条形图

在一条曲线上，可以在数据点的位置包含误差线，方便用户观察此处误差的变化范围。可以通过 errorbar 函数来绘制沿曲线的误差柱状图。其中，误差柱的长度是数据的置信水平或沿曲线的偏差情况。其调用格式如下。

- errorbar(x,y,e,s)：绘制向量 y 对 x 的误差条形图。误差条对称地分布在 yi 的上方和下方，长度为 ei。
- errorbar(x,y,l,u,s)：绘制向量 y 对 x 的误差条形图。误差条分布在 yi 上方的长度为 ui,下方的长度为 li。字符串 s 设置颜色和线型。

例 8.9　绘制误差棒图

输入程序如下：

```
>> x=0:pi/10:pi;
>> y=exp(x).*sin(x);
>> e=std(y)*ones(size(x));
>> errorbar(x,y,e)
```

运行结果如图 8-12 所示。

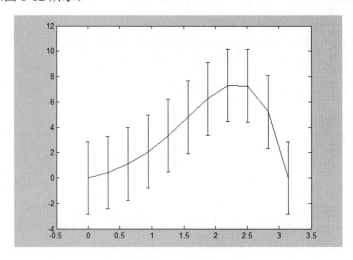

图 8-12　误差棒形图

8.2　二　维　绘　图

前面已经为读者简单介绍了绘制二维图形最基本的函数以及基本的绘图操作命令，为了使读者更全面地掌握二维绘图，下面将进一步地介绍二维绘图的指令。

8.2.1　二维绘图命令

1. 屏幕控制指令

表 8-7 为相关的屏幕控制指令。

表 8-7　屏幕控制指令

命　令	功　能
figure(n)	创建和显示当前序号为 n 的图形窗口
clf	清除当前图形窗口的图形
clc	清除命令窗口的命令
home	移动光标到命令窗口的左上角
hold	是否保持当前图形的切换命令

续表

命 令	功 能
subplot	将图形窗口分割成若干个小窗口
grid	画分格线的双向切换命令

说明

hold on 命令保持当前图形并加入另一个图形,hold off 命令释放当前图形窗口(默认状态),ishold 命令可以查看当前的 hold 状态,如果当前图形处于 hold on 状态,则返回 1;否则,返回 0。

subplot(m,n,p)将图形窗口分割成 m 行 n 列,并设置 p 所指定的子窗口为当前窗口。子窗口按行由左至右,由上至下进行编号。subplot 设置图形窗口为默认模式,即单窗口模式,等价于 subplot(1,1,1)。

grid 表示是否画分格线的双向切换命令,grid on 设置为画分格线,grid off 为不画分格线。

例 8.10 屏幕控制指令示例

输入程序如下:

```
>> x=linspace(0,2*pi,100);
>> y=sin(x);z=cos(x);
>> plot(x,y);
>> hold on;
>> ishold;
>> plot(x,z,'r*:');
>> hold off;
>> ishold
>> grid on;
>> title('examples')
```

运行结果如图 8-13 所示。

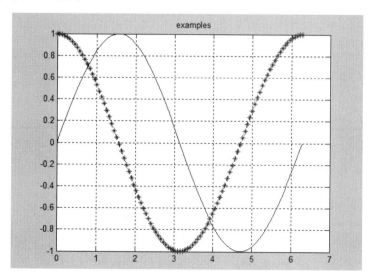

图 8-13　屏幕控制指令效果图

2. 坐标控制指令

选择使用坐标轴的设置，可以使所绘制的曲线在合理范围内表现出来，达到最好的效果。在进行图形绘制时，可以通过对坐标轴的设置来改变图形的显示效果。在对图形坐标轴的设置中，主要包括坐标轴的取向、范围、刻度以及宽高比等参数。表 8-8 为坐标轴的属性设置参数。

表 8-8　坐标控制指令

命　令	功　能
axis([xmin xmax ymin ymax])	设定坐标系统的最大和最小值
axis auto	将当前图形的坐标系统恢复为默认设置
axis tight	将坐标轴的范围设定为被绘制的数据的范围
axis square	将当前图形的坐标系统设置为方形
axis equal	将当前图形的坐标轴设成相等
axis off	关闭坐标系统
axis on	显示坐标系统
box	坐标形式在封闭式和开启式之间切换指令

例 8.11　坐标轴控制指令示例

输入程序如下：

```
>> x=0:pi/50:2*pi;
>>plot(x,sin(x),'-.b*');
>>hold on
>>plot(x,sin(x-pi/2),'--mo')
>>plot(x,sin(x-pi),':g')
>>hold off
>>set(gca,'xtick',[pi/2,pi,pi*3/2,2*pi],'ytick',[-2,-1,0,1,2])
>> grid on
>> box off
```

运行结果如图 8-14 所示。

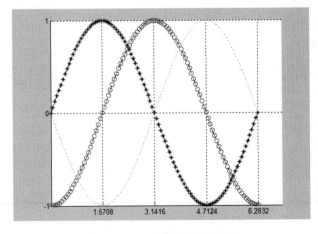

图 8-14　坐标轴设置效果图

8.2.2　交互式绘图操作

交互式绘图能够帮助用户完成一些绘图功能，能直接从曲线上获取需要的数据结果。如交互式添加文本的函数 gtext 配合鼠标使用，通过移动鼠标来控制十字光标的定位，移动到合适的位置后，按下鼠标或者键盘上的任意键都会在光标位置显示指定的文本。除此之外，ginput、zoom 等命令也可以和鼠标配合使用，直接从图形上获取相关的图形信息。另外，ginput 函数只用于二维图形的选点。

1. ginput 命令——二维图形选点

ginput 命令能够帮助用户通过鼠标直接读取二维平面图形上任意一点的坐标值。ginput 函数应用比较广泛，其调用格式如下。

- [x,y]=ginput(n)：用鼠标从二维图形上截取 n 个数据点的坐标，按下回车键则结束选点。
- [x,y]=ginput：取点的数目不受限制，结果都保存在数组[x,y]中，按下回车键则结束选点。
- [x,y,button]=ginput(...)：返回值 button 记录每个点的相关信息。

2. zoom 指令——对图形缩放

在用 ginput 进行选点时，常常和 zoom 指令一起使用。zoom 指令是用于二维图形缩放的，其默认的缩放规律为单击鼠标左键将图形放大或者圈定一定的区域对图形进行放大；单击鼠标右键后，对图形进行缩小操作。其调用格式如下。

- zoom on：打开交互式的放大功能。当一个图形处于交互式的放大状态时，有两种方法来放大图形。用鼠标单击坐标轴内的任意一点，可使图形放大一倍，这个操作可进行多次，直到最大的显示为止；在坐标轴内单击鼠标右键，可使图形缩小一倍。
- zoom off：关闭交互式放大功能。
- zoom out：恢复坐标轴的初始设置。
- zoom reset：将当前的坐标轴设置为初始值。
- zoom：在禁用和启用缩放之间切换(恢复最近使用的工具)。
- zoom xon：只对 x 轴进行放大。
- zoom yon：只对 y 轴进行放大。
- zoom(factor)：用放大系数 factor 进行放大或缩小，而不影响交互式的放大状态。若 factor>1，系统将放大 factor 倍，若 0<factor<1 时，系统将放大 1/ factor 倍。
- zoom(fig,option)：指定对窗口中的 fig 的图形进行放大，其参数 option 为 on、off xon、reset 等。

输入程序如下：

```
>> x=magic(30).*randn(30);
>> compass(x)
>> zoom on
```

运行结果如图 8-15、8-16 所示。

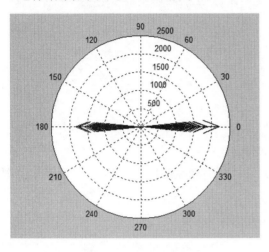

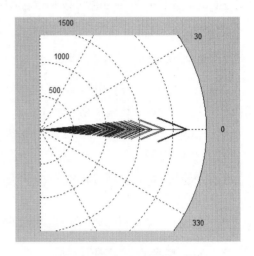

图 8-15　放大前的原图　　　　　　图 8-16　放大的效果图

8.3　三　维　绘　图

对于三维图形，除了可以像二维图形那样编辑线型、颜色外，还需要编辑三维图形的视角、材质、照明等。这些内容都是三维图形的特殊编辑工作，都是二维图形所没有的。

8.3.1　三维绘图命令

1. 三维绘图指令 plot3

plot3 命令将绘制二维图形的函数 plot 的特性扩展到三维空间图形。函数格式除了包括第三维的信息(比如 Z 方向)之外，与二维函数 plot 相同。其调用格式如下。

- plot3(x,y,z)：当 x、y 和 z 是相同的向量时，则绘制以 x、y 和 z 元素为坐标的三维曲线；当 x、y 和 z 是同型矩阵时，则绘制以 x、y 和 z 元素为坐标的三维曲线，且曲线的条数等于矩阵的列数。
- plot3(x,y,z, 's')：s 是指定绘制三维曲线的线型、数据点形和颜色的字符串，省略 s 时，将自动选择线型、数据点形和颜色。s 的选择见表 8-5。

输入程序如下：

```
>> t=0:pi/50:10*pi;
>> plot3(sin(t),cos(t),t,'g*')
>> grid
```

运行结果如图 8-17 所示。

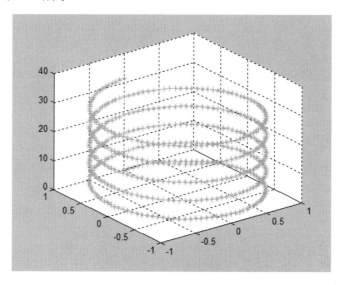

图 8-17　三维螺旋图

2. 绘制空间曲面

三维空间曲面可以绘制出在某一区间内完整的曲面，而不是单根曲线。三维网格图是将邻近的网格顶点(X,Y)对应曲面上的点(X,Y,Z)用线条连接起来形成的。利用 mesh 和 surf 绘制三维网线图和曲面图。其中 mesh(X,Y,Z)是绘制网格曲面，surf(X,Y,Z)是绘制光滑曲面。它们的调用格式如下。

- mesh(x,y,z,c)：绘制由 x、y 和 z 指定的参数曲面。x 和 y 必须为向量。若 x 和 y 的长度为 m 和 n，则 z 必须为 m×n 的矩阵，c 是颜色映射数组，决定图形的颜色。
- mesh(z)和 mesh(x,y,z)：绘制三维网格图。当只有参数 z 时，以 z 矩阵的行下标作为 x 坐标轴，把 z 的列下标当作 y 坐标轴；x 和 y 分别为 x 和 y 坐标轴的自变量。当有 x、y 和 z 参数时，绘制出由坐标(x, y, z)确定的三维网格图形。
- surf(x,y,z,c)：完整地画出由 c 指定用色的曲面图，在完整调用格式中，四个输入量必须是维数相同的矩阵。它们要求 x 和 y 是自变量"格点"矩阵；z 是格点上的函数矩阵；c 是指定各点用色的矩阵，可缺省。缺省时默认着色矩阵是 z，即 c=z。

例 8.14　绘制立体网状图

画出由函数 $z = xe^{-(x^2+y^2)}$ 形成的立体网状图，在命令窗口输入：

```
>> x=linspace(-2, 2, 20);      % 在 x 轴上取 20 点
>> y=linspace(-2, 2, 20);       %在 y 轴上取 20 点
>> [xx,yy]=meshgrid(x, y);    % xx 和 yy 都是 21x21 的矩阵
>> zz=xx.*exp(-xx.^2-yy.^2);  % 计算函数值，zz 也是 21x21 的矩阵
>> mesh(xx, yy, zz);              % 画出立体网状图
```

运行结果如图 8-18 所示。

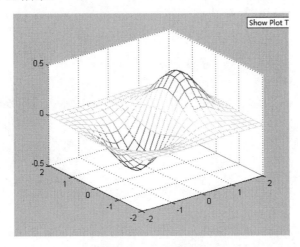

图 8-18　三维网格图

例 8.15　surf 命令示例

利用 surf 命令把上一例题改为三维曲面图，在命令窗口输入：

```
>> x=linspace(-2, 2, 20);       % 在 x 轴上取 20 点
>> y=linspace(-2, 2, 20);       %在 y 轴上取 20 点
>> [xx,yy]=meshgrid(x, y);      % xx 和 yy 都是 21x21 的矩阵
>> zz=xx.*exp(-xx.^2-yy.^2);    % 计算函数值, zz 也是 21x21 的矩阵
>> surf (xx, yy, zz);           % 画出立体曲面图
```

运行结果如图 8-19 所示。

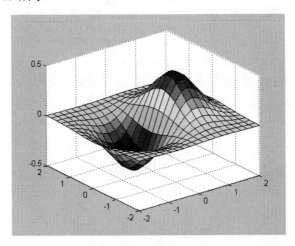

图 8-19　三维曲面图

3. 色图

　　色图(colormap)是 Matlab 系统引入的概念。在 Matlab 中，每个图形窗口只能有一个色图。色图是 m×3 的数值矩阵，它的每一行是 RGB 三元组。色图矩阵可以人为地生成，也可

以调用 Matlab 提供的函数来定义色图矩阵。其调用格式如下。

colormap(m)：设置当前图形窗的着色色图为 m。

8.3.2　三维绘图改进命令

三维绘图的改进命令如表 8-9 所示。

表 8-9　Matlab 三维绘图的改进命令

命　令	功　能
meshc	同时画出网状图与等高线
surfc	同时画出曲面图与等高线
meshz	用来再加上一个参考平面
pcolor(z)	以矩阵 z 的下标为横纵坐标绘制伪彩图
pcolor(x,y,z)	以向量 x，y 的为横纵坐标绘制伪彩图
surfl	用于绘制在控制光线的情况下的表面图
waterfall	用于绘出类似瀑布流水形状的网线图

下面用一个实例来介绍各个改进命令的具体用法。

例 8.16　绘制下面函数的图像

$$y = 3(1-x)^2 e^{-x^2-(y+1)^2} - 10(x/5 - x^3 - y^5) e^{-x^2-y^2} - \frac{1}{3} e^{-(x+1)^2-y^2}$$

在命令窗口输入：

```
>> peaks
z =  3*(1-x).^2.*exp(-(x.^2) - (y+1).^2) ...
   - 10*(x/5 - x.^3 - y.^5).*exp(-x.^2-y.^2) ...
   - 1/3*exp(-(x+1).^2 - y.^2)
```

运行结果如图 8-20 所示。

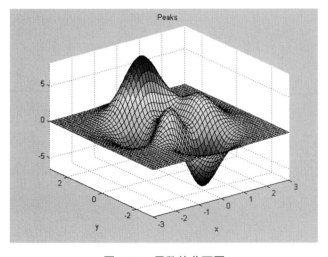

图 8-20　函数的曲面图

下面再对这个函数进行改进，在命令窗口继续输入：

```
[x,y,z]=peaks;
meshz(x,y,z);
```

运行结果如图 8-21 所示。

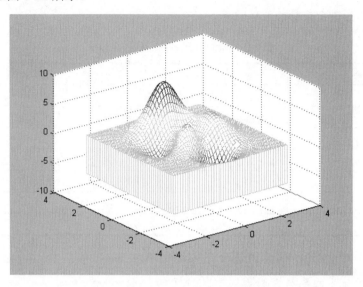

图 8-21　用 meshz 函数改进后的效果图

在命令窗口继续输入

```
[x,y,z]=peaks;
waterfall(x,y,z);
```

运行结果如图 8-22 所示。

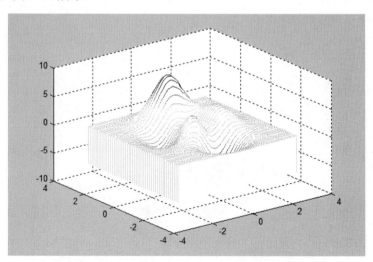

图 8-22　用 waterfal 函数改进后的效果图

在命令窗口继续输入：

```
[x,y,z]=peaks;
meshc(x,y,z);
surfc(x,y,z);
```

运行结果如图 8-23 所示。

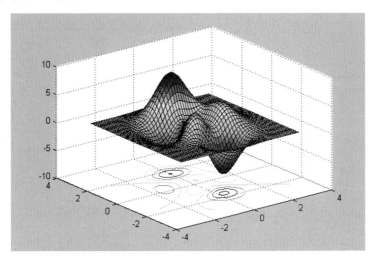

图 8-23　用 meshc 和 surfc 函数改进后的效果图

8.3.3　三维视图的可视效果控制

三维绘图从不同的角度观察会有不同的效果，Matlab 针对这种情况设置了三维图形观察点和视觉的控制函数 view。其调用格式如下。

- view(AZ,EL)和 view([AZ,EL])：通过方位角 AZ 和俯视角 EL 设置观察图形的视点。
- view([X Y Z])：通过直角坐标系设置视点。
- [AZ,EL] = view：返回当前的方位角 AZ 和俯视角 EL。
- view(T)：用一个 4×4 的转矩阵 T 来设置视角。
- T=view：返回当前的 4×4 的转矩阵。
- view(2)：设置默认的二维视角 AZ = 0，EL = 90。
- view(3)：设置默认的三维视角 AZ = -37.5，EL = 30。

例 8.17　绘制不同视角图形

在命令窗口输入：

```
>> p=peaks;    %peaks 为系统提供的多峰函数
subplot(2,2,1);
mesh(peaks,p);
view(-37.5,30);  %指定子图 1 的视点
title('azimuth=-37.5,elevation=30');
subplot(2,2,2);
mesh(peaks,p);
view(-17,60);    %指定子图 2 的视点
title('azimuth=-17,elevation=60');
subplot(2,2,3);
```

```
mesh(peaks,p);
view(-90,0);     %指定子图 3 的视点
title('azimuth=-90,elevation=0');
subplot(2,2,4);
mesh(peaks,p);
view(-7,-10);     %指定子图 4 的视点
title('azimuth=-7,elevation=10')
```

运行结果如图 8-24 所示。

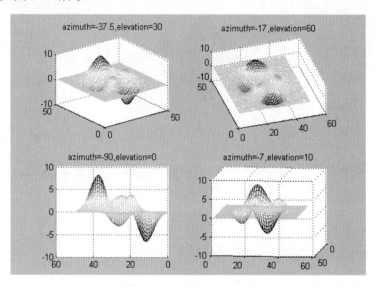

图 8-24　不同视角的效果图

8.3.4　三维图形的光照控制

surfl 是画带光照模式的三维曲面图。该命令显示一个带阴影的曲面，结合了周围的散射的和镜面反射的光照模式。想获得较平滑的颜色过渡，要使用有线性强度变化的色图(如 gray、copper、bone、pink 等)，其调用格式如下。

- surfl(X',Y',Z')：参数 X、Y、Z 确定的点定义了参数曲面的"里面"和"外面"，该格式是曲面的"里面"有光照模式。

- surfl(Z)：以向量 Z 的元素生成一个三维的带阴影的曲面，其中阴影模式中的光源的方位、光照系数为默认值。

- surfl(…,'light')：用一个 Matlab 光照对象(light object)生成一个带颜色、带光照的曲面，这与用默认光照模式产生的效果不同。

- surfl(…,'cdata')：改变曲面颜色数据(color data)，使曲面成为可反光的曲面。

- surfl(…,s)：指定光源与曲面之间的方位 s，其中 s 为一个二维向量[azimuth，elevation]，或者三维向量[sx，sy，sz]。默认光源方位为从当前视角开始，逆时针 45°F(度)。

- surfl(X,Y,Z,s,k)：指定反射常系数 k，其中 k 为一个定义环境光(ambient light)系数

(0≤ka≤1)、漫反射(diffuse reflection)系数(0≤kb≤1)、镜面反射(specular reflection)系数(0≤ks≤1)与镜面反射亮度(以像素为单位)等的四维向量[ka，kd，ks，shine]，默认值为 k=[0.55 0.6 0.4 10]。

例 8.18　光照控制实例

在命令窗口输入：

```
x= -1.5:0.2:1.5;y=-1:0.2:1;
[X,Y]=meshgrid(x,y);
Z=sqrt(4-X.^2/9-Y.^2/4);
view(45,45)
subplot(2,2,1);surfl(X,Y,Z, [0,45],[.1  .6  .4 10]);
shading interp
subplot(2,2,2);surfl(X,Y,Z, [20,45],[.3  .6  .4 10]);
shading interp
subplot(2,2,3);surfl(X,Y,Z, [40,45],[.6  .6  .4 10]);
shading interp
subplot(2,2,4);surfl(X,Y,Z, [60,45],[.9  .6  .4 10]);
shading interp
```

运行结果如图 8-25 所示。

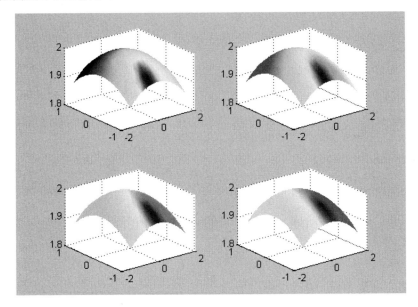

图 8-25　光照控制效果图

Matlab 提供了灯光设置的函数，其调用格式为：light('Color',选项 1,'Style',选项 2,'Position',选项 3)。

例 8.19　灯光设置实例

输入程序如下：

```
>> [x,y,z]=sphere(20);
subplot(1,2,1);
```

```
surf(x,y,z);axis equal;
light('Posi',[0,1,1]);
shading interp;
hold on;
plot3(0,1,1,'p');text(0,1,1,' light');
subplot(1,2,2);
surf(x,y,z);axis equal;
light('Posi',[1,0,1]);
shading interp;
hold on;
plot3(1,0,1,'p');text(1,0,1,' light');
```

运行结果如图 8-26 所示。

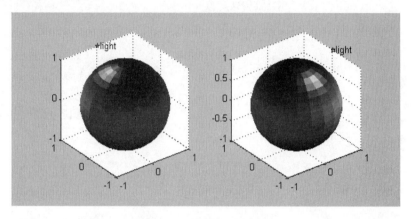

图 8-26　灯光设置效果图

8.3.5　柱面和球面的表达

(1)　绘制柱面的 cylinder 命令：[X,Y,Z]=cylinder(r,n)表示生成半径为 r、高度为 1 的矩阵 x、y、z，利用这三个矩阵可以绘制出半径为 r、高度为 1 的柱体，圆柱体的圆周有指定的 n 个距离相同的点。

(2)　绘制球面的 sphere 命令：[X,Y,Z]=sphere(n)表示生成三个阶数为(n+1)×(n+1)的矩阵 x、y、z，利用这三个矩阵可以绘制出圆心位于原点、半径为 1 的单位球体。

例 8.20　画出一个半径变化的柱面

在命令窗口输入：

```
t=0:pi/10:2*pi;
[X,Y,Z]=cylinder(2+cos(t),30);
surf(X,Y,Z)
```

运行结果如图 8-27 所示。

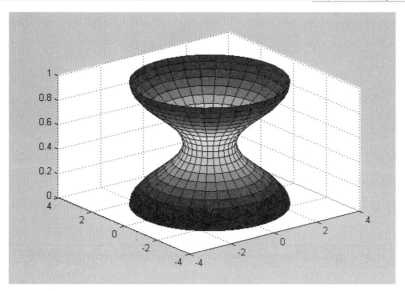

图 8-27　柱面效果图

例 8.21　绘制由 100 个面组成的球面

在命令窗口输入：

```
[X,Y,Z]=sphere(10);
surf(X,Y,Z)
```

运行结果如图 8-28 所示。

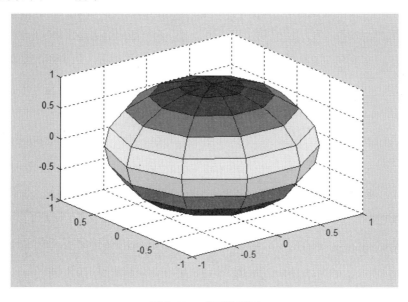

图 8-28　球面效果图

8.4　课后练习

1. 绘制曲线 $y = x^3 + x + 1$，x 的取值范围为[-5,5]。

2. 有一组测量数据满足 $y = e^{-at}$，t 的变化范围为 0~10，用不同的线型和标记点画出 a=0.1、a=0.2 和 a=0.5 三种情况下的曲线。

3. 在上题结果图中添加标题 $y = e^{-at}$，并用箭头线标识出各曲线 a 的取值。

4. 在上题结果图中添加标题 $y = e^{-at}$ 和图例框。

5. 表中列出了 4 个观测点的 6 次测量数据，将数据绘制成为分组形式和堆叠形式的条形图。

	第1次	第2次	第3次	第4次	第5次	第6次
观测点 1	3	6	7	4	2	8
观测点 2	6	7	3	2	4	7
观测点 3	9	7	2	5	8	4
观测点 4	6	4	3	2	7	4

6. x= [66　49　71　56　38]，绘制饼图，并将第五个切块分离出来。

7. $z = xe^{-x^2-y^2}$，当 x 和 y 的取值范围均为-2 到 2 时，用建立子窗口的方法在同一个图形窗口中绘制出三维线图、网线图、表面图和带渲染效果的表面图。

8. 绘制 peaks 函数的表面图，用 colormap 函数改变预置的色图，观察色彩的分布情况。

第9章
Matlab
句柄图形系统

前面已经介绍了运用 Matlab 的绘图函数和图形绘制窗口绘制用户需要的二维、三维等图形，但是 Matlab "高级" 绘图指令往往不能使用户对于图形绘制了解得很透彻，如果用户需要通过了解 "低层" 绘图指令和图形对象属性开发函数，来对高级绘图指令的形成原理进行深入理解，并绘制出更加个性化的图形，就需要用到本章学习的句柄绘图。

学习目标

◇ 了解句柄图形基础
◇ 掌握图形对象的创建
◇ 掌握图形对象的基本操作

9.1 句柄图形基础

句柄图形是一幅图形图像中的每一个组成部分都是一个对象，每一个对象都有一系列的句柄与它相关，而每一个对象又可以按照需要改变属性。这就是句柄图形的概念。

句柄图形是 Matlab 对图形底层所有元素的总称。用户对于句柄图形的操作会直接影响到构成图形的基本元素，如图形中的点、线等。通过句柄对该图形对象的属性进行设置，也可以获取有关的属性值，从而能够更加自主地绘制各种图形。例如，如果用户想要用天蓝色画一条线，而不是 plot 函数中所定义的、可供用户使用的任何一种颜色，就可以通过句柄图形的方式实现。Matlab 语言的句柄绘图可以对图形各基本对象进行更为细腻的修饰，可以产生更为复杂的图形，而且为动态图形的制作奠定了基础。

9.1.1 图形对象概述

图形对象是 Matlab 中用来显示数据和创建 GUI 的基本绘图元素，对象的每个实例(instance)都对应唯一的标识符(Identifier)，此标识符称为对象的句柄(handle)，句柄由系统设定，用户不能改变。用户可以利用句柄轻松地操作现有图形的各项特征，即设置对象属性。

图形对象是由低层绘图函数生成的对象，称为句柄图形对象，即是数据可视和界面制作的基本绘图要素。Matlab 的图形对象包括计算机屏幕、图形窗口、坐标轴、用户菜单、用户控件、曲线、曲面、文字、图像、光源、区域块和方框等。系统将每一个对象按树型结构组织起来。每个具体图形不必包含每个对象，但每个图形必须具备根屏幕和图形窗口。

图形对象的基本要素以根屏幕为先导，所有的图形对象都按照 "父子"(从属)关系和 "兄弟"(平行)的方式组成层次结构。具体如图 9-1 所示。

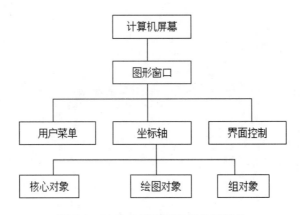

图 9-1 Matlab 图形对象的体系结构

说明如下。

(1) 根：图形对象的根，对应于计算机屏幕。根只有一个，其他所有图形对象都是根的后代。用户是不能创建根对象的，当启动 Matlab 时根对象已经存在，用户可以通过设置

root 的属性值改变图形的显示效果。

（2）图形窗口：根的子代，窗口的数目不限，所有图形窗口都是根屏幕的子代，除根之外，其他对象都是窗的后代。

（3）界面控制：图形窗口的子代，创建用户界面控制对象，使得用户可采用鼠标在图形上做功能选择，并返回句柄。

（4）用户菜单：图形窗口的子代，创建用户界面菜单对象。

（5）坐标轴：图形窗口的子代，创建轴对象，并返回句柄。图 9-2 是以具体实例介绍各个轴的子代。坐标轴有 3 种子对象：核心对象、绘图对象和组对象，对坐标轴及其 3 种子对象的操作即构成低层绘图操作，也就是对图形句柄的操作。

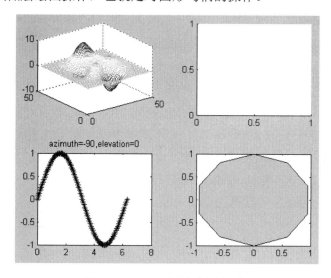

图 9-2　Matlab 图形对象的示例

（6）核心对象：包含曲线、曲面、文本、图像、区域块、方块和光源，用于一般图形绘制函数，以及较为特殊的核心对象。虽然这些函数不会显示，但是将影响一些对象的属性设置，具体如表 9-1 所示。

表 9-1　核心对象的绘制函数

对　象	功　能
Axes	创建图形的坐标轴
Line	创建直线线段构成的线条
Patch	将矩阵的每列数据构成多边形的面，创建一个块
Rectangular	矩阵或椭圆形的二维填充图，创建方对象
Text	对图形中的图像添加文本
Surface	对图形表面进行设置
Image	Matlab 语言中的图像
Light	位于坐标轴中，影响曲面或曲片的有方向的光源

segmentheadernavigation">
Matlab 基础与实例教程

（7）绘图对象：一些可以用高级绘图方式绘制图形的函数都可以返回对应的句柄值，从而创建图形对象。Matlab 中有些图形对象是由核心对象组成的，所以通过该核心对象的属性可以控制这些图形对象的相关属性。

（8）组对象：允许用户将轴对象的子对象设置为一个组，以便设置整个组内的对象属性。一旦选取了一个组对象，则其中的所有组对象都将被选取。Matlab 中的组对象有两种：hggroup 和 hgtransform。其中 hggroup，当用户创建一个组对象，并控制组对象的可见性或可选择性来作为一个独立对象时使用；hgtransform，当组对象的某些特性需要转换时使用。

根可包含一个或多个图形窗口，每一个图形窗口可包含一组或多组坐标轴。所有其他的对象都是坐标轴的子对象，并且在这些坐标轴上显示。所有创建对象的函数当父对象或对象不存在时，都会创建它们。例如，如果没有图形窗口，plot(rand(size([1:10])))函数会用默认属性创建一个新的图形窗口和一组坐标轴，然后在这组坐标轴内画线。

9.1.2　图形对象句柄

Matlab 在创建每一个图形对象时，都为该对象分配唯一的一个值，称其为图形对象句柄(Handle)。句柄是图形对象的唯一标识符，不同对象的句柄不可能重复和混淆。

所有能创建图形对象的 Matlab 函数都可给出所创建图形对象的句柄。计算机屏幕作为根对象由系统自动建立，其句柄值为 0，而图形窗口对象句柄值为一正整数，并显示在该窗口的标题栏；其他图形对象的句柄为双精度浮点数。Matlab 提供了若干个函数用于获取已有图形对象的句柄，如 figure、line、text、surface、axes(xlabel，ylabel，zlabel，title)，较为常用的函数如表 9-2 所示。

表 9-2　获取图形对象句柄的函数

选　　项	功　　能
gcf	获得当前图形对象的句柄
gco	获得当前对象的句柄
gca	获得当前坐标轴对象的句柄
gcbf	获得当前正在执行调用的图形对象的句柄
gcbo	获得当前正在执行调用的对象的句柄
findobj	按照指定的属性来获取图形对象的句柄

命令 Hf_fig=figure 用来创建一个新的图形，并把创建后的图形句柄值返回给变量 Hf_fig。高级图形创建命令(plot、mesh、surf 等)在创建图形时，都会返回一个列向量，用于保存所创建的每个内核对象的句柄值。例如通过命令 h0=plot(…)创建图形时，将会返回 plot 函数创建的所有曲线的句柄值；而命令 Hs=surf(…)则返回一个表面对象的句柄值。

高级绘图命令在创建图形时，还会返回所创建对象的属性值，如通过 h0_wfall= waterfall(peaks(10))命令创建函数时，系统将返回包含 10 个线列的句柄数值。

图形对象的句柄由系统自动分配，每次分配的值不一定相同。在获取对象的句柄后，可以通过句柄来设置或获取对象的属性。

例 9.1　绘制曲线并查看有关对象的句柄

在命令窗口输入如下内容：

```
>> x=0:0.01:2*pi;
y=sin(x);
h0=plot(x,y,'b:')                    %曲线对象的句柄
h0 =
  174.0016
>> h1=gcf                            %图形窗口句柄
h1 =
Number: 1
     Name: ''
    Color: [0.9400 0.9400 0.9400]
 Position: [403 246 560 420]
    Units: 'pixels'
........................
>> h2=gca                           %坐标轴句柄
h2 =
        Xlim: [0 7]
        Ylim: [-1 1]
      XScale: 'linear'
      YScale: 'linear'
  GridlineStyle: '-'
    Position: [0.1300 0.1100 0.7750 0.8150]
       Units: 'normalized'
       ........................
```

注意　图形对象的句柄由系统自动分配，每次分配的值不一定相同(多次运行例 9.1 的程序以便比较)。在获取对象的句柄后，可以通过句柄来设置或获取对象的属性。

图形句柄的特点是句柄图形中的所有图形操作都是针对图形对象而言的，利用低层绘图函数，通过对对象属性的设置与操作实现绘图，并且能够随意改变 Matlab 生成图形的方式；句柄图形充分体现了面向对象的程序设计，允许设置图形的许多特性，但是这些特性不能通过使用高级绘图函数来实现。在高层绘图中，对图形对象的描述一般是缺省的，或者是由高级绘图函数自动设置的，因此对用户来说几乎是不可见的。

9.1.3　图形对象属性

图形对象的属性既包括对象的一般信息，同时也包括特殊类型对象独有的信息。在创建图形对象的同时，用户可以根据自己的需要来设置相应图形对象的属性，正是通过设定或者修改这些属性来修正图形显示的方式。

对象属性包括对象的设置、类型、颜色、父对象和子对象等内容。用户不但可以查询当前任意对象的属性值，而且还可以设定大多数属性的取值。用户设定的属性值仅仅对特定的对象实例起作用，不会影响到不同的对象不同实例的属性。如果想要修改以后创建对象的属性值，可以设置属性的默认数值，这样修改后就可以影响后面创建的所有对象。

有些属性是所有图形对象都具备的，对象常用的公共属性有 Children 属性、Parent 属性、Tag 属性、Type 属性、UserData 属性、Visible 属性、ButtonDownFcn 属性、CreateFcn 属性、DeleteFcn 属性。

1. 属性名与属性值

对象属性包括属性名和属性值。Matlab 给每种句柄的每一个属性规定了一个名字，称为属性名，而属性名的取值称为属性值。所有对象都有属性来定义它们的特征，正是通过设定这些属性值来修正图形显示的方式。在 Matlab 系统中识别一个属性时是不区分大小写的，而且每一个属性名都是唯一的，因此，用户需要用足够多的字符来识别每一个属性名。此外，属性名要用单撇号括起来。例如，LineStyle 是曲线对象的一个属性名，它的值决定着线型，取值可以是'-'、':'、'-.'、'--'或'none'。

2. 属性的操作

在建立一个对象时，一般都是用一组默认的属性值。这个值可以通过两种方式进行改变。第一种是通过"｛属性名，属性值｝"建立对象生成函数。第二种是在对象建立起来之后利用相关函数，即下面将为读者介绍的 get 函数和 set 函数，来改变其属性。

无论是通过高级指令还是低级指令创建的对象，都可以通过 get 函数获取一个对象的属性值，通过 set 函数来设置图形对象的某一属性值。如果该属性值有一个取值范围，则这两个函数还能够将该属性所有可能的取值列举出来。

(1) 利用 get 函数获取对象的属性值。其调用格式为：

V=get(句柄，属性名)，其中 V 是返回的属性值。如果在调用 get 函数时省略属性名，则将返回句柄所有的属性值。例如 p=get(Hf_1, 'position')返回具有句柄 Hf_1 图形窗口的位置向量。

(2) 利用两种方法来设置图形对象属性。其调用格式分别如下。

① 创建图形对象时设置属性，其指令如下。

h_gc=GraphicCommand(…,'PropertyName',PropertyValue)：利用属性对设置对象属性。

h_gc=GraphicCommand(…,PropertyStructure)：通过属性单元组来定义对象属性。

② 利用 set 函数来设置属性，其调用格式如下。

set(句柄，属性名 1，属性值 1，属性名 2，属性值 2，…)：其中句柄用于指明要操作的图形对象。如果在调用 set 函数时省略全部属性名和属性值，则将显示出句柄所有的允许属性。例如 set(Hl_a, 'color', 'r')：将具有句柄 Hl_a 的对象的颜色设置成红色。

set(H,a)：通过单元数组设置句柄指向的图形对象的属性。

set(H,pn,pv, …)：设置句柄为 H 的属性值，pn 和 pv 分别为图形对象的单元数组及其数值。

通过 set 函数设置图形对象属性的命令格式比较多，用户可以通过帮助命令来查询其他的命令格式。

例 9.2 利用 get 函数获取属性值实例

在命令窗口输入：

```
>> x=0:0.01:2*pi;
>> h=plot(x,sin(x));
>> set(h,'color','g','linestyle',':','marker','P');
>> get(h,'marker')
ans =
pentagram
```

例 9.3 利用 set 函数设置属性值实例

在命令窗口输入：

```
>> t = 0:0.01:2*pi;
>> y = exp(-t/5).*sin(t);
>> h = plot(t, y);              % h 为曲线的句柄
>> set(h,'Linewidth',2);        % 将曲线宽度改为 2
>> set(h,'Marker','*');         % 将曲线的线标改成星号
>> set(h,'MarkerSize',10);      % 将线标的大小改成 10
```

则显示结果如图 9-3 所示。

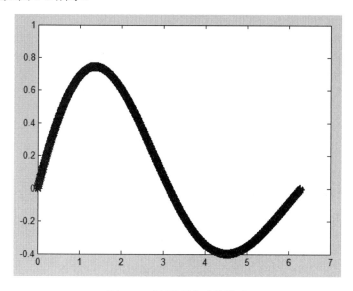

图 9-3 设置属性后的图形

想要获取图 9-3 的某些属性值，则继续在命令窗口输入：

```
>> get(h,'LineWidth')          %取得曲线宽度
>>get(h,'Color')               %取得曲线颜色
>>get(0,'screensize')          %取得屏幕的尺寸
```

则显示结果为：

```
ans =
    2
ans =
```

```
      0    0.4470    0.7410
ans =
        1        1      1366      768
```

3. 对象的公共属性

不同的图形对象有不同的属性，但下列属性是所有图形对象所共有的。

Chidren：该属性的取值是当前对象所有子对象句柄组成的一个向量。

Parent：该属性的取值是当前对象父对象的句柄，图形窗口对象的 Parent 属性总是 0。

Tag：该属性的取值是字符串，它相当于给该对象定义了一个标识符，定义了 Tag 属性后，在任何程序中都可以通过 findobj 函数获取该标识符所对应图形的句柄。下面通过一个实例来演示它的用法。

例 9.4　显示图形对象属性

在命令窗口输入：

```
>> x=0:0.01:2*pi;
h=plot(x,cos(x))
set(h,'tag','flag1')
hf=findobj(0,'tag','flag1')
```

则显示结果为：

```
h =
Color: [0 0.4470 0.7410]
        LineStyle: '-'
        LineWidth: 0.5000
           Marker: 'none'
       MarkerSize: 6
  MarkerFaceColor: 'none'
            XData: [1×629 double]
            YData: [1×629 double]
            ZData: [1×0 double]
hf =
Color: [0 0.4470 0.7410]
        LineStyle: '-'
        LineWidth: 0.5000
           Marker: 'none'
       MarkerSize: 6
  MarkerFaceColor: 'none'
            XData: [1×629 double]
            YData: [1×629 double]
            ZData: [1×0 double]
```

并调出了 h 的图形句柄，如图 9-4 所示。

Type：表示该对象的类型，该属性是不可改变的。

UserData：该属性的默认取值是空矩阵，在程序设计中，可以使用 set 命令将较重要的数据放在里面，在需要的时候，使用 get 将其取出来，以起到传递数据的作用。

Visible：该属性的取值是 on(默认值)或 off。当它的值为 off 时，可以用来隐藏该图形窗口的动态变化过程，如窗口大小的变化、颜色的变化等。

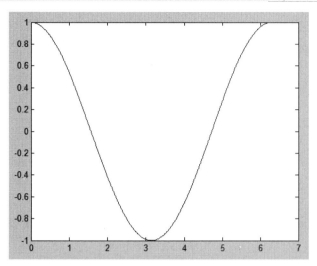

图 9-4　利用 findobj 函数调出的图形

ButtonDownFcn：该属性的取值是一个字符串，一般是某个 M 文件名或一小段 Matlab 程序。当鼠标指针位于对象之上，用户按下鼠标键时执行的字符串。

CreateFcn：该属性的取值为字符串，为 m 文件名或程序，当创建该对象时，就自动执行该 m 文件或程序。

DeleteFcn：该属性的取值为字符串，为 m 文件名或程序，当取消该对象时，就自动执行该 m 文件或程序。

例 9.5　绘制不同曲线并设置句柄

在同一坐标下绘制蓝、绿两根不同曲线，并获得绿色曲线的句柄，并对其进行设置。

在命令窗口输入：

```
>> x=0:0.01:2*pi;
y=sin(x);
z=cos(x);
plot(x,y, 'b',x,z,'g');                  %绘制两条不同的曲线
h1=get(gca,'children')                    %获取两曲线的句柄向量 h1
for k=1:size(h1)
   if get(h1(k),'color')==[0 1 0]         %[0 1 0]代表绿色
     h1g=h1(k);
   end
end
pause                                     %便于观察设置前后的效果
set(h1g,'linestyle',':','marker','p');
```

则显示结果为：

```
h1 =
  line
  line
```

绘图效果如图 9-5 所示。

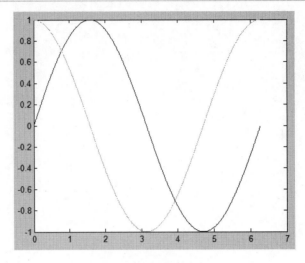

图 9-5　绘制的图形效果

9.2　图形对象的创建

除根对象外，所有图形对象都可以由与之同名的低层函数创建。所创建的对象置于适当的父对象中，当父对象不存在时，Matlab 会自动创建它。如 Line 函数。

创建对象的低层函数调用格式类似，关键要了解对象的属性及其取值。前面已介绍各对象的公共属性，下面介绍图形窗口和坐标轴的创建方法及其他图形对象的创建方法。

9.2.1　创建图形窗口对象

Matlab 图形窗口对象是用于显示 Matlab 中图形输出的窗口，所以图形窗口对象的属性可以决定输出窗口的多种特征。Matlab 中可以通过 figure 函数创建多个图形窗口对象来安置和显示各种句柄图形对象，其调用格式如下。

- h0=figure(属性名 1, 属性值 1, 属性名 2, 属性值 2, ...)：按指定的属性来创建图形窗口。
- 不带参数的 figure 函数可以创建一个新的图形窗口，并将其设为当前图形窗口，Matlab 一般返回一个整数数值作为该图形窗口的句柄。figure 函数不带参数时，按 Matlab 默认的属性值创建图形窗口。
- figure(h)：创建句柄为 h 的图形窗口。若句柄是已经存在的某图形窗口句柄，则使该图形窗口成为当前图形窗口，并在此输出；若句柄是不存在的图形窗口句柄，则使用该句柄创建一个新的图形窗口后，在新的图形窗口输出。
- 也可以用 figure(n), (n=1,2,...)来建立多个图形窗口。

要关闭图形窗口，可使用 close 函数，其调用格式如下。

- close(窗口句柄)：用来关闭指定的窗口。
- close all 命令可以关闭所有的图形窗口，clf 命令则是清除当前图形窗口的内容，但不关闭窗口。

例 9.6　创建图形窗口对象实例

在命令窗口输入：

```
>> x=0:pi/50:2*pi;
h=plot(x,sin(x));
set(h,'color', 'b','linestyle',':','marker','P');
h1=figure
h2=figure
close(h2)
```

引文如下：

则显示结果为(如图 9-6 所示)：

```
h1 =
Number: 2
     Name: ''
    Color: [0.9400 0.9400 0.9400]
 Position: [403 246 560 420]
    Units: 'pixels'
h2 =
Number: 3
     Name: ''
    Color: [0.9400 0.9400 0.9400]
 Position: [403 246 560 420]
    Units: 'pixels'
```

Matlab 为每个图形窗口提供了很多属性，除了公共属性外，图形窗口也有着许多独有的属性，这些属性及其取值控制着图形窗口对象。下面列举了几个常用的图形窗口属性。

- MenuBar 属性：该属性的取值可以是 figure(默认值)或 none，用来控制图形窗口是否应该具有菜单条。如果它的属性为 none，则表示该图形窗口没有菜单条。如果属性值为 figure，则该窗口将保持图形窗口默认的菜单条。

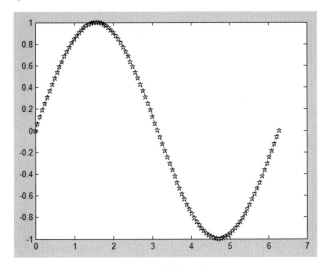

图 9-6　figure 创建的图形窗口

- Name 属性：该属性的取值为字符串，为图形的标题，它的默认值为空。标题形式为 figure 1：标题。

- NumberTitle 属性：取值为 on(默认值)或 off。决定图形窗口中是否以 Figure n 为标题的前缀。

- Resize 属性：取值为 on(默认值)或 off。决定着在图形窗口建立后可否用鼠标改变该窗口的大小。

- 对键盘和鼠标响应的属性：WindowButtonDownFcn(按鼠标响应)、KeyPressFcn(按键盘的响应)、WindowButtonMotionFcn (移动鼠标的响应)和 WindowButtonUpFcn (释放鼠标的响应)，其属性值为一个 m 文件或程序段，对键盘和除表操作的反应。

- Position 属性：该属性决定图形窗口在屏幕上的大小和位置，位置属性的默认设置是——图形大小是屏幕大小的 1/4，且位于上半屏幕的中间位置。在 Matlab 中，图形窗口的位置属性是一个矢量：[left bottom width height]。其中，left 和 bottom 确定窗口左下角的位置，而 width 和 height 分别确定窗口的宽和高，它们的单位由 Units 属性决定。

- Units 属性：该属性的取值为下列字符串的一种：piexl(像素，为默认值)、normalized(相对单位)、inches(英寸)、centimeters(厘米)、points(磅)。

- NextPlot 属性：取值为 new、add(默认)、replace、replacechildren，设定在窗口上添加对象的方式。

例 9.7 建立一个图形窗口。

满足下列要求：

(1) 标题名称为"新建图形窗口"并且该图形窗口没有菜单条。

(2) 窗口左下角在屏幕宽和高的 1/2 处、宽度和高度分别为 300 像素点和 350 像素点，背景颜色为绿色。

(3) 释放鼠标显示正弦曲线。

在命令窗口输入：

```
x=0:0.01:2*pi;
y=sin(x);
figure('Menubar', 'none', 'Name', '新建图形窗口', 'position',[0.5 0.5 300 350],
'NumberTitle', 'off','color', 'g', 'WindowButtonUpFcn', 'h=plot(x,y) ') ;
```

单击鼠标后，显示结果为(见图 9-7)：

```
h =
Color: [0 0.4470 0.7410]
        LineStyle: '-'
        LineWidth: 0.5000
           Marker: 'none'
       MarkerSize: 6
  MarkerFaceColor: 'none'
            XData: [1×629 double]
            YData: [1×629 double]
            ZData: [1×0 double]
```

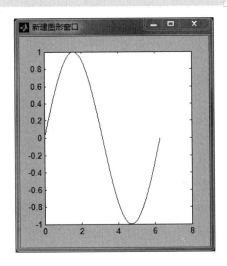

图 9-7　新建图形窗口

9.2.2　创建坐标轴对象

坐标轴对象是图形窗口的子对象，每个图形窗口中可以定义多个坐标轴对象，在没有指明坐标轴时，所有的图形图像都是在当前坐标轴中输出。坐标轴对象确定了图形窗口的坐标系，所有绘图函数都会使用当前坐标轴对象或创建一个新的坐标轴对象，确定其绘图数据点在图形中的位置。建立坐标轴对象使用 axes 函数，其调用格式如下。

- Axes：使用默认的属性值来建立一个新的 axes 对象。
- Axes(…,'PropertyName',PropertyValue)：使用指定的属性名称的属性值来建立一个新的 axes 对象。
- Axes(h)：打开一个句柄为 h 的新的 axes 窗口。
- h=axes(…)：返回坐标轴的句柄属性值向量。

Matlab 为每个坐标轴对象提供了很多属性。除公共属性外，其他常用属性如下。

- Box 属性：该属性取值是 on 或 off(默认)，决定坐标轴是否带边框。
- Units 属性：确定坐标轴窗口使用的长度单位，取值分别为：pixel、normalized(默认)、inches、centimeters 和 points。
- Position 属性：该属性的取值是一个由 4 个元素构成的向量，其形式为[n1,n2,n3,n4]。这个向量决定坐标轴矩形区域在图形窗口中的位置，矩形的左下角相对于图形窗口左下角的坐标为(n1,n2)，矩形的宽和高分别为 n3 和 n4。它们的单位由 Units 属性决定。
- GridLineStyle 属性：取值可以是'-'、':' (默认)、'-.'、'--'或'none'，定义了网格线的类型。
- Title 属性：该属性的取值是坐标轴标题文字对象的句柄，可以通过该属性对坐标轴标题文字对象进行操作。
- XLabel、YLabel、ZLabel 属性：取值分别是 x,y,z 轴说明文的句柄，操作与 title 相同。

- XLim、YLim、ZLim 属性：取值都是两个元素的向量，分别定义了三个坐标轴的上下限，默认值为[0,1]。
- XScale、YScale、ZScale 属性：取值都是 linear(默认)或 log，定义了各坐标刻度的类型。
- View 属性：该属性的取值是两个元素的数值向量，定义视点方向。

当使用高级绘图指令 subplot 来绘制多个子图时，通过等分的方法为每个子图产生轴对象。此时，可以产生多个子图的轴位框，每个轴位框的大小可以改变，但各个轴位框不能重叠。否则，后绘制的轴位框会把前面创建的轴位框删除。利用 axes 函数可以在不影响图形窗口上其他坐标轴的前提下建立一个新的坐标轴，从而实现图形窗口的任意分割。

例 9.8　利用坐标轴对象实现图形窗口的任意分割

在命令窗口输入：

```
x=0:pi/10:2*pi
y=sin(x);
axes('position',[0.1,0.2,0.2,0.3]);
plot(x,y);
grid on
set(gca,'gridlinestyle', ':');
axes('position',[0.4,0.6,0.5,0.4]);
t=0:pi/100:20*pi;
plot3(sin(t),cos(t),t)
grid
axes('position',[0.45, 0.1,0.3,0.4]);
x=linspace(-2, 2, 20);
y=linspace(-2, 2, 20);
[xx,yy]=meshgrid(x, y);
zz=xx.*exp(-xx.^2-yy.^2);
mesh(xx, yy, zz);
```

则显示结果如图 9-8 所示。

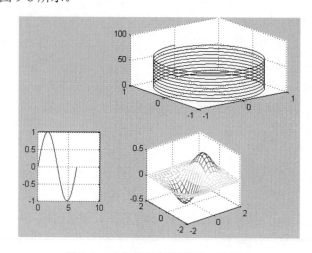

图 9-8　坐标轴分割图形窗口效果图

9.2.3　创建曲线对象

曲线对象是坐标轴的子对象，它既可以定义在二维坐标系中，也可以定义在三维坐标系中。建立曲线对象使用 line 函数，其调用格式如下。

- h=line(...)：返回每一条线的线对象对应的句柄向量。
- line(X,Y,Z,'PropertyName',PropertyValue)：画出由参数 X、Y、Z 确定的线条，并且对应指定了某种属性的属性值，其他没有指定的属性均是默认值。
- line('PropertyName1',PropertyValue1,'PropertyName2',PropertyValue2,...)：对属性用相应的输入参数来设置而画出线条。这是 line 的低级使用形式。

Line 函数在当前坐标轴中生成一个线对象，可以指定线的颜色、宽度、类型和标记符号等其他特性。其中线的属性名和功能如表 9-3 所示。

表 9-3　曲线的属性名和功能

属 性 名	功　　能
xdata	定义线条的 x 轴坐标参量
Linestyle	线条的类型：-、--、:、none
Marker	定义数据点标记符号，默认值为 none
Markeredgecolor	定义标记颜色或可填充标记的边界颜色
Markerfacecolor	定义封闭形标记的填充颜色
Clipping	坐标轴矩形区域是否可剪辑
Visible	线条是否可见
Color	定义线条的颜色
Markersize	定义标记大小

例 9.9　利用曲线对象绘制曲线示例

在命令窗口输入：

```
t=0:pi/20:pi;
x=cos(t);
y=sin(t);
z=t;
figh=figure('position',[30,100,600,400]);
axes('gridlinestyle','-.','xlim',[-1,1],'ylim',[-1,1],'zlim',[0,pi],'view',[-45,60]);
hl1=line('xdata',x,'ydata',y,'zdata',z,'linewidth',5,'color','g');
grid on
```

则显示结果如图 9-9 所示。

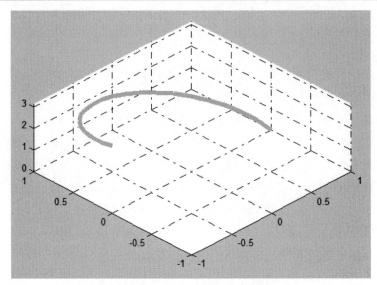

图 9-9　曲线绘制效果图

9.2.4　创建文字对象

在 Matlab 的图形对象中往往针对一定的需要给图像加以注释，使用 text 函数可以根据指定位置和属性值添加文字说明，并保存句柄。其调用格式如下。

h=text(x,y,z,'说明文字',属性名 1,属性值 1,属性名 2,属性值 2,…)：其中，x、y、z 为双精度型，定义文本对象在坐标轴上的位置，长度单位与当前图形的长度单位相同。说明文字中除使用标准的 ASCII 字符外，还可使用 LaTeX 格式的控制字符。

文本对象的常用属性如下。

- String 属性：该属性的取值是字符串或字符串矩阵，它记录着文字标注的内容。
- Interpreter 属性：该属性的取值是 latex(默认值)、tex 或 none，该属性控制对文字标注内容的解释方式，即 LaTeX 方式、TeX 方式或 ASCII 方式。
- 字体属性：这类属性有 FontName(字体名称)、FontWeight(字形)、FontSize(字体大小)、FontUnits(字体大小单位)、FontAngle(字体角度)等。FontName 属性的取值是系统支持的一种字体名或 FixedWidth；FontSize 属性定义文本对象的大小，其单位由 FontUnits 属性决定，默认值为 10 磅；FontWeight 属性的取值可以是 normal(默认值)、bold、light 或 demi；FontAngle 的取值可以是 normal(默认值)、italic 或 oblique。
- Rotation 属性：该属性的取值是数值量，默认值为 0。它定义文本对象的旋转角度，取正值时表示逆时针方向旋转，取负值时表示顺时针方向旋转。
- BackgroundColr 和 EdgeColor 属性：设置文本对象的背景颜色和边框线的颜色，可取值为 none(默认值)或 ColorSpec。
- HorizontalAlignment 属性：该属性控制文本与指定点的相对位置，其取值为 left(默认值)、center 或 right。

在命令窗口输入：

```
>> x=0:1:10;
y=rand(size(x));
hold on
 for k=1:length(x);
text(x(k)+0.1,y(k),num2str(k));
     text(x(k)+0.2,y(k),',');
     text(x(k)+0.3,y(k),num2str(y(k),'%.2f'));
end
p=plot(x,y,x,y,'*')
hold off
```

效果如图 9-10 所示。

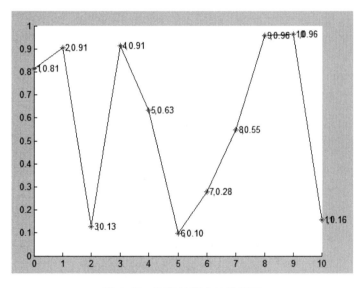

图 9-10　标出转折点的效果图

9.2.5　创建曲面对象

曲面对象也是坐标轴的子对象，它定义在三维坐标系中，而坐标系可以在任何视点下。建立曲面对象使用 surface 函数，其调用格式如下。

- Surface(Z)：画出由矩阵 Z 所定义的曲面，其中 Z 是定义在一个几何矩形区域网格线的单值函数。
- Surface(Z,C)：画出颜色由矩阵 C 指定且曲面由 Z 所指定的空间区间。
- Surface(X,Y,Z)：使用颜色 C=Z，因此，该颜色能适当反映曲面在 x-y 平面上的高度。
- Surface(X,Y,Z,C)：曲面由参数 X,Y,Z 指定，颜色由 C 指定。
- h= Surface(…)：返回建立 Surface 对象的句柄值。

每个曲面对象也具有很多属性。除公共属性外，其他常用属性如下。

- EdgeColor 属性：取值是代表某颜色的字符或 RGB 值，还可以是 flat、interp 或 none，默认值为黑色。定义曲面网格线的颜色或着色方式。
- FaceColor 属性：取值与 EdgeColor 属性相似，默认值为 flat。定义曲面网格片的颜色或着色方式。
- LineStyle 属性：定义曲面网格线的类型。
- LineWidth 属性：定义网格线的线宽，默认值为 0.5 磅。

例 9.11 利用曲面对象绘制三维曲面 $z = x^3 + y^3$

在命令窗口输入：

```
[x,y]=meshgrid([-3:.5:3]);
z=x.^3+y.^3;
fh=figure('Position',[350 275 400 300],'Color', 'y');
ah=axes('Color',[0,0,0.8]);
h=surface('XData',x,'YData',y,'ZData',z,'FaceColor',...
get(ah,'Color')+0.1,'EdgeColor', 'y','Marker','o');
view(45,15)
```

则显示结果如图 9-11 所示。

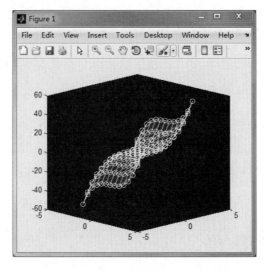

图 9-11 surface 产生的空间曲面图

9.2.6 核心图形对象

1. 补片对象

补片对象是由一个或多个多边形构成的。补片对象特别适合为现实世界中的事物建立模型。补片对象可以用 fill、fill3、contours 和 patch 函数创建。在 Matlab 中，创建补片对象的低层函数是 patch 函数，通过定义多边形的顶点和多边形的填充颜色来实现。patch 函数的调用格式为：

- patch(x,y,z,color)：x、y、z 是向量或矩阵，定义多边形顶点。若 x、y、z 为 m×n

大小的矩阵，则每一行的元素构成一个多边形。color 指定填充颜色，若为标量，补片对象用单色填充；若为向量，补片对象用不同颜色填充各多边形。每个多边形用不同颜色，则可以产生立体效果。

- patch(属性名 1,属性值 1,属性名 2,属性值 2,...)：以指定属性的方式创建补片对象。补片对象的其他常用属性如下。

- Vertices 和 Faces 属性：其取值都是一个 m×n 大小的矩阵。Vertices 属性定义各个顶点，每行是一个顶点的坐标。Faces 属性定义图形由 m 个多边形构成，每个多边形有 n 个顶点，其每行的元素是顶点的序号(对应 Vertices 矩阵的行号)。

- FaceVertexCData 属性：当使用 Faces 和 Vertices 属性创建补片对象时，该属性用于指定补片颜色。

- FaceColor 属性：设置补片对象的填充样式，可取值为 RGB 三元组、none、flat 和 interp(线性渐变)。

- XData、YData 和 ZData 属性：其取值都是向量或矩阵，分别定义各顶点的 x、y、z 坐标。若它们为矩阵，则每一列代表一个多边形。

在命令窗口输入：

```
k=3;            % k 为长宽比
X=[0 1 1 0;1 1 1 1;1 0 0 1;0 0 0 0;1 0 0 1;0 1 1 0]';
  %X、Y、Z 的每行分别表示各面的四个点的 x、y、z 坐标
Y=k*[0 0 0 0;0 1 1 0;1 1 1 1;1 0 0 1;0 0 1 1;0 0 1 1]';
Z=[0 0 1 1;0 0 1 1;0 0 1 1;0 0 1 1;0 0 0 0;1 1 1 1]';
%生成和 X 同大小的颜色矩阵
tcolor=rand(size(X,1),size(X,2));
patch(X,Y,Z,tcolor,'FaceColor','interp');
view(-37.5,35),
```

则显示结果如图 9-12 所示。

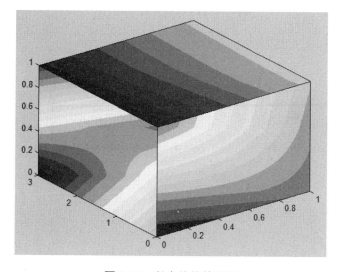

图 9-12　长方体的效果图

2. 矩形对象

在 Matlab 中，矩形、椭圆以及二者之间的过渡图形，如圆角矩形都称为矩形对象。创建矩形对象的低层函数是 rectangle，该函数的调用格式如下。

- rectangle(...,'Curvature',[x,y])：指定矩阵边的曲率，可以使它从矩形到椭圆做不同变化，水平曲率 x 为矩形宽度的分数，是沿着矩形的顶部和底部的边进行弯曲。竖直曲率 y 为矩形高度的分数，是沿着矩形的左面和右面的边进行弯曲。x 和 y 取值范围是从 0(无曲率)到 1(最大曲率)。值[0,0]绘制一个成直角的矩形，值[0,0]绘制一个椭圆。如果仅仅指定曲率的一个值，那么在水平曲率和竖直曲率都有相同的值。
- h = rectangle(...)：返回创建矩形对象的句柄。

除公共属性外，矩形对象的其他常用属性如下。

- Position 属性：与坐标轴的 Position 属性基本相同，相对坐标轴原点定义矩形的位置。
- Curvature 属性：定义矩形边的曲率。
- LineStyle 属性：定义线型。
- LineWidth 属性：定义线宽，默认值为 0.5 磅。
- EdgeColor 属性：定义边框线的颜色。

例 9.13　rectangle 函数绘制图形实例

在命令窗口输入：

```
rectangle('position',[1,1,5,5],'curvature',[1,1],'edgecolor','r','facecolor','g');
```

则显示结果如图 9-13 所示。

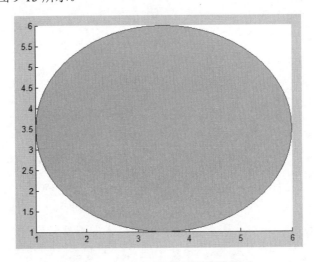

图 9-13　rectangle 绘制图形效果图

程序说明：

'position',[1,1,5,5]表示从(1,1)点开始高为 5，宽为 5。

'curvature',[1,1]表示 x、y 方向上的曲率都为 1，即是圆弧。

'edgecolor','r'表示边框颜色是红色。

'facecolor','g'表示面内填充颜色为绿色。

3. 发光对象

发光对象定义光源，这些光源会影响坐标轴中所有 patch 对象和 surface 对象的显示效果。Matlab 提供 light 函数创建发光对象，其调用格式为：

```
light(属性名1,属性值1,属性名2,属性值2,…)
```

发光对象有如下 3 个重要属性。

* Color：设置光的颜色。
* Style：设置发光对象是否在无穷远，可取值为 infinite(默认值)或 local。
* Position：该属性的取值是数值向量，用于设置发光对象与坐标轴原点的距离。发光对象的位置与 Style 属性有关，若 Style 属性为 local，则设置的是光源的实际位置；若 Style 属性为 infinite，则设置的是光线射过来的方向。

例 9.14　绘制相同的图形并设置不同的光照处理

在命令窗口输入：

```
>> [x,y,z]=sphere(10);
subplot(1,2,1)
surf(x,y,z)
shading interp
light
title('默认光照')
subplot(1,2,2)
surf(x,y,z)
 shading interp
light('color','y','position',[0 1 0],'style','local')
title('右侧光照')
```

则显示结果如图 9-14 所示。

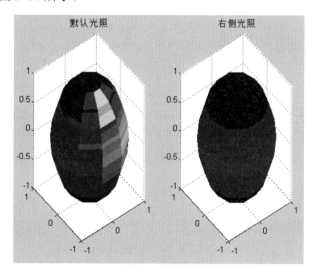

图 9-14　不同光照比较图

9.3 句柄图形对象的基本操作

9.3.1 设置查询图形对象属性

前面已经介绍了如何对对象属性进行设置和查询，如果需要做到对于对象属性的操作(查询或设置)，则必须在对象创建之初就将其句柄保存在变量中，作为准备；但是如果用户觉得这样比较烦琐，或者偶尔忘记了保存，则还可以调用 findobj 函数或罗列其父对象的 Children 属性来获取现有对象的句柄。

Matlab 提供给用户 findobj 函数，用于通过对属性值的搜索来查询对象句柄。findobj 函数可以快速形成一个结构层次的截面并获得具有指定属性值的对象句柄，如果用户没有指定起始对象，那么系统默认 findobj 函数从 Root 对象开始，搜索与用户指定属性名和属性值相符的所有对象。其调用格式如下。

- h=findobj('propertyname',propertyvalue,…)：在所有的对象层中查找符合指定属性值的对象，返回句柄值 h。
- h=findobj(ObjectHandle,'propertyname',propertyvalue,…)：查找范围限制在句柄 ObjectHandle 指定的对象及其子对象中。
- h=findobj(ObjectHandles,'flat','propertyname',propertyvalue,…)：把查找的范围限制在句柄 ObjectHandle 指定的对象中，但不包括其子对象。
- h=findobj：返回根对象和所有子对象的句柄值。
- h=findobj(ObjectHandles)：返回 ObjectHandle 指定的对象和其所有子对象的句柄值。

例 9.15 创建图形对象并寻求图形对象的句柄值

在命令窗口输入：

```
>> mesh(peaks(30));                    %创建山峰的网格图
text(25,25,3,'\lightarrowpeak')        %给图形对象加上文本,图形对象中包括坐标轴、线条和文本标注
h=findobj(gcf)                         %求当前图形窗口的句柄
```

则显示结果为(图 9-15)：

```
h =
 Figure (1)
 Axes
 Text (\lightarrowpeak)
 Surface
```

程序说明：

- 句柄中的元素排列顺序决定于各个对象在整个对象层次结构中的位置。
- h(1)=1 为图形对象(Figure)的句柄。
- h(2)=173.0013 为图的下一级子对象坐标轴的句柄。
- h(3)=175.0013 为坐标轴的下一级子对象线条的句柄。

- h(4)=174.0018 为坐标轴的下一级子对象文本的句柄。

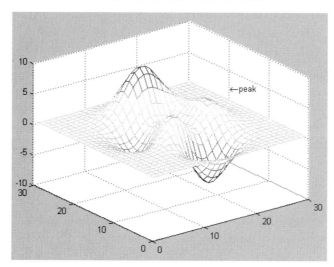

图 9-15　创建山峰网格图

9.3.2　设置对象的默认属性操作

实际上，Matlab 中的所有对象属性都有系统内建的默认值，即出厂设置值；当然，用户也可以自行定义任何一个 Matlab 对象的默认属性值。在 Matlab 中，创建图形对象时都会使用系统提供的默认属性值。默认属性值是系统所提供的对象的属性值，可以通过 get 和 set函数来获取和设置。但默认的属性设置只对当前的图形对象有效；在新创建对象时，系统仍然使用默认的属性进行设置，也就是说，默认值的设置仅仅对那些设置完成后所创建的对象有效，已存在的图形对象不会发生变化。

如果用户需要进行默认设置，那么需要在设置之前查询或创建一个以 default 开头、然后是对象类型、最后是对象属性的字符串的属性变量。如果用户不希望系统在创建对象时采用默认值，就可以通过使用句柄图形工具对它们进行设置。当每次都要改变同一属性时，Matlab 系统还允许用户设置自己的默认属性值。

同时，Matlab 还提供了用于取消、覆盖和查询用户自定义的默认属性，分别为 remove、factory 和 default。如果用户改变了一个对象的默认属性，那么可以使用 remove 属性来取消此次改动，而将对象的属性重新设置为原来的默认值；factory 属性是返回 Matlab 的出厂默认值；default 则强迫 Matlab 沿着对象层次向上搜索，直至找到所需要的属性默认值。

例 9.16　利用 get 函数查看图形对象的所有系统默认属性

在命令窗口输入：

```
>> get(0,'factory')
```

则显示结果为：

```
ans =
factoryFigureAlphamap: [1x64 double]
```

```
factoryFigureBusyAction: 'queue'
factoryFigureButtonDownFcn: ''
factoryFigureClipping: 'on'
factoryFigureCloseRequestFcn: 'closereq'
factoryFigureColor: [0 0 0]
factoryFigureColormap: [64x3 double]
factoryFigureCreateFcn: ''
factoryFigureDeleteFcn: ''
factoryFigureDockControls: 'on'
factoryFigureFileName: ''
factoryFigureHandleVisibility: 'on'
factoryFigureHitTest: 'on'
factoryFigureIntegerHandle: 'on'
factoryFigureInterruptible: 'on'
factoryFigureInvertHardcopy: 'on'
.......................
factoryRootSelectionHighlight: 'on'
factoryRootShowHiddenHandles: 'off'
factoryRootTag: ''
factoryRootUserData: []
factoryRootVisible: 'on'
```

> **注意** 系统默认的属性一般标志为 factoryPropertyName，后面显示的就是默认的属性值。如果想要了解在当前的图形窗口指定 line 对象的 LineWidth 的属性值为 2 个点宽，可以在命令窗口输入 set(gcf,'DefaultLineWidth',2)。

plot 函数在显示多个图形时将循环使用由坐标轴的 ColorOrder 属性定义的颜色。如果用户为坐标轴的 LineStyleOrder 属性定义多个属性值，那么 Matlab 将在每一次颜色循环后改变线的宽度。用户还可以通过定义属性默认值让 plot 函数使用不同的线型来创建图形。下面将用一个实例来介绍修改属性值。

例 9.17 改变默认属性设置实例

```
>> h=surface(peaks(30))
h =
EdgeColor: [0 0 0]
        LineStyle: '-'
        FaceColor: 'flat'
    FaceLighting: 'flat'
        FaceAlpha: 1
            XData: [1×30 double]
            YData: [30×1 double]
            ZData: [30×30 double]
            CData: [30×30 double]
>> view(3)
>> set(gcf,'DefaultSurfaceMarker','*');      %改变默认设置
>> set(h,'Marker','default');
```

则显示结果如图 9-16 和图 9-17 所示。

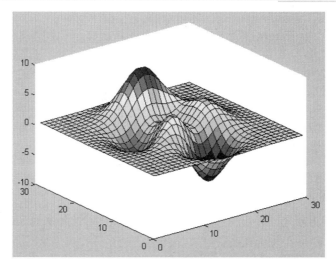

图 9-16　改变默认属性前的原图

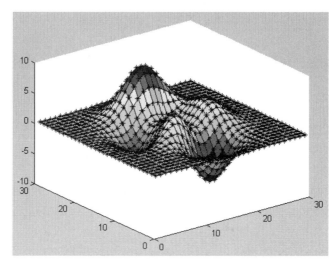

图 9-17　改变默认属性后的效果图

如果想要将设置的默认属性还原，那么就利用 remove 函数进行还原。其格式为 set(0,'DefaultLineMarkerSize','remove')。

例 9.18　默认属性还原的实例

在命令窗口输入：

```
set(0,'DefaultLineMarkerSize',20);          %设置根对象下所有线条的 MarkerSize 默认值
get(0,'DefaultLineMarkerSize')              %设置完成后，使用 get 获取设置的默认值
ans =
    20
set(0,'DefaultLineMarkerSize','remove')     %还原设置的属性值
get(0,'DefaultLineMarkerSize')              %已还原为默认值 6
ans =
    6
```

9.3.3 高层绘图对象操作

与低级绘图命令相比，高级绘图对象命令提供了更为灵活的绘图方式。高级绘图命令主要包括两个命令：Nextplot 属性和 Newplot 命令。下面介绍这两个命令的使用方法。

1．Nextplot 属性介绍

在 Matlab 中，使用低层命令来创建线、面、块等子对象时，需要设置如何绘制 figure 和 axes 的 Nextplot 属性问题。

设置 figure 对象的绘制属性时，Nextplot 函数的属性设置如下。

- Add：在当前状态下，允许添加子对象，对应的高级命令为 hold on。
- Replacechildren：表示在当前状态下清除所有的子对象，对应的高级指令为 clf。
- Replace：表示清除所有的子对象，重新设置为默认值，对应的高级指令为 clf reset。

设置 axes 对象的绘制属性时，Nextplot 函数的属性设置如下。

- Add：在当前状态下，允许添加子对象，对应的高级命令为 hold on。
- Replacechildren：表示在当前状态下清除所有的子对象，对应的高级指令为 cla。
- Replace：表示清除所有的子对象，重新设置为默认值，对应的高级指令为 cla reset。

2．Newplot 命令介绍

为了方便用户开发图形文件，提供了专门的绘图命令 Newplot，该命令自动对当前的图形、坐标轴对象的 Nextplot 属性进行检查，并完成下一个设置。

检查和设置 figure 的 Nextplot 属性：

- 如果检查到 Nextplot 属性为 Replacechildren，表示清除所有的子对象。
- 如果检查到 Nextplot 属性为 Replacec，表示清除图形中的全部子对象，并将图形的对象属性设置为系统的默认属性。
- 如果检查到 Nextplot 属性为 Add，表示保留当前图形窗口中的所有子对象并保持所有属性不变。

检查和设置 axes 的 Nextplot 属性：

- 如果检查到 Nextplot 属性为 Replacechildren，表示清除坐标轴的所有的子对象。
- 如果检查到 Nextplot 属性为 Replacec，表示清除坐标轴中的全部子对象，并将坐标轴的对象属性设置为系统的默认属性。
- 如果检查到 Nextplot 属性为 Add，表示保留当前坐标轴窗口中的所有子对象并保持坐标轴所有属性不变。

高级绘图命令如 mesh、surf 等函数都是通过 surface 命令延伸出来的，因此，在执行这些命令时，都会执行 surface 命令。下面通过一个实例来介绍是如何利用低层绘图命令完成高级图形绘制的。

例 9.19　低层 surface 命令实现高级绘图命令

在命令窗口输入：

```
>> t=0:pi/10:2*pi;
[X,Y,Z]=cylinder(2+cos(t),30);
>> fcolor=get(gca,'color');
>>h=surface(X,Y,Z,'facecolor',fcolor,'edgecolor','flat','facelighting','none',
'edgelighting','flat');
>> view(3)
>> grid on
```

则显示结果如图 9-18 所示。

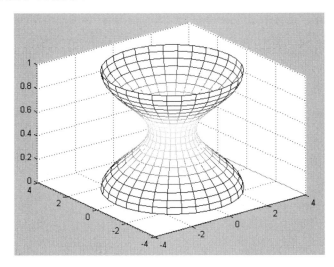

图 9-18　低层 surface 命令绘制的图形

继续在命令窗口输入：

```
>> set(h,'facecolor','flat','linestyle','--','edgecolor',[0.5 0.5 0.5])
 %改变 facecolor 的设置属性或轴背景颜色不为 none
>> set(h,'facecolor','interp','meshstyle','column') %将 meshstyle 设置为单线
```

则显示结果如图 9-19 所示。

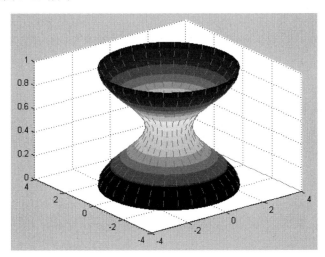

图 9-19　改变 mesh 属性得到的图形

9.4　课后练习

1. 什么是图形句柄？如何获得？

2. 图形句柄是做什么用的？

3. 如何使用 get 和 set 函数进行查询和设置属性？

4. 低层指令绘图，获得句柄；获取同轴上此对象的句柄和相应对象类型。

5. 制作红色小球沿一条带封闭路径的下旋螺线运动的实时动画。

第 10 章

图形用户界面 GUI 设计

　　Matlab 作为一种高级语言的集成开发环境，不但可以创建 M 文件那样的命令行方式运行的程序，还可以创建图形用户界面的程序。提供图形用户界面可以使用户方便地使用应用程序，用户不需要了解应用程序是怎样执行的，只需要了解图形界面组建的使用方法。图形用户界面的功能：让用户定制用户与 Matlab 的交互方式，也就是说，命令窗口不是唯一的与 Matlab 的交互方式。本章主要介绍图形用户界面 GUI 设计过程，其中包括设计的原则与步骤，GUI 的 M 文件操作以及如何使用 GUIDE 创建 GUI。

学习目标

◈ 了解图形用户界面 GUI 设计过程

◈ 掌握使用 GUIDE 创建 GUI

◈ 掌握使用 M 文件创建 GUI

10.1 图形用户界面 GUI 设计过程

图形用户界面(Graphical User Interfaces, GUI)是指由窗口、图标、菜单和文本说明等图形对象构成的用户界面。用户以某种方式(如使用鼠标或按键)选择或激活这些对象,使计算机产生某种动作或变化,如实现计算、绘图等。Matlab 中设计图形用户界面的方法有两种:使用可视化的界面环境和通过编写程序。

GUI 是一种包含多种对象的图形窗口,并为 GUI 开发提供一个方便高效的集成开发环境 GUIDE。GUIDE 主要是一个界面设计工具集,Matlab 将所有 GUI 支持的控件都集成在这个环境中。GUIDE 将设计好的 GUI 保存在一个 FIG 文件中,同时生成 M 文件框架。

10.1.1 设计的一般步骤以及原则

1. 设计的一般步骤

(1) 分析界面所要实现的主要功能,明确设计任务。

(2) 绘界面草图,注意从使用者的角度来考虑界面布局。

(3) 利用 GUI 设计工具制作静态界面。

(4) 编写界面动态功能程序。

2. 设计的原则

(1) 简单性:设计界面时,应力求简捷、直观、清晰地体现出界面的功能和特征。窗口数目尽量少,力争避免不同窗口间来回切换;多采用图形少用数值;不要出现可有可无的功能。

(2) 一致性:一指自己设计的界面风格要尽量一致;二指新设计的界面要与其他已有的界面风格一致。一般习惯图形区在界面左侧,控制区在右侧。

(3) 习常性:设计界面时,应尽量使用人们所熟悉的标志和符号,便于用户使用。

(4) 排列分组:将各界面对象按照功能排列分组能让用户更加轻松地使用。例如,设计者不能将"复制"和"粘贴"功能放在"工具"菜单中,而是应该放在"编辑"菜单中。

(5) 安全性:用户对界面的操作应该尽可能是可逆的,在用户做出危险操作时,系统应当给出警告信息。

(6) 其他考虑因素:除了以上静态性能之外,还应注意界面的动态性能:界面对用户操作的响应要迅速、连续;对持续时间较长的运算要给出等待时间提示,并允许用户中断运算。

10.1.2 GUI 设计的基本方式

在 Matlab 中,GUI 的设计方式有以下两种。

(1) 通过使用 Matlab 提供的 GUI 开发环境——GUIDE 来创建 GUI。这个开发环境与

VB、VC 类似，只要设计者直接用鼠标把需要的对象拖曳到目的位置，就完成了 GUI 的布局设计，除此之外，此种方法在对 M 文件保管上也比较人性化，允许设计者在需要修改设计时，快速地找到相对应的内容。和 Matlab 以往的版本相比，这个开发环境在 Matlab 7.12 中已经得到了很大的改进和完善，它易于掌握，比较适合初学者使用。

(2) 用程序编辑创建 GUI：即通过 uicontrol、uimen、unicontextmenu 等函数编写 M 文件来开发 GUI，此方式的优点在于 GUI 的菜单创建齐全，不会产生额外的.fig 文件，程序代码可移植性和通用性强，用户可以直接复制代码到 M 文件中或者 GUIDE 的 M 文件中，在 GUIDE 的 Opening Function 中使用，节省类似开发项目的时间。如果使用此种方式，设计者需要特别注意 GUI 对象位置的配置。下面通过一个简单的 GUI 入门向导实例，使用户对 GUI 先有一个大概的了解。

例 10.1　GUI 入门向导实例

按照下面的步骤进行操作。

① 打开 Matlab，选择菜单中的 File→New→GUI 命令，打开 GUI 的设计工具。

② 选择 GUI with Axes and Menu，单击 OK 按钮，得到如图 10-1 所示的结果。

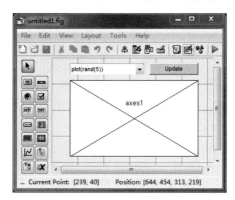

图 10-1　GUIDE 启动对话框

③ 通过拖拉面板的右下角，可以调整面板的大小。单击工具栏最后面的绿色箭头按钮，在保存之后，即可得到运行结果，如图 10-2 所示。

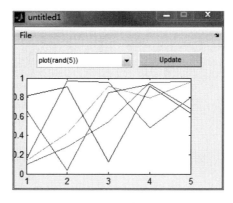

图 10-2　运行结果

④ 在下拉框中选择不同的内容,单击"update",可以画出不同的图案。例如,选择下拉菜单中的"bar(1:5:10)",在单击单击"update"就会显示如图 10-3 所示的条形图。

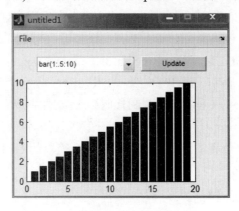

图 10-3 条形图

10.2 使用 GUIDE 创建 GUI

10.2.1 GUIDE 概述

GUIDE 是 Matlab 提供的用来开发 GUI 的专用环境,全称为 Graphical User Interface Development Environment。GUIDE 主要是一个界面设计工具集,Matlab 将所有 GUI 的控件都集成在这个环境中并提供界面外观、属性和行为响应方式的设置方法。GUIDE 将用户设计好的 GUI 界面保存在一个 FIG 文件中,同时还自动生成一个包含 GUI 初始化和组件界面布局控制代码的 M 文件。这个 M 文件为实现回调函数(当用户激活 GUI 某一个组件时执行的函数)提供了一个参考框架,这样既简化了 GUI 应用程序的创建工作,用户又可以直接使用这个框架来编写自己的函数代码。

使用 GUIDE 设计是一种更简便、快捷地创建 GUI 程序设计界面的方法。在 GUIDE 环境下,Matlab 用户只要通过简单的鼠标拖曳等操作,就可以设计自己的 GUI 程序界面,因此也是一般用户实现 GUI 编程的首选方法。

10.2.2 启动 GUIDE

打开 GUI 设计工具的方法有以下 3 种。

(1) 从菜单栏中选择 File→New→GUI 命令,就会显示如图 10-4 所示的图形用户界面的设计启动界面。

(2) 单击工具栏的 按钮。

(3) 在指令窗口中输入以下命令:

```
guide              %打开空白设计工作台
guide H            %在工作台中打开文件名为 H 的用户界面
```

注意　在 guide 指令作用下，待打开的文件名不分字母的大小写。

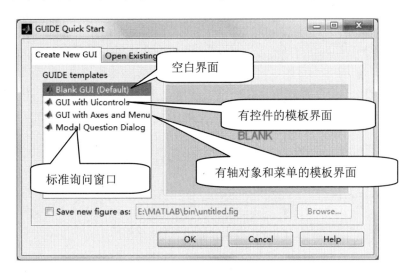

图 10-4　GUIDE 启动对话框

打开的 GUI 启动界面提供新建界面(Create New GUI)和打开已有界面文件(Open Existing GUI)的属性页。新建界面可以选择空白界面、包含有控件的模板界面、包含有轴对象和菜单的模板界面、标准询问窗口等选项。其中后三个界面可以当作初次使用 GUIDE 的参考，它是 GUIDE 中提供的模板，可以参考建立 GUI 或程序编辑方式。在 GUI 设计模板中选中一个界面，然后单击 OK 按钮，就会显示 GUI 设计窗口。选择不同的 GUI 设计模式时，在 GUI 设计窗口中显示的结果是不一样的。

在新建界面中选择 Blank GUI (Default)，然后单击 OK 按钮，就会出现如图 10-5 所示的空白的 GUI。在这个界面下，用户可以通过点击和拖曳鼠标的方式，轻松地创建自己的 GUI 程序界面。

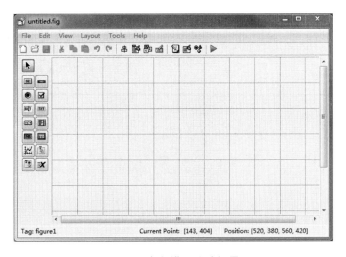

图 10-5　空白模板的编辑界面

激活打开已有界面文件(Open Existing GUI)的属性页，如图 10-6 所示，则可通过打开文件浏览器(Browse)选定需打开文件并打开，主窗口则显示最近打开的界面文件的列表。

图 10-6　打开已有界面文件窗口

10.2.3　GUI 的设计窗口简介

GUI 设计窗口如图 10-7 所示，由菜单栏、工具栏、控件工具栏以及图形对象设计区等部分组成。GUI 设计窗口的菜单栏有 File、Edit、View、Layout、Tools 和 Help 这 6 个菜单项，使用其中的命令，可以完成图形用户界面的设计操作。

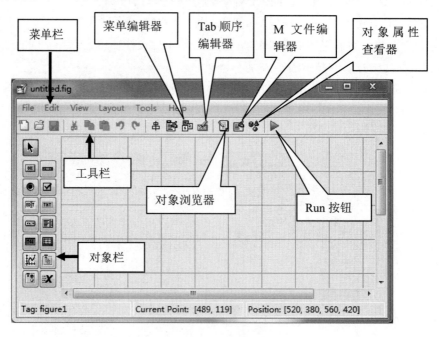

图 10-7　GUI 设计窗口

1．对象栏

要想了解编辑界面中左边对象图标的含义，可以通过菜单选取 File→Preferences 选项，然后选择 Show names in component palette 选项，单击 OK 按钮就可显示对象名称，如图 10-8 所示。

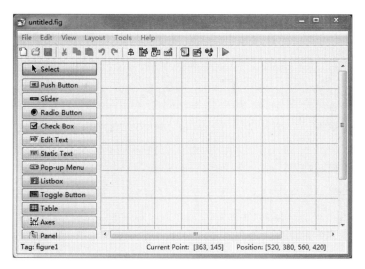

图 10-8　显示对象名称

在空白模板中 GUIDE 提供了用户界面控件以及界面设计工具集来实现用户界面的创建工作，用户界面控件分布在界面编辑器的左侧，下面我们对各控件的功能加以介绍。

- Push Button：按钮(Push Button)，是小的矩形面，在其上面标有说明该按钮功能的文本。将鼠标指针移动至按钮，单击鼠标，按钮被按下，随即自动弹起，并执行回调程序。按钮的 Style 属性的默认值是 pushbotton。

- Slider：滑动条(slider)，又称滚动条，包括三个部分，分别是滑动槽，表示取值范围；滑动槽内的滑块，代表滑动条的当前值；以及在滑动条两端的箭头，用于改变滑动条的值。滑动条一般用于从一定的范围中取值。改变滑动条的值有三种方式，一种是用鼠标指针拖动滑块，在滑块位于期望位置后放开鼠标；另一种是当指针处于滑块槽中但不在滑块上时，单击鼠标按钮，滑块沿该方向移动一定距离，距离的大小在属性 SliderStep 中设置，默认情况下等于整个范围的 10%；第三种方式是在滑块条的某一端用鼠标单击箭头，滑块沿着箭头的方向移动一定的距离，距离的大小在属性 SliderStep 中设置，默认情况下为整个范围的 1%。滑动条的 Style 属性的默认值是 slider。

- Radio Button：单选按钮(Radio Button)，又称无线按钮，它由一个标注字符串(在 String 属性中设置)和字符串左侧的一个小圆圈组成。当它被选择时，圆圈被填充一个黑点，且属性 Value 的值为 1；若未被选择，圆圈为空，属性的 Value 值为 0。

- Check Box：复选框(checkbox)，又称检查框，它由一个标注字符串(在 String 属性中设置)和字符串左侧的一个小方框所组成。选中时在方框内添加"√"符号，Value 属性值设为 1；未选中时方框变空，Value 属性值设为 0。复选框一般用于表明选项的状态或属性。

- ⬛ Edit Text ：编辑框(Edit Text)，允许用户动态地编辑文本字符串或数字，就像使用文本编辑器或文字处理器一样。编辑框一般用于让用户输入或修改文本字符串和数字。编辑框的 String 属性的默认值是"Edit Text"。

- ⬛ Static Text ：静态文本框(Static Text)，静态文本框用来显示文本字符串，该字符串内容由属性 String 确定。静态文本框之所以称为"静态"，是因为文本不能被动态地修改，而只能通过改变 String 属性来更改。静态文本框一般用于显示标记、提示信息及当前值。静态文本框的 Style 属性的默认值是 text。

- ⬛ Pop-up Menu ：弹出式菜单(Pop-up Menu)，向用户提出互斥的一系列选项清单，用户可以选择其中的某一项。弹出式下拉菜单不受菜单条的限制，可以位于图形窗口内的任何位置。通常状态下，弹出式菜单以矩形的形式出现，矩形中含有当前选择的选项，在选项右侧有一个向下的箭头，来表明该对象是一个弹出式菜单。当指针处在弹出式菜单的箭头之上并按下鼠标时，出现所有选项。移动指针到不同的选项，单击鼠标左键就选中了该选项，同时关闭弹出式菜单，显示新的选项。选择一个选项后，弹出式菜单的 Value 属性值为该选项的序号。弹出式菜单的 Style 属性的默认值是 popupmenu，在 String 属性中设置弹出式菜单的选项字符串，在不同的选项之间用"|"分隔，类似于换行。

- ⬛ Listbox ：列表框(listbox)，列表框列出一些选项的清单，并允许用户选择其中的一个或多个选项，一个或多个的模式由 Min 和 Max 属性控制。Value 属性的值为被选中选项的序号，同时也指示了选中选项的个数。当单击鼠标按钮选中该项后，Value 属性的值被改变，释放鼠标按钮的时候 Matlab 执行列表框的回调程序。列表框的 Style 属性的默认值是 listbox。

- ⬛ Panel ：图文框(Panel)，图文框是填充的矩形区域。一般用来把其他控件放入图文框中，组成一组。图文框本身没有回调程序。注意只有用户界面控件可以在图文框中显示。由于图文框是不透明的，因而定义图文框的顺序就很重要，必须先定义图文框，然后定义放到图文框中的控件。因为先定义的对象先画，后定义的对象后画，后画的对象覆盖到先画的对象上。

- ⬛ Button Group ：按钮组(Button Group)，放到按钮组中的多个单选按钮具有排他性，但与按钮组外的单选按钮无关。制作界面时常常会遇到有几组参数具有排他性的情况，即每一组中只能选择一种情况。此时，可以用几组按钮组表示这几组参数，每一组单选按钮放到一个按钮组控件中。

2. 工具栏

工具栏中的各编辑器如图 10-9 所示，下面分别介绍。

(1) 对象属性查看器。

利用对象属性查看器，可以查看每个对象的属性值，也可以修改、设置对象的属性值，从 GUI 设计窗口工具栏上选择 Property Inspector 命令按钮，或者选择 View 菜单下的 Property Inspector 子菜单，就可以打开对象属性查看器。

图 10-9　属性查看器

另外，在 Matlab 命令窗口的命令行上输入 inspect，也可以看到对象属性查看器。在选中某个对象后，可以通过对象属性查看器，查看该对象的属性值，也可以方便地修改对象属性的属性值。

(2)　菜单编辑器(Menu Editor)。

利用菜单编辑器，可以创建、设置、修改下拉式菜单和快捷菜单。从 GUI 设计窗口的工具栏上选择 Menu Editor 命令按钮，或者选择 Tools 菜单下的 Menu Editor 子菜单，就可以打开菜单编辑器(图 10-10)。菜单编辑器左上角的第一个按钮用于创建一级菜单项。第二个按钮用于创建一级菜单的子菜单。菜单编辑器的左下角有两个按钮，选择第一个按钮，可以创建下拉式菜单。选择第二个按钮，可以创建 Context Menu 菜单。选择它后，菜单编辑器左上角的第三个按钮就会变成可用，单击它就可以创建 Context Menu 主菜单。

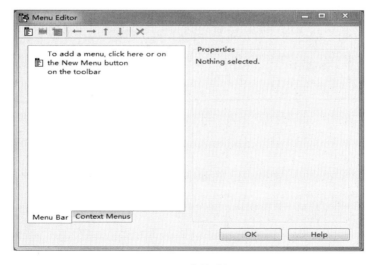

图 10-10　菜单编辑器

在选中已经创建的 Context Menu 主菜单后，可以单击第二个按钮创建选中的 Context Menu 主菜单的子菜单。与下拉式菜单一样，选中创建的某个 Context Menu 菜单，菜单编辑器的右边就会显示该菜单的有关属性，可以在这里设置、修改菜单的属性。菜单编辑器左上角的第四个与第五个按钮用于对选中的菜单进行左移与右移，第六与第七个按钮用于对选中的菜单进行上移与下移，最右边的按钮用于删除选中的菜单。

(3) 位置调整工具。

利用位置调整工具，可以对 GUI 对象设计区内的多个对象的位置进行调整。从 GUI 设计窗口的工具栏上选择 AlignObjects 命令按钮，或者选择 Tools 菜单下的 Align Objects 菜单命令，就可以打开对象位置调整器，如图 10-11 所示。

对象位置调整器中的第一栏是垂直方向的位置调整。对象位置调整器中的第二栏是水平方向的位置调整。在选中多个对象后，可以方便地通过对象位置调整器调整对象间的对齐方式和距离。

(4) 对象浏览器。

利用对象浏览器，可以查看当前设计阶段的各个

图 10-11　位置调整工具

句柄图形对象。从 GUI 设计窗口的工具栏上选择 Object Browser 命令按钮，或者选择 View 菜单下的 Object Browser 命令，就可以打开对象浏览器。例如，在对象设计区内创建了 3 个对象，它们分别是 Edit Text、Push Button、ListBox 对象，此时单击 Object Browser 按钮，可以看到对象浏览器。

在对象浏览器中，可以看到已经创建的 3 个对象以及图形窗口对象 figure，如图 10-12 所示。用鼠标双击图中的任何一个对象，可以进入对象的属性查看器界面。

(5) Tab 顺序编辑器。

利用 Tab 顺序编辑器(Tab Order Editor)，可以设置用户按键盘上的 Tab 键时，对象被选中的先后顺序。选择 Tools 菜单下的 Tab Order Editor 命令，就可以打开 Tab 顺序编辑器。如图 10-13 所示，用户通过编辑器界面左上角的上、下箭头来改变触发焦点的顺序。

图 10-12　对象浏览器

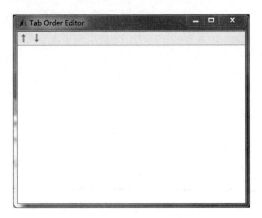

图 10-13　Tab 顺序编辑器

(6)　M 文件编辑器。

当用户通过 GUIDE 建立 GUI 后，同时产生两个文件(FIG 文件和 M 文件)，点击 M 文件编辑器即可打开其 M 文件，还可以编写 GUI 下每个对象的 Callback 与一些初始设置，如图 10-14 所示。直接在该列表上依据对象的名称与 Callback 来选取欲查询的内容后，GUIDE 即会立即移动到选取的 Callback 位置处。如选取 untitled_OpeningFcn，则 GUIDE 就会将光标移动到如图 10-15 所示的内容处，如此就可以编辑相应的内容了。

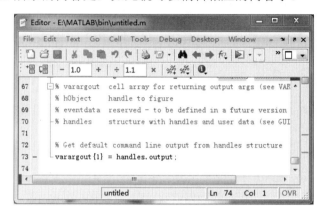

图 10-14　M 文件编辑器界面

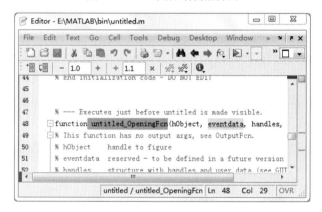

图 10-15　Callback 编辑区

10.2.4　使用 GUIDE 创建 GUI 的步骤

采用 GUIDE 创建一个完整的 GUI 图形界面，步骤如下。

(1)　分析界面所要求实现的主要功能，明确设计任务。

(2)　在稿纸上绘出界面草图，并站在使用者的角度来审查草图。

(3)　按构思的草图，上机制作静态界面，并检查。

(4)　编写界面动态功能的程序，对功能进行逐项检查。

例 10.2　使用 GUIDE 创建 GUI 的实例

按照以下步骤，制作一个简易的计算器。

① 新建一个 GUI 空白界面，放置一个简易计算器所需要的模块(1 个 Static Text 和 20 个 Push Botton)，Static Text 用来显示数和结果，20 个 Push Botton 分别为 0~9、加减乘除点、等于、平方、返回、清空、退出。放置模块并调整大小后如图 10-16 所示。

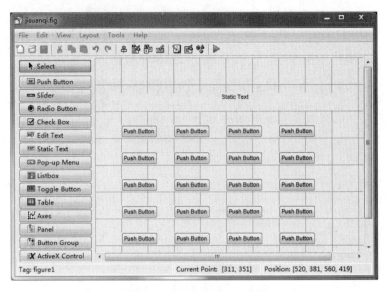

图 10-16　放置模块窗口

② 属性设置：双击 Static Text 进入属性设置界面，修改 Backgroundcolor 为绿色，Fontsize 为 15，string 为空白。分别双击 20 个 Push Button 进入按钮属性设置，分别修改 Backgroundcolor 为黄色，Fontsize 为 15，ForegroundColor 为红色，String 分别为 0~9、+、-、*、/、.、=、X^2、返回、清空、退出等，修改完如图 10-17 所示，其中 c 表示清空，Exit 表示退出，R 表示返回。

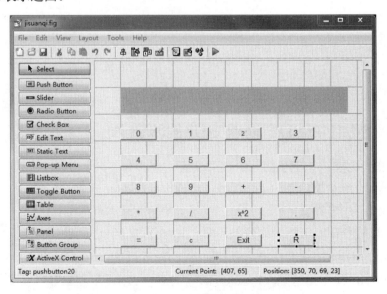

图 10-17　设置属性窗口

③ 保存文件，文件名 jisuanqi1；保存确认后进入 M 文件编辑器，如图 10-18 所示。

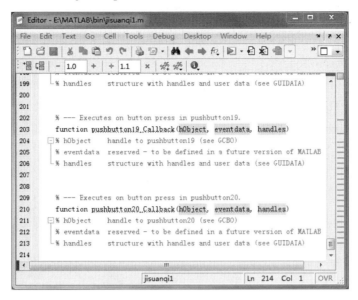

图 10-18　保存窗口

④ 在 M 文件编辑器里面编写程序，编写程序后如图 10-19 所示。

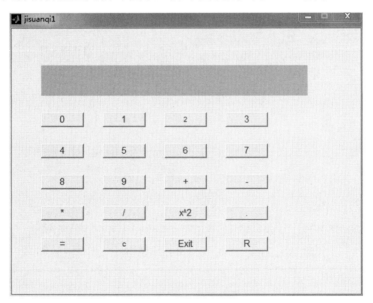

图 10-19　编写程序后的窗口

a)　0~9 数字键的编写

0~9 这 十 个 数 字 分 别 对 应 String 里 的 button1 ～ button10 ， 在 function pushbutton1_Callback(hObject, eventdata, handles)下编写：

```
textString = get(handles.text1,'String');
            %把 text1 中的字符串赋给 textString 变量
```

```
textString =strcat(textString,'1');
                    %把 textString 中的字符与 0 连接起来并赋给 textString 本身
set(handles.text1,'String',textString)
                    %把新的 textString 中的内容以字符串的形式显示在 text1 中
```

分别在 function pushbutton2~10_Callback(hObject, eventdata, handles)下给 1~9 数字按键以相同的方法编写类似程序。

b) 符号键的编写

在 function pushbutton11_Callback(hObject, eventdata, handles)下编写：

```
textString = get(handles.text1,'String');
                    %把 text1 中的字符串赋给 textString 变量
textString =strcat(textString,'+');
                    %把 textString 中的字符与+连接起来并赋给 textString 本身
set(handles.text1,'String',textString)
                    %把新的 textString 中的内容以字符串的形式显示在 text1 中
```

同理，分别在 function pushbutton12-15_Callback(hObject, eventdata, handles)和 function pushbutton17_Callback(hObject, eventdata, handles)给符号键 '-'、 '*'、 '/' 、 '.' 、 'X^2' 赋值类似语句。

c) "="的编程：

在 function pushbutton16_Callback(hObject, eventdata, handles)下编写：

```
textString = get(handles.text1,'String');
                    %把 text1 中的字符串赋给 textString 变量
ans =eval(textString);
                    %将 textString 的内容转换成数值表达式
set(handles.text1,'String',ans)
                    %把新的 ans 中的内容以字符串的形式显示在 text1 中
```

d) 清除键的程序

在 function pushbutton18_Callback(hObject, eventdata, handles)下编写：

```
set(handles.text1,'String','')          %把 text 清空
```

e) 退出键的程序

在 function pushbutton19_Callback(hObject, eventdata, handles)下编写：

```
close(gcf);                             %关闭句柄值，即关闭界面
```

f) 返回键的编程：

在 function pushbutton20_Callback(hObject, eventdata, handles)下编写：

```
textString=get(handles.text1,'String')
                            %把 text1 中的字符串赋给 textString 变量
w=length(textString)            %w 为 textString 的长度
t=char(textString)
textString=t(1:w-1)             %把 t 中前 w-1 个数赋给 textString
set(handles.text1,'String',textString)
```

⑤　在计算器界面做如图 10-20 所示的计算。

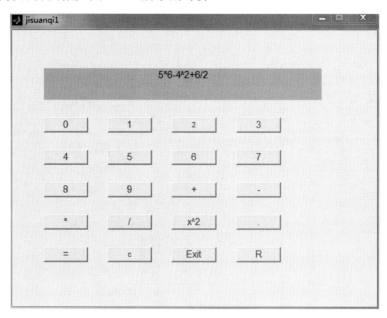

图 10-20　操作界面

输出结果(单击=)如图 10-21 所示。

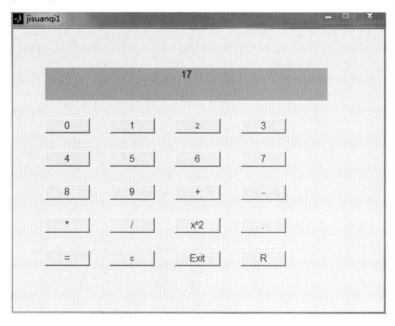

图 10-21　结果显示窗口

⑥　M 文件的源程序：

```
function varargout = jisuanqi1(varargin)
% JISUANQI1 Matlab code for jisuanqi1.fig
%     JISUANQI1, by itself, creates a new JISUANQI1 or raises the existing
```

```
%     singleton*.
%
%     H = JISUANQI1 returns the handle to a new JISUANQI1 or the handle to
%     the existing singleton*.
%
%     JISUANQI1('CALLBACK',hObject,eventData,handles,...) calls the local
%     function named CALLBACK in JISUANQI1.M with the given input arguments.
%
%     JISUANQI1('Property','Value',...) creates a new JISUANQI1 or raises the
%     existing singleton*.  Starting from the left, property value pairs are
%     applied to the GUI before jisuanqi1_OpeningFcn gets called.  An
%     unrecognized property name or invalid value makes property application
%     stop.  All inputs are passed to jisuanqi1_OpeningFcn via varargin.
%
%     *See GUI Options on GUIDE's Tools menu.  Choose "GUI allows only one
%     instance to run (singleton)".
%
% See also: GUIDE, GUIDATA, GUIHANDLES
% Edit the above text to modify the response to help jisuanqi1
% Last Modified by GUIDE v2.5 09-May-2013 16:21:00
% Begin initialization code - DO NOT EDIT
gui_Singleton = 1;
gui_State = struct('gui_Name',       mfilename, ...
                   'gui_Singleton',  gui_Singleton, ...
                   'gui_OpeningFcn', @jisuanqi1_OpeningFcn, ...
                   'gui_OutputFcn',  @jisuanqi1_OutputFcn, ...
                   'gui_LayoutFcn',  [] , ...
                   'gui_Callback',   []);
if nargin && ischar(varargin{1})
   gui_State.gui_Callback = str2func(varargin{1});
end
if nargout
   [varargout{1:nargout}] = gui_mainfcn(gui_State, varargin{:});
else
   gui_mainfcn(gui_State, varargin{:});
end
% End initialization code - DO NOT EDIT

% --- Executes just before jisuanqi1 is made visible.
function jisuanqi1_OpeningFcn(hObject, eventdata, handles, varargin)
% This function has no output args, see OutputFcn.
% hObject    handle to figure
% eventdata  reserved - to be defined in a future version of Matlab
% handles    structure with handles and user data (see GUIDATA)
% varargin   command line arguments to jisuanqi1 (see VARARGIN)
 % Choose default command line output for jisuanqi1
handles.output = hObject;
% Update handles structure
guidata(hObject, handles);
% UIWAIT makes jisuanqi1 wait for user response (see UIRESUME)
% uiwait(handles.figure1);
% --- Outputs from this function are returned to the command line.
function varargout = jisuanqi1_OutputFcn(hObject, eventdata, handles)
% varargout  cell array for returning output args (see VARARGOUT);
% hObject    handle to figure
```

```
% eventdata  reserved - to be defined in a future version of Matlab
% handles    structure with handles and user data (see GUIDATA)
% Get default command line output from handles structure
varargout{1} = handles.output;
% --- Executes on button press in pushbutton1.
function pushbutton1_Callback(hObject, eventdata, handles)
textString = get(handles.text1,'String');
textString =strcat(textString,'0');
set(handles.text1,'String',textString)
% hObject    handle to pushbutton1 (see GCBO)
% eventdata  reserved - to be defined in a future version of Matlab
% handles    structure with handles and user data (see GUIDATA)
% --- Executes on button press in pushbutton2.
function pushbutton2_Callback(hObject, eventdata, handles)
textString = get(handles.text1,'String');
textString =strcat(textString,'1');
set(handles.text1,'String',textString)
% hObject    handle to pushbutton2 (see GCBO)
% eventdata  reserved - to be defined in a future version of Matlab
% handles    structure with handles and user data (see GUIDATA)
% --- Executes on button press in pushbutton3.
function pushbutton3_Callback(hObject, eventdata, handles)
textString = get(handles.text1,'String');
textString =strcat(textString,'2');
set(handles.text1,'String',textString)
% hObject    handle to pushbutton3 (see GCBO)
% eventdata  reserved - to be defined in a future version of Matlab
% handles    structure with handles and user data (see GUIDATA)
% --- Executes on button press in pushbutton4.
function pushbutton4_Callback(hObject, eventdata, handles)
textString = get(handles.text1,'String');
textString =strcat(textString,'3');
set(handles.text1,'String',textString)
% hObject    handle to pushbutton4 (see GCBO)
% eventdata  reserved - to be defined in a future version of Matlab
% handles    structure with handles and user data (see GUIDATA)
% --- Executes on button press in pushbutton5.
function pushbutton5_Callback(hObject, eventdata, handles)
textString = get(handles.text1,'String');
textString =strcat(textString,'4');
set(handles.text1,'String',textString)
% hObject    handle to pushbutton5 (see GCBO)
% eventdata  reserved - to be defined in a future version of Matlab
% handles    structure with handles and user data (see GUIDATA)
% --- Executes on button press in pushbutton6.
function pushbutton6_Callback(hObject, eventdata, handles)
textString = get(handles.text1,'String');
textString =strcat(textString,'5');
set(handles.text1,'String',textString)
% hObject    handle to pushbutton6 (see GCBO)
% eventdata  reserved - to be defined in a future version of Matlab
% handles    structure with handles and user data (see GUIDATA)
% --- Executes on button press in pushbutton7.
function pushbutton7_Callback(hObject, eventdata, handles)
textString = get(handles.text1,'String');
```

```
textString =strcat(textString,'6');
set(handles.text1,'String',textString)
% hObject    handle to pushbutton7 (see GCBO)
% eventdata  reserved - to be defined in a future version of Matlab
% handles    structure with handles and user data (see GUIDATA)
% --- Executes on button press in pushbutton8.
function pushbutton8_Callback(hObject, eventdata, handles)
textString = get(handles.text1,'String');
textString =strcat(textString,'7');
set(handles.text1,'String',textString)
% hObject    handle to pushbutton8 (see GCBO)
% eventdata  reserved - to be defined in a future version of Matlab
% handles    structure with handles and user data (see GUIDATA)
% --- Executes on button press in pushbutton9.
function pushbutton9_Callback(hObject, eventdata, handles)
textString = get(handles.text1,'String');
textString =strcat(textString,'8');
set(handles.text1,'String',textString)
% hObject    handle to pushbutton9 (see GCBO)
% eventdata  reserved - to be defined in a future version of Matlab
% handles    structure with handles and user data (see GUIDATA)
% --- Executes on button press in pushbutton10.
function pushbutton10_Callback(hObject, eventdata, handles)
textString = get(handles.text1,'String');
textString =strcat(textString,'9');
set(handles.text1,'String',textString)
 % hObject    handle to pushbutton10 (see GCBO)
% eventdata  reserved - to be defined in a future version of Matlab
% handles    structure with handles and user data (see GUIDATA)
% --- Executes on button press in pushbutton11.
function pushbutton11_Callback(hObject, eventdata, handles)
textString = get(handles.text1,'String');
textString =strcat(textString,'+');
set(handles.text1,'String',textString)
% hObject    handle to pushbutton11 (see GCBO)
% eventdata  reserved - to be defined in a future version of Matlab
% handles    structure with handles and user data (see GUIDATA)
% --- Executes on button press in pushbutton12.
function pushbutton12_Callback(hObject, eventdata, handles)
textString = get(handles.text1,'String');
textString =strcat(textString,'-');
set(handles.text1,'String',textString)
 % hObject    handle to pushbutton12 (see GCBO)
% eventdata  reserved - to be defined in a future version of Matlab
% handles    structure with handles and user data (see GUIDATA)
% --- Executes on button press in pushbutton13.
function pushbutton13_Callback(hObject, eventdata, handles)
textString = get(handles.text1,'String');
textString =strcat(textString,'*');
set(handles.text1,'String',textString)
% hObject    handle to pushbutton13 (see GCBO)
% eventdata  reserved - to be defined in a future version of Matlab
% handles    structure with handles and user data (see GUIDATA)
% --- Executes on button press in pushbutton14.
function pushbutton14_Callback(hObject, eventdata, handles)
```

```
textString = get(handles.text1,'String');
textString =strcat(textString,'/');
set(handles.text1,'String',textString)
 % hObject    handle to pushbutton14 (see GCBO)
% eventdata  reserved - to be defined in a future version of Matlab
% handles    structure with handles and user data (see GUIDATA)
% --- Executes on button press in pushbutton10.
function pushbutton15_Callback(hObject, eventdata, handles)
textString = get(handles.text1,'String');
textString =strcat(textString,'^2');
set(handles.text1,'String',textString)
% hObject    handle to pushbutton15 (see GCBO)
% eventdata  reserved - to be defined in a future version of Matlab
% handles    structure with handles and user data (see GUIDATA)
% --- Executes on button press in pushbutton16.
function pushbutton16_Callback(hObject, eventdata, handles)
textString = get(handles.text1,'String');
textString =strcat(textString,'.');
set(handles.text1,'String',textString)


% hObject    handle to pushbutton16 (see GCBO)
% eventdata  reserved - to be defined in a future version of Matlab
% handles    structure with handles and user data (see GUIDATA)
% --- Executes on button press in pushbutton17.
function pushbutton17_Callback(hObject, eventdata, handles)
textString = get(handles.text1,'String');
ans =eval(textString);
set(handles.text1,'String',ans)
% hObject    handle to pushbutton17 (see GCBO)
% eventdata  reserved - to be defined in a future version of Matlab
% handles    structure with handles and user data (see GUIDATA)
% --- Executes on button press in pushbutton18.
function pushbutton18_Callback(hObject, eventdata, handles)
set(handles.text1,'String','')
% hObject    handle to pushbutton18 (see GCBO)
% eventdata  reserved - to be defined in a future version of Matlab
% handles    structure with handles and user data (see GUIDATA)
% --- Executes on button press in pushbutton19.
function pushbutton19_Callback(hObject, eventdata, handles)
close(gcf);
% hObject    handle to pushbutton19 (see GCBO)
% eventdata  reserved - to be defined in a future version of Matlab
% handles    structure with handles and user data (see GUIDATA)
% --- Executes on button press in pushbutton20.
function pushbutton20_Callback(hObject, eventdata, handles)
textString=get(handles.text1,'String')
w=length(textString)
t=char(textString)
textString=t(1:w-1)
set(handles.text1,'String',textString)
% hObject    handle to pushbutton20 (see GCBO)
% eventdata  reserved - to be defined in a future version of Matlab
% handles    structure with handles and user data (see GUIDATA)
```

10.3　M 文件创建 GUI

在 Matlab 中，所有对象都可以使用 M 文件进行编写。GUI 也是一种 Matlab 对象，因此，可以使用 M 文件来创建 GUI。了解创建 GUI 对象的 M 程序代码可以帮助用户理解 GUI 的各种组件和图形对象控件的常用属性。

M 文件由一系列的子函数组成，包括主函数、Opening 函数、Output 函数和回调函数。其中，主函数不能修改，否则会导致 GUI 界面初始化失败。

● GUI 创建函数：即主函数，用于创建 GUI 界面、GUI 程序实例等，用户可以在该函数内完成一些必需的初始化工作，如设置程序运行相关的环境变量等。GUI 创建函数可以返回程序窗口的句柄。

● 初始化函数：完成程序的初始化工作，如 GUI 界面的初始化等。

● 输出函数：将程序执行后的状态输出至命令行。

● 回调函数：用于响应用户操作。

当用户通过 GUIDE 建立 GUI 后，在执行或存储该界面的同时，会产生一个 M 文件，这时就可以单击 M-file Editor 按钮来编写该 GUI 下每个对象的 Callback 与一些初始设置。

下面将介绍用函数编写用户界面，主要涉及三个函数：uimenu(菜单)、uicontextmenu(上下文菜单)和 uicontrol(控件)。

1．用户界面菜单对象的建立

自制用户菜单对象，通过函数 uimenu 创建，调用格式如下。

h=uimenu('PropertyName1'，value1,'PropertyName2',value2,…)：即在当前图形窗口上部的菜单栏创建一个菜单对象，并返回一个句柄值。函数变量 PropertyName 是所建菜单的属性，value 是属性值。菜单对象的属性分为公共属性、基本控制属性和 callback 管理属性三部分，关于属性及其详细内容见 Matlab 帮助文件，下面介绍一些常用重要属性的设置方法。

● label 和 callback：这是菜单对象的基本属性，编写一个具有基本功能的菜单时必须要设置 label 和 callback 属性。label 是在菜单项上显示的菜单内容；callback 是用来设置菜单项的回调程序。

● checked 和 separator：checked 属性用于设置是否在菜单项前添加选中标记。记为 on 表示添加，off 表示不添加。因为有些菜单的选中标记相斥，这就要求给一个菜单项添加选中标记的同时去掉另一个选项的标记；separator 用于在菜单项之前添加分隔符，以便使菜单更加清晰。

● Background Color 和 Foreground Color：Background Color(背景色)是菜单本身的颜色；Foreground Color(前景色)是菜单内容的颜色。

2．用户界面上下文菜单的建立

用户界面上下文菜单对象，与固定位置的菜单对象相比，上下文菜单对象的位置不固定，总是与某个(些)图形对象相联系，并通过鼠标右键激活，制作上下文菜单的步骤如下。

(1) 利用函数 uicontextmenu 创建上下文菜单对象。

(2) 利用函数 uimenu 为该上下文菜单对象制作具体的菜单项。

(3) 利用函数 set 将该上下文菜单对象和某些图形对象联系在一起。

下面通过示例看一下 uicontextmenu 函数的使用。

例 10.3　uicontextmenu 函数示例

在一个图形窗口绘制抛物线和余弦曲线，并创建一个与之相联系的上下文菜单，用于控制线条的颜色、线宽、线型及标记点风格。

在命令窗口输入：

```
>> % 画曲线 y1，并设置其句柄 h=uicontextmenu;
t=-1:0.1:1;subplot(2,1,1);y1=t.^2;h_line1=plot(t,y1); h=uicontextmenu;
% 建立上下文菜单
uimenu(h,'label','blue','callback','set(h_line1,''color'',''y'')');
uimenu(h,'label','red','callback','set(h_line1,''color'',''b'')');
uimenu(h,'label','yellow','callback','set(h_line1,''color'',''g'')');
uimenu(h,'label','linewidth1.5','callback','set(h_line1,''linewidth'',1.5)');
uimenu(h,'label','linestyle*','callback','set(h_line1,''linestyle'','':'')');
uimenu(h,'label','linestyle:','callback','set(h_line1,''linestyle'',''--'')');
uimenu(h,'label','marker','callback','set(h_line1,''marker'',''s'')');
set(h_line1, 'uicontextmenu',h)    % 使上下文菜单与正弦曲线 h_line1 相联系
title('抛物线和余弦曲线','fontweight','bold','fontsize',14)
set(gca,'xtick',[-1:0.5:1])        % 设置坐标轴的标度范围
set(gca,'xticklabel',{'-1','0.5','0','0.5','1'});    % 设置坐标轴的标度值
>> %画曲线 y2，并设置其句柄
subplot(2,1,2);t=0:0.1:2*pi;y2=cos(t);h_line2=plot(t,y2);
h=uicontextmenu;
uimenu(h,'label','red','callback','set(h_line2,''color'',''r'')');
uimenu(h,'label','crimson','callback','set(h_line2,''color'',''m'')');
uimenu(h,'label','black','callback','set(h_line2,''color'',''k'')');
uimenu(h,'label','linewidth1.5','callback','set(h_line2,''linewidth'',1.5)');
uimenu(h,'label','linestyle*','callback','set(h_line2,''linestyle'',''*'')');
uimenu(h,'label','linestyle:','callback','set(h_line2,''linestyle'','':'')');
uimenu(h,'label','marker','callback','set(h_line2,''marker'',''s'')');
set(h_line2,'uicontextmenu',h)
set(gca,'xtick',[0:pi/2:2*pi])
set(gca,'xticklabel',{'0','pi/2','pi','3pi/2','2pi'})
xlabel('time 0-2\pi','fontsize',10)
>> % 建立关闭图形用户界面按钮 "close"
hbutton=uicontrol('position',[80 30 60 30],'string','close',
'fontsize',8,'fontweight','bold','callback','close');
```

在 Matlab 中运行该程序段，得到如图 10-22 所示的图形。将鼠标指向线条，单击鼠标右键，弹出上下文菜单，在选中某菜单项后，将执行该菜单项的操作。

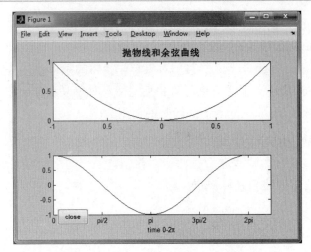

图 10-22　带有上下文菜单的图形界面

3．用户界面控件对象的建立

除了菜单以外，控件对象是另一种实现用户与计算机交互的重要手段。用户界面控件对象是这样一类图形界面的对象：用户用鼠标在控件对象上进行操作，鼠标点击控件时，将激活该控件所对应的后台应用程序，并执行该程序。

利用函数命令创建控件对象的格式如下。

H=uicontrol(H_parent,'style',Sv, pName, pVariable,…)：H 为该控件的句柄，H_parent 为控件父句柄，Sv 为控件类型，pName 和 pVariable 为一对值，用来确定控件的一个属性。当用函数创建控件时，这里有必要对控件的几个重要属性给予介绍。

(1) Value 属性：控件的当前值，格式为标量或变量。该属性对不同的控件有不同的取值方式。

- 复选框：当此控件被选中时，Value 的值为属性 Max 中的设置的值；未被选中时 Value 的值为属性中设置的值。
- 列表框：被选中选项的序号，当有多个选项被选中时，Value 的属性值为向量。序号指的是选项的排列次序，最上面的选项序号为 1，第二个选项序号为 2。
- 弹出式菜单：和列表框类似，也是被选中选项的序号，只是弹出式菜单只能有一个选项被选中，因而 Value 属性值是标量。
- 单选按钮：被选中时 Value 的值为属性 Max 中设置的值，未被选中时，Value 的值为属性 Min 中设置的值。
- 滑动条：Value 的值等于滑块指定的值。
- 开关按钮："开"时 Value 的值为属性 Max 中设置的值，"关"时 Value 的值为属性 Min 中设置的值。

(2) Max 属性：指定 Value 属性中可以设置的最大值，格式为标量。

- 复选框：当复选框被选中时 Value 属性的取值。
- 编辑框：如果 Max 的值减去 Min 的值大于 1，那么编辑框可以接受多行输入文本；

如果 Max 的值减去 Min 的值小于或等于 1，那么编辑器只能接受一行输入文本。

- 列表框：如果 Max 的值减去 Min 的值大于 1，那么允许选取多个选项；如果 Max 的值减去 Min 的值小于或等于 1，那么只能选取一个选项。
- 单选按钮：当单选按钮被选中时 Value 属性的取值。
- 滑动条：滑动条的最大值，默认值是 1。
- 开关按钮：当开关按钮"开"(被选中)时 Value 属性的取值。默认值是 1。

(3) Min 属性：指定 Value 属性中可以设置的最小值，格式为标量。

- 复选框：当复选框被选中时 Value 属性的取值。
- 编辑框：如果 Max 的值减去 Min 的值大于 1，那么编辑框可以接受多行输入文本；如果 Max 的值减去 Min 的值小于或等于 1，那么编辑器只能接受一行输入文本。
- 列表框：如果 Max 的值减去 Min 的值大于 1，那么允许选取多个选项；如果 Max 的值减去 Min 的值小于或等于 1，那么只能选取一个选项。
- 单选按钮：当单选按钮未被选中时 Value 属性的取值。
- 滑动条：滑动条的最小值，默认值是 0。
- 开关按钮：当开关按钮"开"(被选中)时属性的取值。默认值是 1。

例 10.4　Uicontrol 控件对象示例

在命令窗口输入：

```
>> close all % 关闭所有图形窗口
uicontrol('style','push','position',[200 20 80 30]);
uicontrol('style','slide','position',[200 70 80 30]);
uicontrol('style','radio','position',[200 120 80 30]);
uicontrol('style','frame','position',[200 170 80 30]);
uicontrol('style','check','position',[200 220 80 30]);
uicontrol('style','edit','position',[200 270 80 30]);
uicontrol('style','list','position',[200 320 80 30],'string', '1 2 3 4');
uicontrol('style','popup','position',[200 370 80 30],'string','one two three');
```

则显示结果如图 10-23 所示。

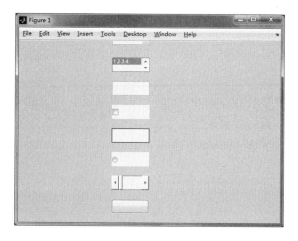

图 10-23　带有控件的图形界面

10.4　课后练习

1. GUI 设计的一般步骤及原则是什么？

2. 如何使用 GUIDE 创建 GUI？

3. 如何使用 M 文件创建 GUI？

4. 使用 M 文件创建表格 GUI。

第 11 章

Simulink 基础

1990 年，Math Words 软件公司为 Matlab 提供了新的系统模型化图形输入与仿真工具，并命名为 Simulab，1992 年将软件名更改为 Simulink。顾名思义，该软件有两个主要功能：仿真和连接。Simulink 是 Matlab 软件的扩展，是实现动态系统建模和仿真的一个软件包。它与用户交互接口是基于 Windows 的模型化图形输入，即 Simulink 提供了一些按功能分类的基本的系统模块，用户只需要知道这些模块的调用，再将它们连接起来，就可以构成所需要的系统模型(以.mdl 文件进行存取)，进而进行仿真与分析。

学习目标

◇ 熟悉 Simulink 的基础操作
◇ 掌握 Simulink 仿真系统步骤
◇ 了解 Simulink 模块库
◇ 掌握 Simulink 模块的基本操作
◇ 熟悉模型注释
◇ 熟悉 Simulink 仿真系统界面的设置
◇ 了解仿真运行过程
◇ 熟悉 Simulink 连续系统建模

11.1 Simulink 的基础操作

11.1.1 Simulink 概述

Simulink 是 Matlab 的重要组成部分，它是 Matlab 提供的用以实现动态建模与仿真的软件包。它支持线性、非线性、连续时间系统、离散时间系统、连续和离散混合系统建模，且系统可以是多进程的。

Simulink 支持图形用户界面(GUI)，模型由模块组成的框图来表示。用户通过简单的单击和拖动鼠标，就能够完成建模。这有利于设计者把更多的精力放在模型和算法设计本身，而不是放在具体算法的实现上。Simulink 通过自带的模块库为用户提供多种多样的基本功能模块，用户可以直接调用这些模块，而不必从最基本的做起。

在 Home 选项卡中，单击 Simulink 按钮，即可弹出如图 11-1 所示的 Simulink 开始页面。

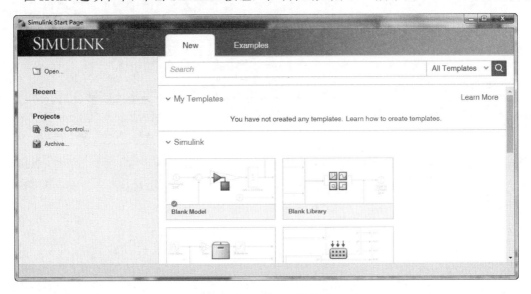

图 11-1   Simulink 模块库

Simulink 的每个模块对于用户来说都是一个"黑箱子"，用户只需知道模块的输入和输出以及模块的功能即可，而不必知道模块内部是怎么实现的。因此，用户使用 Simulink 进行系统建模时的任务，就是如何选择合适的模块并把它们按照自己所希望的模型结构连接起来，然后进行调试和仿真。如果仿真结果不满足设计要求，可以改变模块的相关参数，再次仿真，直到结果满足要求为止。至于在仿真时各个模块是怎么执行的、各模块之间是如何通信的、仿真时间如何采样以及事件是如何驱动的，用户都不用了解。

11.1.2 Simulink 安装步骤

Simulink 是 Matlab 提供的一个软件包，因此在安装 Matlab 的时候应注意对 Simulink 的安装。在安装 Matlab 的过程中，当出现如图 11-2 所示的界面时，此时需要选择 Simulink 软件包(Simulink 8.9)。后续会出现的如图 11-3 所示的确认界面中会显示 Simulink 软件包已被选择安装。

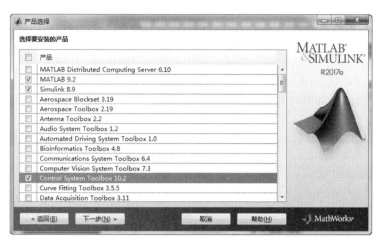

图 11-2　选择 Simulink 8.9

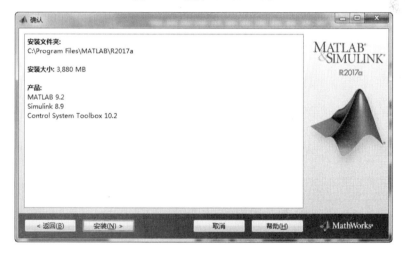

图 11-3　确认安装 Simulink 8.9

11.1.3　Simulink 启动方式

在 Matlab 中，启动 Simulink 有 3 种方式。

● 在 Matlab 的命令窗口直接键入"Simulink"命令。

● 用鼠标左键单击 Matlab 工具条上的 Simulink 按钮。

● 在 Matlab 菜单中选择 File→New→Model 命令。

运行后会弹出如图 11-1 所示的 Simulink 开始界面，单击页面中的图标 (建立新模型)也会弹出如图 11-4 所示的窗口。

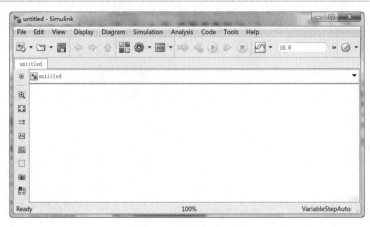

图 11-4　新建模型窗口

和 Windows 窗口类似，在 Simulink 的模块窗口和模块库窗口的 View 菜单下选择或取消 Toolbar 和 Status Bar 选项，就可以显示或隐藏工具条和状态条。在进行仿真过程中，模型窗口的状态条会显示仿真状态、仿真进度和仿真时间等相关信息。

11.1.4　模型窗口的菜单栏

模型的建立及之后的各项操作中，大部分都要在模型窗口中进行，模型窗口如图 11-5 所示，下面将介绍窗口中的相关菜单和按钮的功能。

1. File 菜单

File 菜单中各选项的名称和功能如表 11-1 所示。

表 11-1　File 菜单

主要子菜单	功　　能
New	建立模型(Model)或库(Library)
Open	打开一个模型
Close	关闭一个模型
Save	保存模型
Save as	将模型另存为
Model Properties	打开"模型属性"对话框
Preferences	打开"模型参数设置"对话框(图 11-5)，Preferences 对话框主要用于设置一些用户界面的显示形式，如颜色、字体等
Source control	设置 Simulink 和 SCS 的接口
Print	打印模型或模块图标到一个文件
Print Details	生成 HTML 格式的模型报告文件，包括模块的图标和模块参数的设置等
Print Setup	打印模型或模块图标
Exit Matlab	退出 Matlab

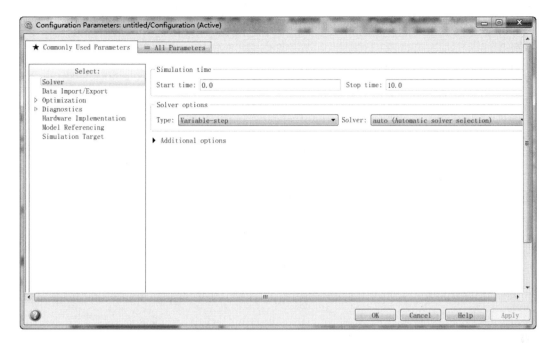

图 11-5　模型参数设置对话框

2. Edit 菜单

Edit 菜单中的选项名称和功能如表 11-2 所示。

表 11-2　Edit 菜单

主要子菜单	功　能
Copy Model to Clipboard	把模型当图片拷贝下来
Explore	打开模型浏览器，当有模型被选中时才可用
Block Properties	打开模块属性对话框，当有模块被选中时才可用
<Blockname>Parameters	打开模块参数设置对话框，当有模块被选中时才可用
Create Subsystem	创建子系统，当有模块被选中时才可用
Mask Subsystem	封装子系统，当有模块被选中时才可用
Look under Mask	查看子系统内部构成，当有子系统被选中时才可用
Signal Properties	设置信号属性，当有信号被选中时才可用
Edit Mask	编辑封装，当有子系统被选中时才可用
Subsystem Parameters	打开子系统参数设置对话框，当有子系统被选中时才可用
Mask Parameters	封装好的子系统的参数设置，当有被封装的子系统被选中时才可用

3. View 菜单

View 菜单中的主要选项具体的名称和功能如表 11-3 所示。

表 11-3　View 菜单

主要子菜单	功　能
Block Data Tips Options	用于设定在鼠标指针移到某一模块时是否显示模块的相关提示信息
Library Browser	打开模型库浏览器
Port Values	设置通过鼠标操作来显示模块端口当前值的方式
Model Explorer	打开模型资源管理器(如图 11-6 所示)，将模块的参数设置、仿真参数设置以及解法器选择、模块的各种信息等集成到一个界面来设置

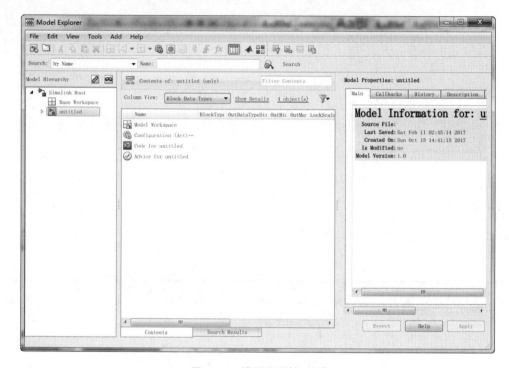

图 11-6　模型资源管理器

4．Simulation 菜单

Simulation 菜单中的主要选项具体的名称和功能如表 11-4 所示。

表 11-4　Simulation 菜单

主要子菜单	功　能
Start	开始运行仿真
Stop	停止仿真
Configuration Parameters	设置仿真参数和选择解法器
Normal	标准仿真模式
Accelerator	加速仿真模式
External	外部工作模式

5．Format 菜单

Format 菜单中的主要选项具体的名称和功能如表 11-5 所示。

表 11-5　Format 菜单

主要子菜单	功　能
Flip Name	翻转模块的名字
Flip Block	翻转模块的图标
Rotate Block	旋转模块的图标
Show Drop Shadow	给模块添加阴影
Port/Signal Displays	显示端口的信号的相关信息，其中 Sample Time Colors 选项根据模块的采样时间来设置不同的显示颜色
Block Displays	显示模块相关信息，其中 Sorted Order 选项显示模块的优先级

6．Tools 菜单

Tools 菜单中的主要选项具体的名称和功能如表 11-6 所示。

表 11-6　Tools 菜单

主要子菜单	功　能
Simulink Debugger	打开调试器
Fixed-Point Settings	打开定点设置对话框
Model Advisor	打开模型分析器对话框，帮助用户检查和分析模型的配置
Lookup Table Editor	打开查表编辑器，帮助用户检查并修改模型中的 lookup table 模块的参数
Data Class Designer	打开数据类设计器，帮助用户创建 Simulink 类的子类
Bus Editor	打开总线编辑器，帮助用户修改模型中总线对象的属性
Profiler	选中此菜单后，当仿真运行结束后会自动生成并弹出一个仿真报告文件
Coverage Settings	设置在仿真结束后给出仿真过程中有关 coverage data 的一个 HTML 格式报告文件
Signal&Scope Manager	打开信号和示波器的管理器，帮助用户创建各种类型的信号生成模块和示波器模块
Real-Time WorkShop	将模块转换为实时可执行的 C 代码
External Mode Control Panel	打开外部模式控制板，用于设置外部模式的各种特性
Control Design	用于打开 Control and Estimation Tools Manager 和 Simulink Model Discretizer 对话框
Parameter Estimation	用以打开 Control and Estimation Tools Manager 窗口
Report Generator	用于打开报告生成器

7．Help 菜单

Help 菜单中的主要选项具体的名称和功能如表 11-7 所示(见图 11-7)。

表 11-7　Help 菜单

主要子菜单	功　能
Using Simulink	打开 Matlab 的帮助，当前显示在 Simulink 帮助部分
Blocks	打开 Matlab 的帮助，当前显示在按字母排序的 Blocks 帮助部分
Blocksets	打开按应用方向分类的帮助
Block Support Table	打开模型所支持的数据类型帮助文件，如图 11-7 所示
Shortcuts	打开 Matlab 的帮助，当前显示在鼠标和键盘快捷键设置的帮助部分
S-Function	打开 Matlab 的帮助，当前显示在 S-函数的帮助部分
Demos	打开 Matlab 的帮助，当前显示在 Demos 页的帮助部分，通过它可以打开许多有用的演示示例
About Simulink	显示 Simulink 的版本

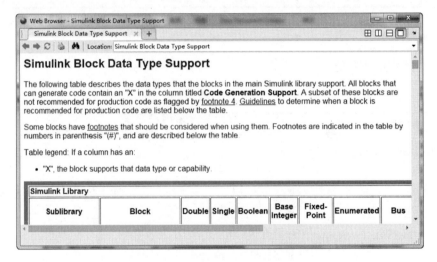

图 11-7　查看模块支持的数据类型

11.2　Simulink 仿真系统操作步骤

为了使读者对 Simulink 有个整体的认识，在这一节中将通过一个例子简单说明 Simulink 的仿真过程。

11.2.1　启动添加 Simulink 模块库

关于 Simulink 的启动方式已经在 11.1.3 小节中进行了详细介绍，下面我们将使用其中的一种方式启动 Simulink。

在 Matlab 的命令窗口直接键入"Simulink"命令，将会弹出如图 11-1 所示的 Simulink 模块库窗口。单击模块库窗口中的 Creat a New Model 按钮，将会弹出如图 11-4 所示的新建模型窗口。

以计算两个不同频率正弦函数相加后再积分，并显示波形为例，在如图 11-1 所示的窗口左边选中 Sources 库，然后在右边选中 Sine Wave 模块，用鼠标拖曳所选模块从模块库窗口到新建模型窗口。

用同样的方法向新建模型窗口添加 Add 模块、Integrator 模块和 Scope 模块。添加结果如图 11-8 所示。

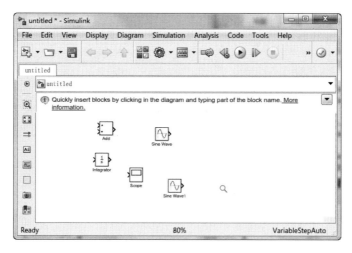

图 11-8　添加模块示意图

11.2.2　设置模块属性

模块添加成功以后，按照工程要求需要对相关模块进行参数设置，鼠标双击需要设置参数的模块，将会弹出如图 11-9 所示的设置参数对话框。

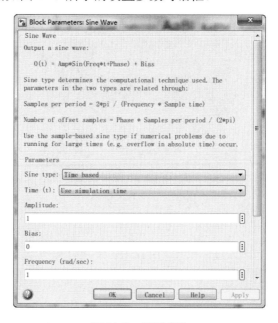

图 11-9　设置参数

设置 Frequency 为 3，设置 Amplitude 为 2，然后单击 OK 按钮。参数设置成功。

11.2.3　模块连接

连接模块的操作方法：用鼠标指向源模块的输出端口，当鼠标变成十字架形时，按住鼠标左键不放，然后拖动鼠标指向目标模块输入端口后松开鼠标。

连接好的结构图如图 11-10 所示。

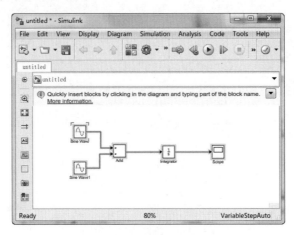

图 11-10　模型的连接

11.2.4　运行系统输出结果

单击 ▶ 按钮进行仿真，然后以鼠标双击模块 Scope，将会弹出如图 11-11 所示的仿真波形图。

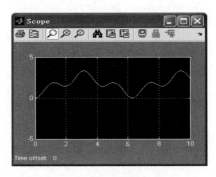

图 11-11　仿真波形图

11.3　Simulink 的模块库

Simulink 为用户提供了大量的标准模块，并根据其功能不同，将它们归到了不同的模块库中。用户要掌握 Simulink 软件包的用法，就需要熟悉这些标准模块的含义和各自的使用特点。

Simulink 中含有的模块非常多，并且还有很多扩展模块。在 Simulink 软件包中除了标准的公共模块库外，还提供了大量的适用于不同专业领域的专业模块库。

11.3.1　Simulink 的公共模块库

Simulink 公共模块库是 Simulink 仿真环境中的重要组成部分，其中收集了大部分建模时经常用到的模块，对于一般的系统建模仿真，Simulink 公共模块库就可以完全胜任了。

Simulink 公共模块库中各个子库的名称如图 11-12 所示。

各个子库中含有大量的模块，下面将进行比较详细的介绍。

1．Sources 子库

Sources 子库部分模块的名称如图 11-13 所示。下面将对各个模块进行详细的介绍。

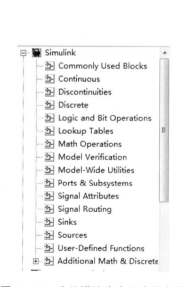

图 11-12　公共模块库中子库的名称

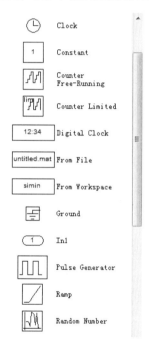

图 11-13　Sources 子库模块

(1) Band-Limited White Noise。

其功能为产生有限带宽的白噪声。理论上，连续白噪声的相关时间为 0，功率谱密度是平坦的，协方差无限大。但实际上系统的干扰信号不是白噪声，当干扰噪声的相关时间相对于系统的带宽非常小时，可以近似采用白噪声。

在 Simulink 中，可以用相关时间比系统的最短时间常数小得多的随机序列来模拟实际噪声。该模块就是产生这样的随机序列，其噪声的相关时间是模块的采样速率。想要精确地进行仿真，就必须使用比系统最快的动态分量还要小得多的相关时间。

该模块支持双精度实数类型的信号。其特点是采样时间离散，标量扩展是参数或输出扩展，可以向量化，没有零点穿越。

(2) Chrip Signal。

该模块能够产生一个频率随时间线性递增的正弦信号，可以用该模块进行非线性系统的频谱分析。模块的输出为标量或向量。支持双精度实数类型的信号。

(3) Clock。

该模块输出每一步仿真的当前仿真时刻。该模块对于其他需要仿真时间的模块来说是有用的。该模块输出双精度型的实数信号。采样时间是连续的，不能向量化，没有零点穿越。

(4) Constant。

该模块产生一个不依赖于时间的实数或复数的常数值，一般作为定常输出信号。模块输出可以为标量、向量或矩阵。

(5) Digital Clock。

该模块输出指定采样时间间隔的仿真时间，其他时间模块输出保持前一时刻的值不变。适用于离散系统。

(6) Pulse Generator。

以一定的时间间隔产生一系列的脉冲信号。脉冲的宽度是脉冲为高电平时的采样周期的个数。周期是脉冲为一个高电平和一个低电平采样周期的个数。相位延迟是在脉冲开始前采样的周期数目。相位延迟可以是正数也可以是负数，但不大于一个周期。采样时间必须大于 0。在连续系统中可以使用该模块。

(7) From Workspace。

该模块从 Matlab 的基本工作空间中读取数据。模块中的 Data 参数指定了读取数据的变量名，该变量名可以在图标中显示出来。读取的数据放在一个二维数组或某个结构中，其中包括仿真时间和相应的数据。

(8) From File。

该模块从指定的数据文件中读取数据，模块图标上会自动显示文件的路径。数据文件至少有两行，第一行为单调递增的时间，其他行为对应的输入数据。仿真中对于数据文件没有描述对应时间的数据，采用线性插值的方法得到。使用这个模块可以设定任意的输入曲线，但是输入的数据不能太少，否则靠插值得到的数据将使仿真精度降低。

(9) Ramp。

该模块产生斜率不变的斜坡信号。斜率可以为负数。支持双精度类型的信号。

(10) Randon Number。

该模块可以产生正态分布的随机数。每次仿真开始时随机数设置成指定值。缺省时，产生均值为 0，方差为 1 的随机序列，产生的随机数是可重复的，可以用任何 Rmndom Number 模块以相同的参数产生。要生成相同的均值和方差的随机数向量，指定参数 Initial Seed 为向量即可。

(11) Repeating Sequence。

该模块可以产生随着时间的推移在波形上重复的信号，波形可以任意指定，当仿真达到 Time value 向量中的最大时间值时信号开始重复。该模块是使用一维 Look-Up Table 模块实现的，在各个点之间进行了线性插值。

(12) Signal Generator。

该模块可以产生三种不同的波形：即方波、正弦波或锯齿波。频率参数的单位可以是赫兹。负的 Amplitude 参数可使输出波形发生 180°偏移。可以在仿真过程中修改输出的设置，以观察不同波形下的系统响应。

(13) Sine Wave。

该模块提供正弦曲线，既可以是连续形式的正弦波，也可以是离散形式的正弦波。

(14) Step。

该模块在某一指定的时刻在两值之间产生一个跳变。

(15) Uniform Random Number。

该模块在指定的区间内，以指定的起始时间，生成均匀分布的随机数。在每次仿真开始时重新设置时间。生成的随机序列是可重复的并且能够由相同参数的该模块生成。要生成随机数向量。

2．sinks 子库

(1) Display。

该模块显示输入的值。可以通过选择 Format 选项来控制显示的格式。如果模块输入是向量，可以改变模块图标的大小以使其显示的不仅仅是第一个元素，可以在垂直方向和水平方向上改变模块图标的大小，模块会在适当的方向增加显示区域。一个黑色的三角形表明模块没有显示出来的向量元素。

(2) Scope。

该模块显示仿真时产生的信号曲线，横坐标为仿真时间。是最常用的模块之一。模块接受一个输入并且能够显示多个信号的图形。Scope 模块运行调整时间的大小和显示输入值的范围。可以移动 Scope 窗口，也可以改变它的大小，还可以在仿真期间改变 Scope 的参数值。

(3) Stop Simulation。

该模块当输入为非零值时将终止仿真过程。仿真在终止之前完成当前时间步的计算。如果该模块的输入是向量，任何非零的向量元素都会导致仿真结束。可以使用该模块与 Relational Operator 模块相连，来控制仿真的结束。

(4) To File。

该模块将其输出写到 MAT 数据文件中的矩阵，它将每一时间步写成一列，第一行是仿真时间，该列中剩余的行是输入的数据，输入向量中每一元素占一数据点。

(5) To Workspace。

该模块将输入写入 Matlab 工作空间由参数变量名指定的矩阵或结构中。参数保持格式确定输出格式。

(6) XY Graph。

该模块在 Matlab 的图形窗口中显示它的输入信号的 X-Y 曲线图。该模块有两个标量输入，模块绘制第一个输入的数据对第二个输入的数据的曲线图。该模块对于检测两状态的数据很有帮助。超过指定范围的数据不显示。

3．Discrete 子库

(1) Discrete Filter。

该模块实现无限脉冲响应和有限脉冲响应滤波器，可以使用 Numerator 和 Denominator 参数以向量的形式指定分子和分母的 x 的升幂多项式的系数。分母的阶数必须大于或者等于分子的阶数。

(2) Discrete State-Space。

该模块实现由式 $\begin{cases} x(n+1) = Ax(n) + Bu(n) \\ y(n+1) = Cx(n) + Du(n) \end{cases}$ 描述的系统，其中，u 是输入，x 是状态，y 是输出。该模块接受一个输入并且产生一个输出，输入向量的宽度由矩阵 B 和 D 的列数确定。输出向量的宽度由矩阵 C 和 D 的行数确定。

(3) Discrete-Time Integrator。

在构造一个纯离散系统时，可以用该模块代替 Integrator 模块。

(4) Discrete Transfer Fcn。

用以描述 z 变换的传递函数。

(5) Discrete Zero-Pole。

该模块实现一个用延迟因子 z 的零点、极点和增益形式给出的离散系统。

(6) First-Order Hold。

该模块实现以一定的指定采样间隔执行的一阶采样保持器。

(7) Zero-Order Hold。

该模块实现指定采样速率的采样的保持功能。它有一个输入和输出端口，输入和输出信号可以是标量，也可以是向量。

(8) Unit Delay。

该模块将它的输入信号延迟并保持一个采样间隔。如果模块的输入是向量，向量中所有元素的延迟时间都相同。该模块与离散时间算子 z-1 的作用是相同的。如果需要无延迟的采样保持函数，可以使用零阶保持器(Zero-Order Hold)模块，如果需要大于一个单位的延迟，可以使用离散传递函数(Discrete Transfcr Fcn)模块。

剩余的子库将以表格的形式给出各个模块的名称与功能。

4．Commonly Used Blocks 子库(表 11-8)

表 11-8　Commonly Used Blocks 子库

模　块　名	功　能
Bus Creator	总线信号生成器，将多个输入信号合并成一个总线信号
Bus Selector	总线信号选择器，用来选择总线信号中的一个或多个
Constant	输出常量信号
Data Type Conversion	数据类型的转换
Demux	将输入向量转换成标量或更小的标量，分解输出
Discrete-Time Integrator	离散时间积分器模块
Gain	增益模块
In1	输入接口模块
Integrator	连续积分器模块
Logical Operator	逻辑运算模块
Mux	将输入的向量、标量或矩阵信号合成
Out1	输出接口模块
Product	乘法器，执行标量、向量或矩阵的乘法
Relational Operator	关系运算，输出布尔类型数据
Saturation	定义输入信号的最大和最小值
Scope	输出示波器
Subsystem	创建子系统
Sum	加法器
Switch	选择器，根据第二个输入信号来选择输出第一个还是第三个信号
Terminator	终止输出，用于防止模型最后的输出端没有接任何模块时报错
Unit Delay	单位时间延迟

5．Continuous 子库(表 11-9)

表 11-9　Continuous 子库

模　块　名	功　能
Derivative	数值微分
Integrator	积分器与 Commonly Used Blocks 子库中的同名模块一样
State-Space	线性状态空间模块
Transport Delay	定义传输延迟，如果将延迟设置得比仿真步长大，可以得到更精确的结果
Transfer Fcn	线型传递函数模型
Variable Transport Delay	可变传输延迟模块，输入信号延时一个可变时间再输出
Zero-Pole	零点-极点增益模块，以零点-极点表示的传递函数模型

6．Discontinuities 子库(表 11-10)

表 11-10　Discontinuities 子库

模 块 名	功 能
Coulomb&Viscous Friction	刻画在零点的不连续性，y=sign(x)*(Gain*abs(x)+Offset)
Dead Zone	产生死区，当输入在某一范围取值时，输出为 0
Dead Zone Dynamic	产生死区，当输入在某一范围取值时，输出为 0，与 Dead Zone 不同的是它的死区范围在仿真过程中是可变的
Hit Crossing	检测输入是上升经过某一值还是下降经过这一值或是固定的某一值，用于过零检测
Quantizer	按指定的间隔离散输入
Rate Limiter	限制输入的上升和下降速率在某一范围
Rate Limiter Dynamic	限制输入的上升和下降速率在某一范围，与 Rate Limiter 不同的是，它的范围在仿真过程中是可变的
Relay	判断输入与某两阈值的大小关系，当大于开启阈值，输出为 on，当小于关闭阈值时，输出为 off，当在两者之间时输出不变
Saturation	限制输入在最大和最小范围之间
Saturation Dynamic	限制输入在最大和最小范围之间，与 Saturation 不同的是，它的范围在仿真过程中是可变的
Wrap To Zero	当输入大于某一值时输出为 0，否则输出等于输入

7．Logic and Bit Operations 子库(表 11-11)

表 11-11　Logic and Bit Operations 子库

模 块 名	功 能
Bit Clear	将指定的存储整数位置设为 0
Bit Set	将指定的存储整数位置设为 1
Bitwise Operator	对输入信号进行自定义的逻辑运算
Combinatorial Logic	组合逻辑，实现一个真值表
Compare To Constant	定义如何与常数进行比较
Compare To Zero	定义如何与零进行比较
Detect Change	检测输入的变化，如果输入的当前值与前一时刻的值不等，则输出 TURE，否则为 FALSE
Detect Decrease	检测输入是否下降，是则输出 TRUE，否则输出 FALSE
Detect Fall Negative	若输入当前值为负值，前一时刻值为非负则输出 TRUE，否则为 FALSE
Detect Fall Nonpositive	若输入当前值为非正，前一时刻值为正数则输出 TRUE，否则为 FALSE
Detect Increase	检测输入是否上升，是则输出 TRUE，否则输出 FALSE
Detect Rise Nonnegative	若输入当前值为非负，前一时刻值为负数，则输出 TRUE，否则为 FALSE

模 块 名	功　能
Detect Rise Positive	若输入当前值为正数，前一时刻为非正则输出 TRUE，否则为 FALSE
Extract Bits	从输入中提取某几位输出
Interval Test	检测输入是否在某两个值之间，是则输出 TURE，否则输出 FALSE
Logical Operator	逻辑运算
Relational Operator	关系运算
Shift Arithmethic	算术平移

8. Math Operations 子库(表 11-12)

表 11-12　Math Operations 子库

模 块 名	功　能
Abs	求绝对值
Add	加法运算
Algebraic Constraint	代数环限制
Bias	为输入添加偏差
Complex to Magnitude-Angle	复数转为幅角和相位角
Complex to Real-Imag	复数转为实部与虚部
Divide	实现除法或乘法
Dot Product	点乘
Gain	增益，实现点乘或普通乘法
Magnitude-Angle to Complex	将输入的幅度和幅角合成复数
Math Function	实现数学函数运算
Matrix Concetenation	实现矩阵的串联
MinMax	将输入的最小值或最大值输出
Polynomial	多项式求值，多项式的系数以数组的形式定义
MinMax Running Resettable	将输入的最小值或最大值输出，当有重置信号 R 输入时，输出被重置为初始值
Product of Elements	将所有输入实现连乘
Real-Imag to Complex	实部和虚部合成复数
Reshape	改变输入信号的维数
Rounding Function	取整运算函数
Sign	判断输入的符号，若为正输出 1，为负输出-1，为零输出 0
Sine Wave Function	产生一个正弦函数
Slider Gain	可变增益
Subtract	实现加法或减法
Sum	求和模块

模 块 名	功　能
Sum of Elements	实现输入信号所有元素的和
Trigonometric Function	实现三角函数和双曲线函数
Unary Minus	一元的求负
Weighted Sample Time Math	根据采样时间实现输入的加法、减法、乘法和除法，只对离散信号适用

9．Ports&Subsystems 子库(表 11-13)

表 11-13　Ports&Subsystems 子库

模 块 名	功　能
Configurable Subsystem	用以配置用户自检模型库，只在库文件中才可用
Atomic Subsystem	单元子系统
Code Reuse Subsystem	结构子系统
Enable	使能模块，只能用在子系统模块中
Enabled and Triggered Subsystem	包括使能和触发模块的子系统
Enable Subsystem	包括使能模块的子系统
For Iterator Subsystem	循环执行子系统
Function-Call Generator	函数响应生成器
Function-Call Subsystem	函数响应子系统
If	条件执行子系统模板，只在子系统模块中可用
If Action Subsystem	由 IF 模块触发的子系统模板
Model	将其他模型文件作为一个模块
Subsystem	子系统
Subsystem Examples	子系统演示模块，在模型中用鼠标左键双击该模块图标，可以看见多个子系统示例
Switch Case	条件选择模块
Switch Case Action Subsystem	由 Switch Case 模块触发的子系统模块
Trigger	触发模块，只在子系统模块中可用
Triggered Subsystem	触发子系统
While Iterator Subsystem	条件循环子系统

10．User-Defined Functions 子库(表 11-14)

表 11-14　User-Defined Functions 子库

模 块 名	功　能
Fcn	简单的 Matlab 函数表达式模块
Embedded Matlab Function	内置 Matlab 函数模块，在模型窗口用鼠标双击该模块图标，就会弹出 M 文件编辑器

模 块 名	功　能
M-file S-Function	用户使用 Matlab 语言编写的 S-函数模块
Matlab Fcn	对输入进行简单的 Matlab 函数运算
S-Function Builder	具有 GUI 界面的 S-函数编辑器,在模型中用鼠标双击该模块图标可以看到图形用户界面,利用该界面可以方便地编辑 S-函数模块
S-Function Examples	S-函数演示模块,在模型中双击鼠标,可以看到多个 S-函数示例
S-Function	用户按照 S-函数的规则自定义的模块,用户可以使用多种语言进行编辑

11.3.2　Simulink 的专业模块库

Simulink 集成了许多面向各专业领域的系统模块库,不同领域的系统设计者可以使用这些系统模块快速构建自己的系统模型,然后在此基础上进行系统的仿真与分析,从而完成系统设计的任务。这里仅简单介绍部分专业模块库的主要功能。

1. 通信模块库(Communications Blockset)

其中包括 8 个主要的子模块库。

(1) 信道编码库(Channel Coding),包括模块编码库和卷积编码库。模块编码库中又包含各种编码和解码成对模块以及相应的演示模块。

- 线性编码模块,包括二进制向量线性编码、解码和演示三个模块,二进制序列线性编码、解码和演示三个模块。
- 循环编码模块组,包括二进制向量循环编码、解码和演示三个模块,二进制序列循环编码、解码和演示三个模块。
- Hamming 编码模块组,包括二进制向量 Hamming 编码、解码和演示三个模块,二进制序列 Hamming 编码、解码和演示三个模块。
- BCH 编码模块组,包括二进制向量 BCH 编码、解码和演示三个模块,二进制序列 BCH 编码、解码和演示三个模块。
- Reed-Solomon 编码模块组,包括正数向量 RS 编码、解码和演示三个模块,二进制向量 RS 编码、解码和演示三个模块,整数序列 RS 编码、解码和演示三个模块,二进制序列 RS 编码、解码和演示三个模块。
- 卷积编码库中包括卷积编码、Viterbi 编码和演示三个模块。

(2) 信道库(Channels),包括:

- 加零均值 Gauss 白噪声信道模块和四个演示模块。
- 加二进制误差信道模块及演示模块。
- 有限二进制误差模块及演示模块。
- 定参数 Rayleigh 衰减信道模块,变参数 Rayleigh 衰减信道模块及演示模块。
- 定参数加 Rician 噪声信道模块,变参数加 Rician 噪声信道模块及两个演示模块。

(3) 通信接受库(Comm Sinks)，包括：

- 触发写文件模块及触发文件 I/O 演示模块。
- 触发眼孔图样/散布图模块及演示模块。
- 采样时间眼孔图样/散布图模块及演示模块。
- 误差率计算模块及演示模块。

(4) 通信源库(Comm Sources)，包括：

- 触发文件读入模块及触发文件 I/O 演示模块。
- 采样读工作空间变量模块，具有同步脉冲的采样读工作空间变量模块。
- 具有采样率的向量脉冲模块。
- 均匀分布的噪声发生器模块及演示模块。
- Gauss 分布噪声发生器模块及演示模块。
- 随机整数发生器模块及均匀分布整数演示模块。
- Poisson 分布随机整数发生器模块及演示模块。
- 二进制向量发生器模块及演示模块。
- Bernoulli 分布随机数发生器模块及演示模块。
- Rayleigh 分布随机噪声发生器模块及演示模块。
- Rician 分布噪声发生器模块及演示模块。

(5) 调制库(Modulation)，包括数字基带调整模块库，数字通带调制模块库，模拟基带调制模块库和模拟通带调制模块库。

其中数学基带调制模块库包括：

- 基带 MASK(Multiple Amplitude Shift Keying)调制、解调及演示三个模块。
- 基带 S-QASK(Quadrature Amplitude Shift Keying)调制、解调和演示模块。
- 基带 A-QASK 调制、解调和演示模块。
- 基带 MFSK(Multiple Frequence Shift Keying)调制模块，基带相干 MFSK 解调模块。

数字基带通带模块库包括：

- 通带 MASK 调制、解调和演示三个模块。
- 通带 S-QASK 调制、解调和演示模块。
- 通带 A-QASK 调制、解调和演示模块。
- 通带 MFSK 调制模块，通带相干 MFSK 解调模块，通带非相干 MFSK 解调模块和它们的演示模块。
- 通带 MPSK(Multiple Phase Shift Keying)调制、解调和演示模块。
- 通带 DPSK(Differential Phase Shift Keying)调制、解调和演示模块。
- 通带 MSK(Minimum Phase Shift Keying)调制、解调模块。
- 通带 OQPSK(Offset Quadrature Phase Shift Keying)调制、解调模块。

模拟基带调制模块库包括：

- 基带 DSB-SC(Double Side Band Shift Control)调制、解调和演示三个模块。

- 基带 QAM(Quadrature Amplitude Modulation)调制、解调和演示三个模块。
- 基带 FM(Frequency Modulation)调频、解调和演示模块。
- 基带 PM(Phase Modulation)相位调制、解调和演示模块。
- 基带 SSB-AM(Single Side Band Amplitude Modulation)单边带调幅、解调及演示三个模块。
- 具有传输载波的基带 AM、解调和演示三个模块。

模拟通带调制模块库包括：

- 通带 DSB-SC 调幅、解调和演示三个模块。
- 通带 QAM 调制、解调和演示模块。
- 通带 FM 调频、解调和演示模块。
- 通带 PM 相位调制、解调和演示模块。
- 通带 SSB-AM 单边带调幅、解调和演示三个模块。
- 具有传输载波的通带 AM、解调和演示三个模块。

(6)　源编码器(Source Coding)包括：

- 标量量化编码、解码和演示三个模块。
- 激活量化编码和演示两个模块。
- DPCM(Differential Pulse Code Modulation)编码、解码及演示三个模块。
- 规则压缩、解压模块。
- A 规则压缩、解压模块。

(7)　同步库(Synchronization)包括：

- PLL(Phase Locked Loop)模块，基带 PLL 模型模块及演示模块。
- 进料泵 PLL 模块。
- 线性化基带 PLL 模块。

(8)　实用函数库(Utility Functions)包括：

- 离散时间积分器模块。
- 模积分器模块。
- 离散 VCO(Voltage Controlled Oscillator)模块。
- VCO 模块。
- 可复位数字计数器模块。
- 错误计数器模块。
- 数据绘图器及演示模块。
- 二进制微分编码器和解码器模块。
- 窗口积分器模块。
- 包络检测器模块。
- 十进制正数标量与向量胡黄转换器模块。
- 交错模块及演示模块。
- 预定复位积分模块。

- 信号边沿检测模块。
- 扰频器、解扰器及演示模块。
- 寄存器移位及演示模块。
- 触发缓冲器模块。
- 触发向量信号重新分布及演示两个模块。
- 向量信号重新分布及演示两个模块。

2．面板与仪表模块库

面板与仪表模块库包含的模块子库用基于面板的仪器库(Dashboard-Based Instrumentation)和基于模型的仪器库(Model-Based Instrumentation)。

3．数字信号处理模块(DSP Blockset)

数字信号处理模块库中包括的子模块库有 DSP 接受库、DSP 源库和估计库。估计库中包含参数估计模块和功率谱估计模块库。

(1) 参数估计模块库包括：

- Yule-Walker AR 模块。
- Burg AR 估计模块。
- 协方差 AR 估计模块。
- 改进的协方差 AR 估计模块。

(2) 功率谱估计模块库包括：

- 短时 FFT 模块。
- 幅值 FFT 模块。
- Yule-Waker AR 谱估计模块。
- Burg AR 谱估计模块。
- 协方差 AR 谱估计模块。
- 改进的协方差 AR 谱估计模块。

4．定点模块库(Fixed-Point Blockset)

定点模块库中所包含的模块子库及模块有：

- 滤波器与系统模块库(Filters and systems Examples)。
- 定点参数模块(FixPt Constant)。
- 定点转换模块(Fixpt Conversion)。
- 定点遗传转换模块(Fixpt Conversion Inherited)。
- 定点 FIR 模块(FixPt FIR)。
- 定点 GUI 模块(FixPt GUI)。
- 定点增益模块(FixPt Gain)。
- 定点门输入模块(FixPt Gateway In)。

- 定点门输出模块(FixPt Gateway Out)。
- 定点逻辑运算模块(FixPt Logical Opertator)。
- 定点查询表模块(Look-Up Table)。
- 二维定点查询表模块(FixPt Look-Up Table2-D)。
- 定点矩阵增益模块(FixPt Matrix Gain)。
- 定点乘积模块(FixPt Product)。
- 定点关系运算模块(FixPt Relation Opertator)。
- 定点延迟模块(FixPt Relay)。
- 定点饱和模块(FixPt Relay)。
- 定点求和模块(FixPt Sum)。
- 定点开关模块(FixPt Switch)。
- 定点单位延迟模块(FixPt Unit Delay)。
- 定点零阶保持模块(FixPt Zero-Order Hold)。

5. 非线性控制系统设计模块库(NCD Blockset)

NCD 模块库中包含的子库有:
- RMS 模块库,包括连续、离散 RMS 模块和它们的演示模块。
- NCD 输出端口模块库(NCD Outport)。
- NCD 演示模块库(NCD Demos),含有四个演示模块和三个指南模块。

6. 神经网络模块库(Neural Network Blockset)

神经网络模块库中包含的模块子库有:
- 传递函数模块库(Transfer Functions)。
- 权函数模块库(Weight Functions)。
- 网络输入函数库(Net Input Functions)。

7. 电力系统模块库

(1) 电源模块库:
- 直流电压源模块(DC Voltage Source)。
- 交流电压源模块(AC Voltage Source)。
- 交流电流源模块(AC Current Source)。
- 可控电压源模块(Controlled Voltage Source)。
- 可控电流源模块(Controlled Current Source)。

(2) 元件模块库:
- 串联 RLC 支路模块(Series RLC Branch)。
- 串联 RLC 负载模块(Series RLC Load)。
- 并联 RLC 负载模块(Parallel RLC Load)。

- 线性变压器模块(Linear Transformer)。
- 饱和变压器模块(Saturable Transformer)。
- 互感器模块(Mutual Inductance)。
- 电涌放电器模块(Surge Arrester)。
- 分布参数线路模块(Distributed Parameters Line)。
- 断路器模块(Bleaker)。
- π截面导线模块(PI Section Line)。

(3) 电源电子元件模块库：

- 理想开关模块(Ideal Switch)。
- 金属氧化物半导体模块(Diode)。
- 场效应晶体管模块(Mosfer)。
- 门电路模块(Thyristor)。
- 二极管模块(Gto)。
- 可控硅模块(Detailed Thyrisor)。

(4) 仪表模块库：

- 电压测量模块(Voltage Measurement)。
- 电流测量模块(Current Measurement)。

(5) 连接器模块库：

- 接地模块。
- 局部接地模块。
- T 型和 L 型接地模块。
- 多进多出连接器。
- 多进多出薄连接器。

(6) 电机模型库：

- 简单的同步电机模块(3 个)。
- 恒磁同步电机模块(2 个)。
- 异步电机模块(3 个)。
- 涡轮与调节器模块(2 个)。
- 同步电机模块(4 个)。

11.4　Simulink 模块的基本操作

11.4.1　Simulink 模型的工作原理

Simulink 建模大体可以分为两步，创建模型的图标和控制 Simulink 对它进行仿真。这些图形化的模型和现实系统之间存在着一定的映射关系，下面将详细介绍 Simulink 的工作原理。

1．模型和实际系统的映射关系

现实情况下，每一个系统都是由输入、输出和状态三个基本元素组成的，它们之间随着时间变化有一定的数学函数关系。Simulink 模型中每一个图形化的模块代表现实系统中的一个元件的输入、输出和状态之间随着时间变化的函数关系，即元件或系统的数学模型。系统的数学模型是由一系列数学方程式(代数环、微分和差分等式)来描述的，每一个模块都代表一组数学方程，Simulink 中将这些方程形象化为模块。模块和模块之间的连线代表系统中各元件输入和输出信号的连接关系，也代表了随时间变化的信号值。

2．Simulink 对图形化模型的仿真

Simulink 对模型进行仿真的过程，就是在用户定义的时间段内根据模型提供的信息计算系统的状态和输出的过程。当用户开始仿真时，Simulink 分以下几个阶段来运行。

(1) 模型编译阶段。

Simulink 引擎调用模型编译器，将模型编译成可执行的数学函数形式。编译器主要完成以下任务：

● 评价模块参数的表达式以确定它们的值。

● 确定信号属性(如名字、数据类型等)。

● 传递信号属性以确定为定义信号的属性。

● 优化模块。

● 展平模型的继承关系(如子系统)。

● 确定模块运行的优先级。

● 确定模块的采样时间。

(2) 连接阶段。

Simulink 引擎创建按执行的次序排列的函数运行列表，同时定位和初始化存储每个模块的运行信息的存储器。

(3) 仿真阶段。

Simulink 引擎从仿真的开始时间到结束时间，在每一个时间点将按顺序计算系统的状态和输出。这些计算状态和输出的时间点就称作时间步，相邻两个时间点间的长度就称作步长，步长的大小取决于求解器的类型。该阶段又分成两个子阶段。

① 仿真环初始化阶段：该阶段只运行一次，用于初始化系统的状态和输出。

② 仿真环迭代阶段：该阶段在定义的时间段内每隔一个时间步长就重复运行一次，用于在每一个时间步计算模型的新的输入、输出和状态，并更新模型，使之能反映系统最新的计算值。在仿真结束时，模型能反映系统最终的输入、输出和状态值。

11.4.2 模块的选定复制

1. 模块的选定

模块的选定是许多其他操作的前提条件，如模块的复制、删除、移动等。用鼠标单击需要选定的模块，被选定的模块的四个角会出现黑色小矩形，称为柄。

选中的小模块如图 11-14 所示。

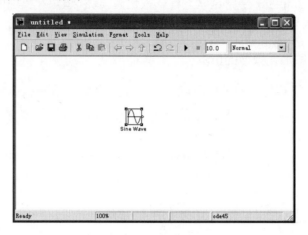

图 11-14　选中模块

(1) 选定单个模块的方法：用鼠标指向待选模块，单击鼠标左键，选中的模块四角出现黑色的柄，如图 11-14 所示就是一个被选中的模块。一旦选中一个模块，以前选中的所有模块将恢复以前不被选中的状态。

(2) 选定多个模块的操作方法：

● 按住 Shift 键，依次选定所需选定的模块。

● 按住鼠标左键，拉动矩形虚线框，将所有待选定的模块包含在其中，然后松开鼠标，矩形框里的模块(包括信号线)均被选中，如图 11-15 所示。

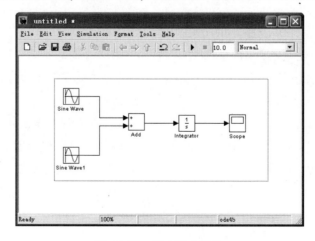

图 11-15　选中多个模块

(3)　选定当前窗口中所有模块的方法：打开窗口菜单中的 Edit 项，选择其中的 Select All 命令，这时当前窗口中的所有模块都被选中。

2．模块的复制

模块的复制可以在模型窗口、库窗口以及模型窗口和库窗口之间实现。

(1)　不同模型窗口和库窗口之间的模块复制的方法有：

● 　在一个窗口中选中模块，按下鼠标左键，将它拖到另一个模型窗口，释放鼠标。

● 　在一个窗口中选中模块，单击图标 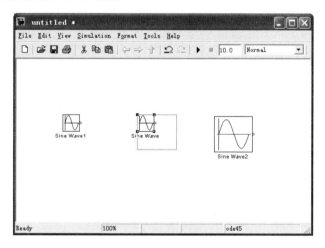，然后用鼠标单击目标窗口中需要复制模块的位置，最后用鼠标单击图标 。

(2)　相同模型窗口内的模块复制的方法：

● 　按下鼠标右键，将鼠标拖动到合适的地方，然后释放鼠标。

● 　按住 Ctrl 键，再按下鼠标左键，拖动鼠标至合适的地方，然后释放鼠标。

● 　与不同模型窗口中的第二种复制方法一样。

11.4.3　模块大小改变与旋转

1．改变模块大小

首先选中需要改变大小的模块，移动鼠标到出现的柄处，当鼠标变成带双箭头的指针时，按住鼠标左键，拖曳指针即可。一个模块最小可定义为一个 5×5 的像素，而最大只受计算机屏幕的限制。当模块被重新定义大小的时候，出现一个矩形虚框，表示改变后的大小。过程中的图形变换如图 11-16 所示。

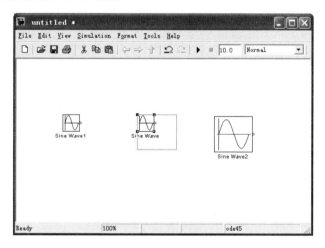

图 11-16　改变模块的大小

2．模块的旋转

Simulink 在默认情况下，信号总是从模块的左边流进，从模块的右边流出，即输入在左边，输出在右边。用户可以采用下面的方法来改变模块的方向：

- 从菜单栏中选择 Format→Flip Block 命令，可以将模块旋转 180°。
- 从菜单栏中选择 Format→Rotate Block 命令(快捷键：Ctrl+R)，可以将选定的模块旋转 90°。

旋转后的模块如图 11-17 所示。

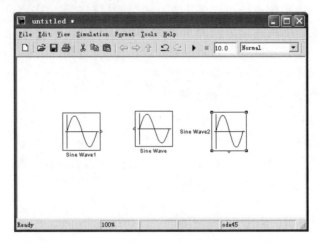

图 11-17　模块旋转

11.4.4　模块颜色的改变与名的改变

1．模块颜色的改变

(1)　模块的阴影效果。

从菜单栏中选择 Format→Show Drop Shadow 命令，可以给选中的模块加上阴影效果。重新选择 Format→Hide Drop Shadow 命令则可以去除阴影效果。效果如图 11-18 所示。

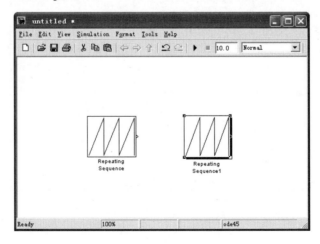

图 11-18　加阴影的效果

(2)　改变模块颜色。

①　改变模块线条颜色的选项调用如图 11-19 所示。

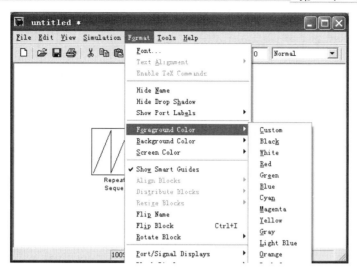

图 11-19　模块线条颜色菜单

选取用户需要的颜色即可，如没有符合要求的选项，则选择 Custom 命令，可以自行定义所需颜色。

② 改变模块背景颜色选项的调用如图 11-20 所示。

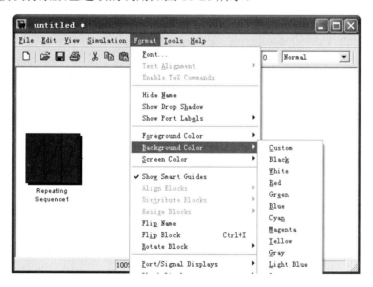

图 11-20　模块背景颜色菜单

2. 模块名的操作

在一个 Simulink 模型中，所有的模块名都必须是唯一的，并且至少含有一个字符，Simulink 在默认情况下，如果一个模块的端口在右边，那么它的名字就在它的下方，如果模块的端口在其上方或下方，那么它的名字就在它的右边。用户可以改变模块名的位置和内容。

- 修改模块名：单击需要修改的模块名，在模块名的四周将出现一个编辑框，可以在编辑框中完成对模块名的修改。修改完毕，单击编辑框外的区域，修改结束。

● 模块名的字体设置：从菜单栏中选择 Format→Font 命令，打开字体设置对话框，设置相应的字体。字体设置对话框如图 11-21 所示。

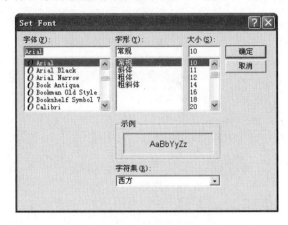

图 11-21　字体设置对话框

● 模块名的移动：从菜单栏中选择 Format→Flip Name 命令，可将模块名移动到原来位置的对侧。另一种方法是单击模块名，出现编辑框后，用鼠标拖动编辑框至需要的位置。

● 模块名的隐藏：选中模块名，从菜单栏中选择 Format→Hide Name 命令，可以隐藏模块名，重新从菜单栏中选择 Format→Show Name 命令，又可显示模块名。

11.4.5　模块参数设置

在 Simulink 中，用户可以对模块进行参数设置。用鼠标双击需要进行参数设置的模块，或者选中一个模块，从菜单栏中选择 Edit→Block Propertied 命令，Simulink 将打开一个模块的基本属性对话框。在该对话框中，用户可以对功能描述(Description)、优先级(Priority)、标签(Tag)、打开函数(Open Function)、属性格式(Attributes Format String)等基本属性进行设置。

如图 11-22 所示为信号源 Clock 的属性对话框。

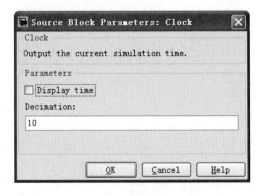

图 11-22　Clock 属性对话框

用户按各个模块的属性对话框中的相应参数进行设定，然后单击 OK 按钮即可完成参数的设定。

11.4.6　连线分支与连线改变

Simulink 中模块之间要用线连接起来，称为信号线。各个模块的信号总是通过这些信号线连接并传输的。在 Simulink 中，无论哪个模块，都是由输入端口接收信号，由输出端口发送信号。

用鼠标在模型窗口中进行拖动，即可完成信号线的绘制。具体方法是：先将光标指向连线的起点，一般为某个模块输出端，鼠标光标将以十字显示，按下鼠标，并拖动到终点，一般为另一个模块的输入端，然后释放鼠标。Simulink 将根据起点和终点的位置，自动完成两个模块之间的连接。这时的连线一般由水平或垂直指向线组成。

1. 信号线的移动与删除

对信号线进行移动时，只需选中能移动的信号线，此时信号线的端口和折点位置将会出现黑色的小方块，将鼠标指向小方块，按下鼠标左键，拖动鼠标至要求的位置，然后释放鼠标，如图 11-23 所示。

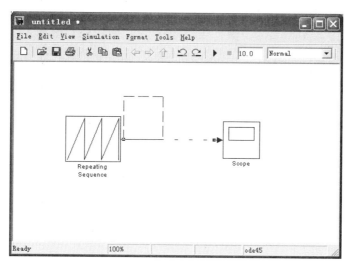

图 11-23　移动信号线

删除信号线时，选中待删除的信号线，按下 Delete 键，或选择窗口菜单中的 Edit→Delete 命令。

2. 信号线的分支

在实际系统中，某个模块的信号经常需要同时与多个模块进行连接，这时的信号线将出现分支的情况，如何绘制信号线的分支将是下面要讲的内容。

在信号线需要加分支的某个点按下鼠标右键，当光标变成十字形时，拖动鼠标到终点，释放鼠标，完成了一条分支的绘制，并在分支处显示出一个粗点，表示这里是相连接的，如果没有出现粗点，则表示这两条信号线交叉不相连，如图 11-24 所示。

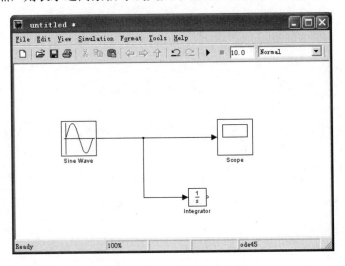

图 11-24　信号线的分支

在创建模型时，有时还需要使两模块的信号线转向。这种过程称为"折曲"。完成这种操作的方法为：选中一条信号线，将光标指向需要"折曲"的地方，按住 Shift 键，再按下鼠标左键，拖动鼠标到合适的位置，然后释放鼠标，如图 11-25 所示。

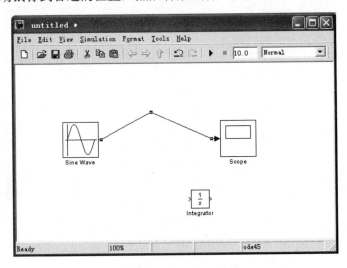

图 11-25　信号线的折曲

3. 注释信号线

(1) 添加注释：双击需要添加注释的信号线，弹出文本编辑框。输入结束后，用鼠标单击编辑框以外的地方，即完成注释的输入。

(2) 修改注释：单击需要修改的注释，在注释四周出现编辑框，在编辑框中可以对注释进行修改。

（3）删除注释：单击注释，出现编辑框后，双击注释，这样整个注释都被选中，按下 Delete 键可删除整个注释。

（4）复制注释：单击注释，待编辑框出现后，将光标指向注释，按下鼠标右键，或按下 Ctrl 的同时，按下鼠标左键，拖动鼠标到新的注释出现的地方，然后释放鼠标。

11.4.7　信号组合

在利用 Simulink 进行系统仿真时，有时需要将某些模块的输出信号组合成向量信号，并将得到的向量信号作为另外模块的输入。有时又需要将向量信号分解成多个标量信号。能够完成信号组合与分解功能的模块是 Signal Routes 模型库中的 Mux 模块和 Demux 模块，使用 Mux 模块可以将多个标量信号组合成一个向量信号。

使用 Demux 模块可以将向量信号分解成多个标量信号，如图 11-26 所示，图中使用示波器显示模块 Scope 显示信号，Scope 模块只有一个输入口，若输入信号是向量信号，则 Scope 模块会以不同的颜色显示每个信号。

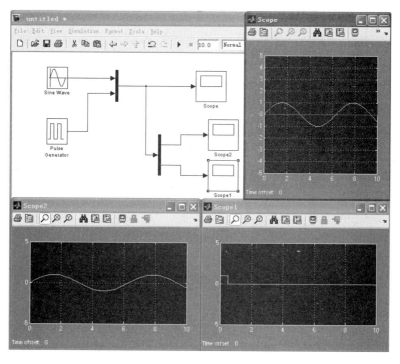

图 11-26　信号组合与分解

11.5　模 型 注 释

对于复杂系统的 Simulink 仿真模型，如果没有适当的说明，别人很难读懂模型的功能，因此需要对其进行注释说明。通常可以采用 Simulink 的模型注释和信号标签两种方法。信号标签方法将在后续内容中进行介绍，本节主要介绍模型注释的方法。

在 Simulink 中对系统模型进行注释很简单，只需要在系统模型编辑器的背景上双击鼠标左键，即可打开一个文本编辑框，可以在里面输入相应的注释文档。需要注意的是，虽然文本编辑框支持汉字输入，但是 Simulink 无法将添加有汉字注释的系统模型保存起来，因此建议读者采用英文注释。系统模型注释方法如图 11-27 所示，添加注释后，可用鼠标对其进行移动。

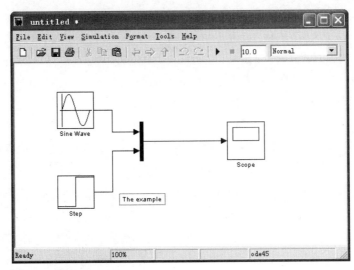

图 11-27　添加模型注释

注释位置的移动：在注释文字处单击鼠标左键，出现编辑框，将光标移至编辑框上，按下鼠标左键并拖至希望的位置即可。

注释文字的字体控制：单击注释编辑框，然后选中菜单栏中的 Format→Font 命令，在弹出的标准字体对话框中进行设置。

11.6　设置 Simulink 仿真系统界面

在前面几节中，已经介绍了用 Simulink 进行系统建模与仿真，任何动态系统的模型构建与仿真的步骤与此类似。本节所要介绍的 Simulink 界面设计主要用来改善系统模型的界面，以利于用户对系统模型的理解与维护。

11.6.1　模块框图属性编辑

1．框图的视图调整

为了让用户更好地观察系统模型，Simulink 允许在其系统模型编辑器中对系统模型的视图进行适当的调整。视图调整的方法如下所述：

● 使用 View 菜单中的 Zoom In/Out 命令控制模型在视图区的显示，用户可以对模型视图进行任意缩放。

- 选中要改变大小的模型，使用系统热键 R(放大)或 V(缩小)。
- 按空格键可以使系统模型充满整个视图窗口。

视图调整效果如图 11-28 所示。

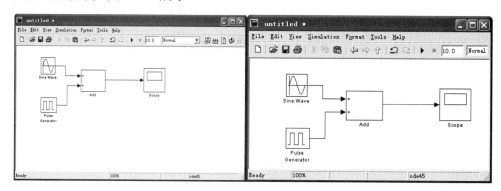

图 11-28　视图大小的调整效果

2．模块的名称操作

在使用 Simulink 中的系统模块构建系统模型时，Simulink 会自动赋予系统模型中的模块一个名字，如正弦信号模块名称为 Sine Wave；对于系统模型中相同的模块，Simulink 会自动对其进行编号。一般对于简单的系统，可以采用 Simulink 的自动命名，但对于复杂系统，给每个模块取一个具有明显意义的名称非常有利于系统模型的理解与维护。下面简单介绍一下模块名称的操作。

- 模块命名：使用鼠标左键单击模块名称，进入编辑状态，然后键入新的名称。
- 移动名称：使用鼠标左键单击模块名称并拖动到模块的另一侧，或选择 Format 菜单中的 Flip Name 命令翻转模块名称。
- 隐藏名称：选择 Format 菜单中的 Hide Name 命令隐藏系统模块名称。

系统模型中模块的名称操作如图 11-29 所示。

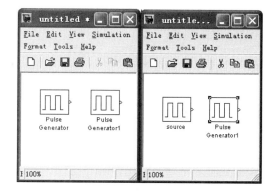

图 11-29　模块名称操作

注意　系统模型中模块的名称应当是唯一的，否则 Simulink 会给出警告并自动改变名称。

3. 模块的其他操作

在 Simulink 中用户可以对模块的几何尺寸进行修改，以改善系统模型框图的界面。对于具有多个输入端口的模块，需要调整其大小，使其能够较好地容纳多个信号连线，而不是采用模块的默认大小，另外，对于某些系统模块，当模块的尺寸足够大时，模块的参数将直接显示在模块上面，这样将有利于用户对模型的理解。改变系统模块尺寸的方法是：使用鼠标左键单击选择模块，然后拖动模块周围任何一个角的黑色方块到适当的大小。

另外，除了 11.4 节中介绍的对模块线条颜色及背景颜色的改变以外，还可以对模型窗口的背景颜色进行改变。选择 Format 菜单中的 Screen Color 选项就可以完成窗口颜色改变。操作如图 11-30 所示。

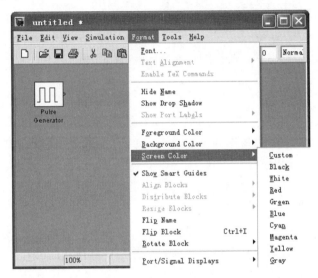

图 11-30　模型窗口背景颜色设置

11.6.2　信号标签与标签传递

1. 信号标签

在创建大型复杂的系统模型时，信号标签对理解系统框图尤为重要。所谓信号标签，就是信号的"名称"或"标记"，它与特定的信号相联系，是信号的一个固有的属性。与系统框图中的注释不同，框图注释只是对整个或局部系统模型进行说明的文字信息，它与系统模型是相分离的。

生成信号标签的方法有两种。

(1) 使用鼠标左键双击需要加入标签的信号(即系统模型中与信号相对应的模块连线)，这时便会出现标签编辑框，在其中键入标签文本即可。与框图注释类似，信号标签也可以移动到要求的位置，但只能是在信号线的附近。如果强行将标签拖动到离开信号线的位置，标签将会自动回到原处。当一个信号定义了标签后，这条信号线引出的分支线会继承这个标签，当双击分支线时，对应的信号标签将会显示。相应的操作结果如图 11-31 所示。

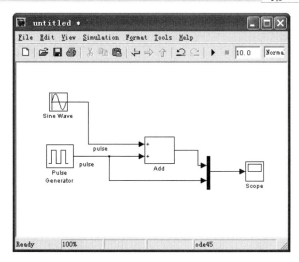

图 11-31　添加信号标签

(2)　首先选择需要加入标签的信号，用鼠标左键单击信号连线，然后使用 Edit 菜单中的 Signal Properties 命令，在打开的界面中编辑信号的名称，而且还可以使用这个界面对信号做简单的描述并建立 HTML 文档链接，如图 11-32 所示。应当注意的是，虽然信号标签的内容可以任意指定，但为了系统模型可读性好，信号标签最好使用能够代表信号特征的名称(如信号类型、信号作用等)。

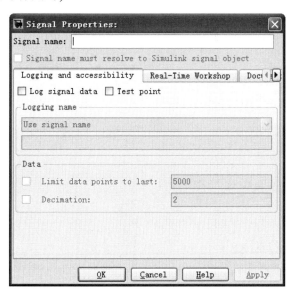

图 11-32　信号标签设置

2．信号标签的传递

在系统模型中，信号标签可以由某些称为"虚块"的系统模块来进行传递。这些虚块主要用来完成对信号的选择、组合与传递，它不改变信号的任何属性。如 Signals&Systems 模块库中的 Mux 模块的功能是组合信号，但并不改变信号的值。

信号标签传递的方法有如下方式。

(1) 选择信号线并用鼠标双击，在信号标签编辑框中键入"＜＞"，在此尖括号中键入信号标签即可传递信号标签。然后选择"Edit"菜单中的"Update Diagram"刷新模型。

(2) 选择信号线，然后选择 Edit 菜单中的 Signal Properties 命令，或单击鼠标右键，选择弹出式菜单中的"Signal Properties"，将"Show Propagated Signals"设置成 on 即可。值得说明的是只能在信号的前进方向上传递该信号标签。当一个带有标签的信号与 Scope 块连接时，信号标签将作为标题显示。信号标签的传递如图 11-33 所示。

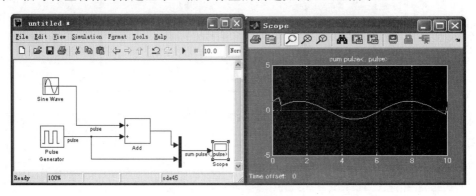

图 11-33　信号标签的传递

11.7　仿真运行过程

建立好一个模型之后就要运行模型和分析仿真结果了，在 11.2 节中已经通过一个例子简单说明了仿真运行的过程。本节将对仿真参数的设置和示波器的使用做详细的介绍。

Simulink 支持两种不同的仿真启动方法：直接从模型窗口中启动和在命令窗口中启动。本节主要介绍使用窗口进行运行仿真。在仿真启动之前，用户需要仔细配置仿真的基本设置。如果设置不合理，仿真过程将难以进行。

11.7.1　运行仿真

当建立好模型后，可以直接在模型窗口通过菜单或工具栏进行仿真，如图 11-34 所示。可以通过这些菜单设置仿真的参数、仿真的时间，以及选择解法器等，不需要记忆 Matlab 中的各种命令语法。前面在 11.1.4 小节中已对模型窗口的菜单和工具做了详尽的介绍，用户只需加以实践便可掌握。当然用户还可以采用 Ctrl+T 的快捷键方式。仿真结束后，计算机将发出"哔"的声音来提示用户。

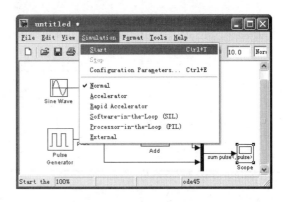

图 11-34　运行仿真的方法

由于模型的复杂程度和仿真时间跨度的大小不同，每个模型的仿真时间不相同，同时仿真时间还受到计算机本身性能的影响。用户可以在仿真过程中选择 Simulation→Stop 菜单命令，或采用 Ctrl+T 的快捷键方式人为中止模型的仿真。用户也可以选择 Simulation→Pause 或 Simulation→Continue 菜单命令来暂停或继续仿真过程。如果模型中包含向数据文件或工作空间输出结果的模块或在仿真配置中进行了相关的设置，则仿真过程结束或暂停后，会将结果写入数据文件或工作空间中。

11.7.2 仿真参数设置

可以通过模型窗口中的 Simulation→Configuration Parameters 菜单命令打开设置仿真参数的对话框，也可以通过单击鼠标右键，通过显示出的上下文菜单中的 Configuration Parameters 命令打开，如图 11-35 所示。

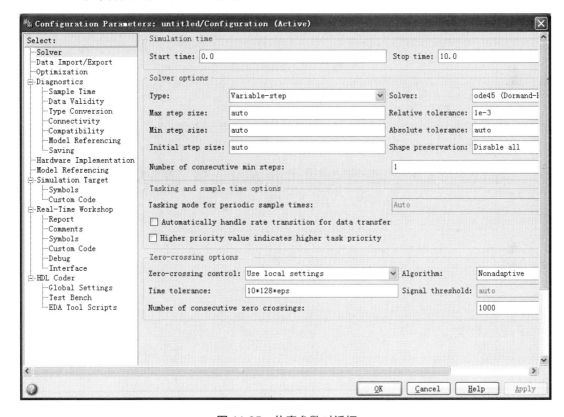

图 11-35　仿真参数对话框

对话框将参数分成 6 组不同的类型，下面将对每组中的参数的作用和设置方法进行简单的介绍。

1．Solver 面板

该面板用于设置仿真开始和结束时间，选择解法器，并设置它的相关参数，面板如图 11-36 所示。

Simulink 支持两类解法器：固定步长和可变步长解法器。两种解法器计算下一个仿真时间的方法都是在当前仿真时间上加一个时间步长。不同的是，固定步长解法器的时间步长是常数，而可变步长解法器的时间步长是根据模型动态特性可变的。当模型的状态变化特别快时，为了保证精度，应适当降低时间步长。面板中的 Type 用于设置解法器的类型，当选择不同的类型时，Solver 中可选的解法器列表也不同。

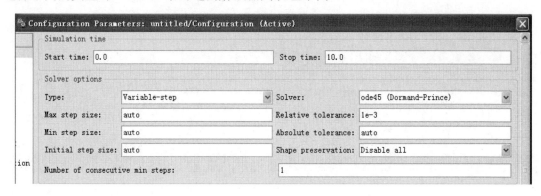

图 11-36　Solver 面板

2．Data Import/Export 面板

该面板主要用于向 Matlab 工作空间输出模型仿真结果数据，或从 Matlab 工作空间读入数据到模型，面板如图 11-37 所示。

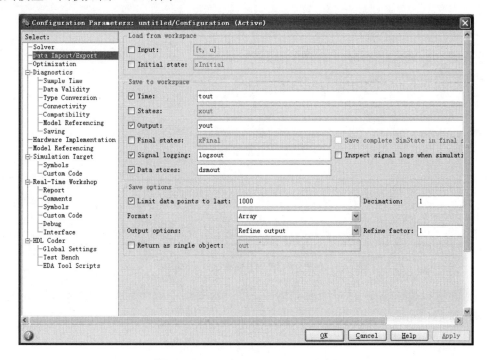

图 11-37　Data Import/Export 面板

Load from workspace：从 Matlab 工作空间向模型导入数据，作为输入和系统的初始状态。

Save to workspace：向 Matlab 工作空间输出仿真时间、系统状态、系统输出和系统最终状态。

Save options：向 Matlab 工作空间输出数据的数据格式、数据量、存储数据的变量名以及生成附加输出信号数据等。

3．Optimization 面板

该面板用于设置各种选项来提高仿真性能和由模型生成的代码的性能，面板如图 11-38 所示。

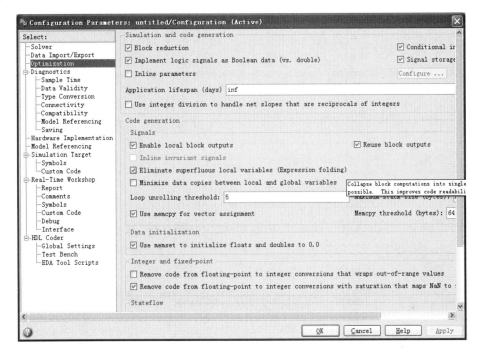

图 11-38　Optimization 面板

Block reduction：设置用时钟同步模块来代替一组模块，以加速模型的运行。

Conditional input branch execution：用于优化模型的仿真和代码的生成。

Inline parameters：选中该选项使得模型的所有参数在仿真过程中不可调，Simulink 在仿真时就会将那些输出仅决定于模块参数的模块从仿真环中移出，以加快仿真。如果用户想要使某些变量参数可调，那么可以单击 Configure 按钮打开 Model Parameter Configuration 对话框，将这些变量设置为全局变量。

Implement logic signals as Boolean data：使得接受布尔值输入的模块只能接受布尔类型，若该项没被选，则接受布尔输入的模型也能接受 double 类型输入。

4．Diagnostics 面板

该面板主要用于设置当模块在编译和仿真遇到突发情况时，Simulink 将采用哪种诊断方式，如图 11-39 所示，该面板还将各种突发情况的出现原因分类列出。

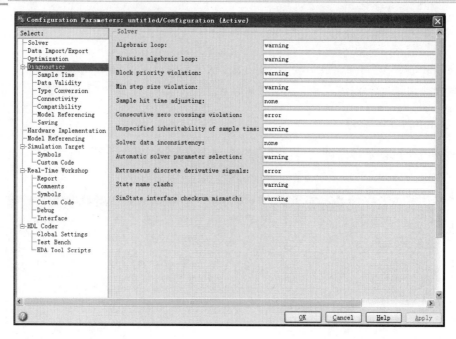

图 11-39 Diagnostics 面板

5. Hardware Implementation 面板

该面板主要用于定义硬件的特性，这里的硬件是指将来要用来运行模型的物理硬件。这些设置可以帮助用户在模型实际运行目标系统之前通过仿真检测到一个在目标系统上运行可能会出现的问题，面板如图 11-40 所示。

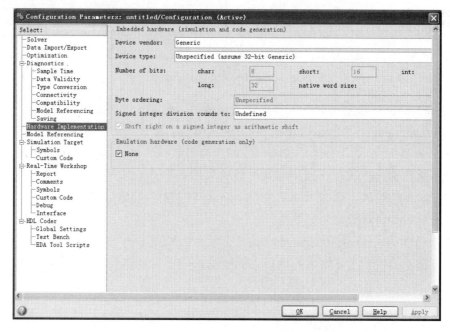

图 11-40 Hardware Implementation 面板

6．Model Referencing 面板

该面板主要用于生成目标代码、建立仿真以及定义当此模型中包含其他模型或其他模型引用该模型时的一些选项参数值，如图 11-41 所示。

(1) 当前模型中含有其他模型时(Rebuild options for all referenced models)的设置。

Rebuild：用于设置是否要在当前模型更新、运行仿真和生成代码之前重建仿真和 Real-Time Workspace 目标。因为在进行模型更新、运行仿真和生成代码时，有可能其中所包含的其他模型发生了改变，所以需要在这里进行设置。

(2) 其他模型中包含有当前模型时(Options for referencing this model)的设置。

Total number of instances allowed per top model：用于设置在其他模型中可以引用多少个该模型。

Model dependencies：用于定义存放初始化模型参数的命令以及为模型提供数据的文件名或路径，定义的方式是将文件名或文件路径的字符串定义成字符串细胞阵列。

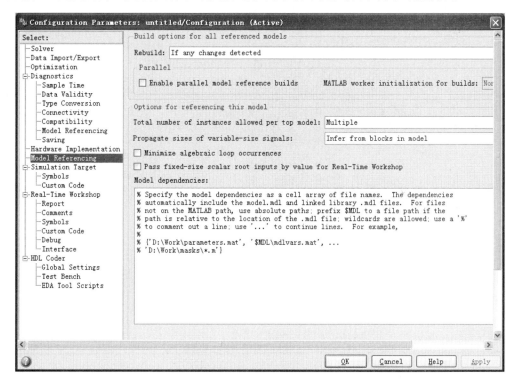

图 11-41　Model Referencing 面板

Pass scalar root inputs by value：如果存在此项，选中别的模型在调用该模型时就会通过数值来传递该模型的标量输入，否则就通过参考来传递输入。选中此项就会允许模型从速度快的寄存器或局部存储单元读取数据，而不是从它的实际输入位置来读取。

Minimize algebraic loop occurrences：选中此项后，Simulink 就试图消除模型中的一些代数环。

11.7.3 示波器的使用

仿真进行当中，用户一般需要随时绘制仿真结果的曲线，以观察信号的实时变化，在模型当中使用示波器(Scope)是其中最为简单和常用的方式。

scope 模块可以在仿真进行的同时用来显示输出信号曲线。由于示波器模块在仿真中经常用到，在这里我们将主要说明示波器模块的使用方法。

示波器模块可以接受向量信号，在仿真过程中，实时显示信号波形。如果是向量信号，示波器可以自动以多种颜色的曲线表示各个向量。

不论示波器是否已经打开，只要仿真一启动，示波器缓冲区就会接受传递来的信号。如果数据长度超过设定值，则最早的历史数据将被冲掉。在示波器窗口(图 11-42)中，三个图标分别表示 X-Y 双轴调节、X 轴调节和 Y 轴调节。图标可以根据数据的时间范围自动设置纵坐标的显示范围和刻度。双击图标则打开示波器属性对话框。

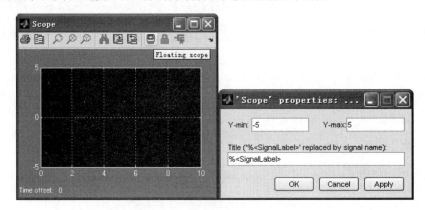

图 11-42　示波器窗口和属性设置

在示波器的显示范围内，单击鼠标右键，将弹出一个上下文菜单，选择 Axes properties 菜单命令，将弹出纵坐标设置对话框。在相应的输入栏中输入所希望的纵坐标上下限，可以调整示波器实际纵坐标显示的范围。示波器属性对话框如图 11-43 所示。

图 11-43　示波器属性对话框

其中各有关部分的设置如下。

- Time range：默认值为 10，表示显示数据的区间在[0，10]内，如果数据的实际范围超出设定的区间，则超出的部分不再显示。
- Sampling：包含两个下拉菜单。Decimation 表示显示频度。如果取 n，则每隔(n-1)个数据点给予显示。默认值为 1。Sample time 表示点的采样时间步长。默认值为 0。表示显示连续信号。如果取–1，则表示显示方式取决于实际输入信号。如果取大于零的整数，则表示显示离散信号的时间间隔。
- Limit rows to last：设定缓冲区接受数据的长度。默认为选中状态，其值为 5000。
- Save data to workspace：将示波器缓冲区中保存的数据送入 Matlab 基本工作空间中。保存的变量名可以修改。
- Number of axes：默认值为 1，此时 Scope 模块只有一个输入口，示波器窗口只有 1 个信号显示区，如果值为 2，Scope 模块有 2 个输入口，示波器窗口有 2 个信号显示区，以此类推。
- Floating scope：示波器是否以浮动窗口形式出现。

11.8　Simulink 连续系统建模

连续系统是指系统输出在时间上连续变化，连续系统的应用非常广泛，下面简单介绍有关连续系统的概念。

满足下面条件的系统为连续系统：

- 系统输出连续变化。变化的间隔为无穷小量。
- 对系统的数学描述来说，存在系统输入或输出的微分项。
- 系统具有连续的状态。

11.8.1　线性系统建模

如果一个连续系统能够同时满足如下的性质。

(1) 齐次性：对于任意的参数 α，系统满足：

$$T\{\alpha u(t)\} = \alpha T\{u(t)\}$$

(2) 叠加性：对于任意输入变量 $u_1(t)$ 与 $u_2(t)$，系统满足：

$$T\{u_1(t) + u_2(t)\} = T\{u_1(t)\} + T\{u_2(t)\}$$

则此连续系统为线性连续系统。

在 Simulink 基本模块中选择 Continuous 后，单击便可看到其中包括的连续模块，包括的子模块及功能如表 11-15 所示。

表 11-15　连续模块的名称及功能

图　形	模　块　名	功　　能
du/dt	Derivative	输入信号微分
$\frac{1}{s}$	Integrator	输入信号积分
x' = Ax+Bu y = Cx+Du	State-Space	状态空间系统模型
$\frac{1}{s+1}$	Transfer-Fcn	传递函数模型
	Transport Delay	固定时间传输延迟
	Variable Transport Delay	可变时间传输延迟
$\frac{(s-1)}{s(s+1)}$	Zero-Pole	零极点模型

使用这些模块进行仿真时，将图标拖到 Simulink 的模型窗口中，双击图标就打开了其属性设置对话框，设置具体的模型系数即可。下面将对在 Simulink 中设置系统模型的几种表示进行介绍。

1. 由传递函数建立系统模型

由系统传递函数的形式建立 Simulink 仿真模型可直接使用 Continue 模块库的 Transfer Fcn 模块，下面以实例进行说明。

例 11.1　Simulink 仿真实例

已知某单位负反馈系统的开环传递函数为 $G(s) = \dfrac{3s+9}{s^2+4s+2}$，试建立其 Simulink 仿真模型并进行仿真。

建立上述模型的基本步骤如下。

(1) 建立一个空白的 Simulink 仿真模型窗口，如图 11-44 所示。

(2) 选择系统所需要的 Simulink 模块，传递函数模型需要 Contionuous(连续系统)模块库的 Transfer Fcn 模块，单位阶跃信号需要 Sources 模块库的 Step 模块，此外还需要 Math Operations 模块库的 Add 模块及 Sinks 模块库中的 Scope 模块，将它们拖动到空白模型中，结果如图 11-45 所示。

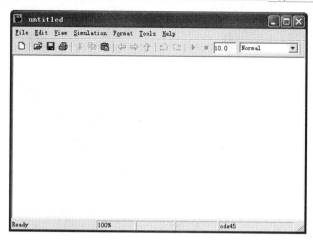

图 11-44　Simulink 仿真空白模型窗口

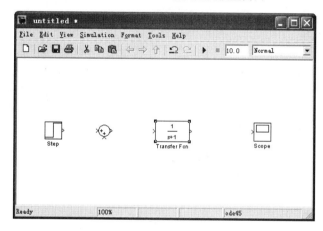

图 11-45　添加基本模块后的仿真窗口

(3)　建立传递函数的模型。由已知条件可知开环传递函数只有一部分。因此首先建立传递函数模型部分，连接模块并设置仿真参数。如图 11-46 所示。仿真求解器参数取系统默认值，单位阶跃响应的阶跃时间从零开始。

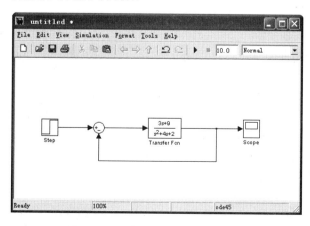

图 11-46　建立完成后的仿真模型

(4) 单击工具栏中的 ▶ 按钮，运行仿真，结果如图 11-47 所示。

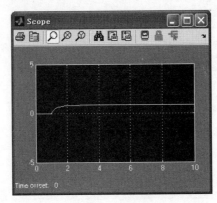

图 11-47 仿真结果

2. 由状态方程建立系统模型

由系统状态方程建立 Simulink 仿真模型可直接使用 Continuous 模块库的 State-Space 模块，同样，下面以实例进行说明。

例 11.2 Simulink 仿真模型

已知某系统状态空间模型为：

$$\dot{X} = \begin{bmatrix} -8 & -16 & -6 \\ 1 & 0 & 0 \\ 0 & 1 & 0 \end{bmatrix} X + \begin{bmatrix} 1 \\ 0 \\ 0 \end{bmatrix} U, \quad Y = \begin{bmatrix} 2 & 8 & 6 \end{bmatrix} X$$

试建立其 Simulink 仿真模型，并求其单位阶跃响应。

求解过程如下。

① 建立一个 Simulink 空白仿真模型窗口，如图 11-48 所示。

选择系统所需的 Simulink 模块。欲求取状态空间模型描述的系统单位阶跃响应曲线，所需的 Simulink 模块有 Continuous 模块库的 State-Space 模块和 Sources 模块的 Step 模块，此外还需要 Sinks 模块库的 Scope 模块，将它们拖动到如图 11-44 所示的空白模型中，结果如图 11-48 所示。

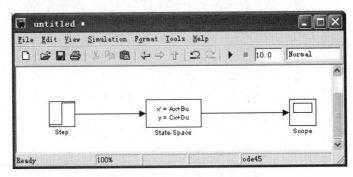

图 11-48 连接后的效果

② 连接模块并设置参数。

由状态空间模型可知，其系数矩阵为：

$$A = \begin{bmatrix} -8 & -16 & -6 \\ 1 & 0 & 0 \\ 0 & 1 & 0 \end{bmatrix}, \quad B = \begin{bmatrix} 1 & 0 & 0 \end{bmatrix}^T, \quad C = \begin{bmatrix} 2 & 8 & 6 \end{bmatrix}, \quad D = 0 \, 。$$

双击 State-Space 模块，弹出参数设置对话框，如图 11-49 所示。在这里需要设置状态空间模型的系数矩阵。

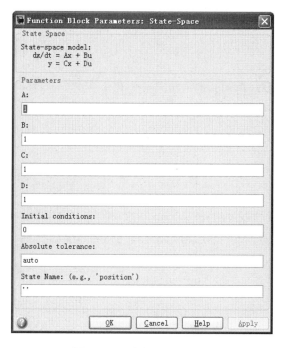

图 11-49　参数设置对话框

③ 设置仿真参数并运行仿真。

Simulink 仿真求解器取默认参数设置，单击工具栏中的 ▶ 按钮，运行仿真，结果如图 11-50 所示。

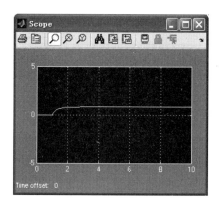

图 11-50　仿真结果

3．由微分方程建立系统模型

在实际应用中，用户可以将微分方程转化为传递函数模型或状态空间模型，然后利用前面介绍的两种方法建立系统模型，也可以直接由微分方程建立系统模型。下面通过一个实例说明建立系统模型的过程。

例 11.3　高阶微分方程 Simulink 仿真

已知某系统数学模型是一个高阶微分方程，如下所示：

$$\dddot{y}+10\ddot{y}+20\dot{y}+24y=4u$$

且输出量 y 的各阶导数初值均为零，试建立其 Simulink 仿真模型。

求解过程如下。

①　将高阶微分方程转化为一组一阶微分方程：

设 $x_1=y$，$x_2=\dot{y}$，$x_3=\ddot{y}$，则得：

$$\dot{x}_1=\dot{y}=x_2 \qquad \dot{x}_2=\ddot{y}=x_3$$

$$\dot{x}_3=\dddot{y}=-10\ddot{y}-20\dot{y}-24y+4u=-10x_3-20x_2-24x_1+4u$$

输出方程：$y=x_1$。

②　建立每个一阶微分方程的 Simulink 仿真模型。

这里首先需要知道微分环节 $x=\int \dot{x}dt$ 的 Simulink 模型，如表 11-15 中的输入信号积分模块所示。因此可以建立如下仿真模型：

$$x_1=\int \dot{x}_1 dt \qquad x_2=\int \dot{x}_2 dt \qquad x_3=\int \dot{x}_3 dt$$

③　将以上各微分单元连接起来，就构成了整个系统的 Simulink 仿真模型，结果如图 11-51 所示。

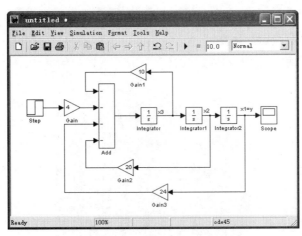

图 11-51　由微分方程建立系统结构

④　设置 Simulink 仿真参数，Simulink 求解器取默认参数配置。运行仿真，输出响应曲线，仿真结果如图 11-52 所示。

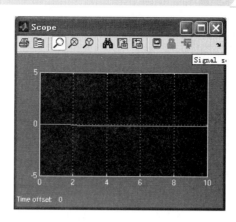

图 11-52　仿真结果

从上面的例子可以看出，如果系统数学模型是一个高阶微分方程，需要将其转换为一组一阶微分方程，这样，对每一个一阶微分方程，都可以利用积分模块建立其 Simulink 仿真模型，再利用每个微分方程之间的变量联系，就建立起整个系统的 Simulink 仿真模型。不管系统的数学模型简单与否，建立 Simulink 仿真模型的方法都是这样。

4．Simulink 中模型与状态空间模型的转化

Simulink 提供了以状态空间形式线性化模型的函数命令：linmod 和 dlinmod，这两个命令需要提供模型线性化时的操作点，它们返回的是围绕操作点处系统线性化的状态空间模型。linmod 执行的是连续系统模型的线性化，linmod2 命令也是获取线性模型，采用高级方法，而 dlinmod 命令执行的是离散系统模型的线性化。

Linmod 命令返回的是由 Simulink 模型建立的常微分方程系统的线性模型，命令的语法结构为：

```
[A,B,C,D]=linmod('sys',x,u)
```

这里，sys 是需要进行线性化的 Simulink 模型的系统的名称，linmod 命令返回的就是 sys 系统在操作点处的线性模型。x 是操作点处的状态向量；u 是操作点处的输入向量，如果删除 x 和 u，默认值为 0。

需要注意的是，linmod 函数如果要线性化包含微分或传输滞后模块的模型时，会比较麻烦，在线性化之前，需要用一些专用模块替换着两个模块，以避免产生问题。

这些模块在 Simulink Extras 库下的 Linearization 子库中：

- 对于 Derivative 模块，用 Linearization 子库中的 Switched derivative for linearization 模块替换。
- 对于 Transport Delay 模块，用 Switched transport delay for linearization 模块代替(这些模块要求系统安装了 Control System Toolbox)。
- 当模型中有 Derivative 模块时，也可以试试把导数模块与其他模块合并起来，例如，如果一个 Derivative 模块与一个 Transfer Fcn 模块串联，最好用单个 Transfer Fcn 模块来实现。

11.8.2　非线性系统建模

系统如果不能应用叠加原理，则系统是非线性的。在建立控制系统的微分方程时，常常遇见非线性方程。由于解非线性微分方程比较困难，因而提出了非线性特性的线性化问题。如果我们能够做某种近似，或者缩小一些研究问题的范围，那么大部分非线性特性都可以近似地作为线性特性来处理，这会给控制系统研究工作带来诸多的方便。虽然这种方法是近似的，但在一定范围内能够反映系统的特性，在工程实践中有很大的实际意义。

在实际应用中，如果系统的运行是围绕平衡点进行的，并且系统中的信号是围绕平衡点变化的小信号，那么就可以用线性系统去近似表示非线性系统。这种线性系统在有限的工作范围内等效于原来的非线性系统。在应用中，这种线性化系统(线性定常模型)是很重要的。

线性化过程用数学方法来处理就是将一个非线性函数 $y=f(x)$ 在其工作点 (x_0,y_0) 处展开成泰勒级数，然后忽略其二次以上的高阶项，得到线性化方程，并以此代替原来的非线性函数。因为忽略了泰勒级数展开中的高阶项，所以这些被忽略的项必须很小，即变量只能对工作状态有微小的偏离。

对于具有一个自变量的非线性函数，设输入量为 $x(t)$，输出量为 $y(t)$，系统正常工作点为 $y_0=f(x_0)$，那么在 $y_0=f(x_0)$ 附近展开成泰勒级数为：

$$y=f(x_0)+\left(\frac{\mathrm{d}f(x)}{\mathrm{d}x}\right)_{x=x_0}(x-x_0)+\frac{1}{2!}\left(\frac{\mathrm{d}^2f(x)}{\mathrm{d}x^2}\right)_{x=x_0}(x-x_0)^2+\cdots$$

如果变量的变化很小，则可以忽略二次以上的项，可以写成：

$$y=f(x_0)+\left(\frac{\mathrm{d}f(x)}{\mathrm{d}x}\right)_{x=x_0}(x-x_0)$$

或者：

$$y=y_0+k(x-x_0)$$

对于多输入量函数的线性化，下面以两个输入变量的函数 $y=f(x_1,x_2)$ 在工作点 $x_1=x_{10}$，$x_2=x_{20}$ 处的线性化为例进行介绍。

方程 $y=f(x_1,x_2)$ 在工作点附近展开成泰勒级数如下：

$$y=f(x_{10},x_{20})+\left[\left(\frac{\partial f}{\partial x_1}\right)(x_1-x_{10})+\left(\frac{\partial f}{\partial x_2}\right)(x_2-x_{20})\right]$$

$$=\frac{1}{2!}\left[\left(\frac{\partial f}{\partial x_1^2}\right)(x_1-x_{10})^2+2\left(\frac{\partial^2 f}{\partial x_1\partial x_2}\right)(x_1-x_{10})(x_2-x_{20})+\left(\frac{\partial^2 f}{\partial x_2^2}\right)(x_2-x_{20})^2\right]+\cdots$$

在工作点附近，高阶项可以忽略不计，于是上式可以写成如下形式：

$$y=f(x_{10},x_{20})+\left(\frac{\mathrm{d}f}{\mathrm{d}x_1}\right)_{x_1=x_{10}}(x_1-x_{10})+\left(\frac{\mathrm{d}f}{\mathrm{d}x_2}\right)_{x_2=x_{20}}(x_2-x_{20})$$

或者：

$$y=y_0+k_1(x_1-x_{10})+k_2(x_2-x_{20})$$

上述线性化方法只有在工作状态附近才是正确的。当工作状态的变换范围很大时，线性化方程就不适合了，这时必须使用非线性方程。应当特别注意，在分析和设计中采用的具体数学模型只是在一定的工作条件下才能精确地表示实际系统的动态特性，在其他工作条件下它可能是不精确的。

11.9　课后练习

1. 什么是 Simulink？

2. 如何进行下列操作：

(1)　翻转模块。

(2)　给模型窗口加标题。

(3)　指定仿真时间。

(4)　设置示波器的显示刻度。

3. 有传递函数如下的控制系统，用 Simulink 建立系统模型，并对系统的阶跃响应进行仿真。

$$G(s) = \frac{1}{s^2 + 4s + 8}$$

4. 建立一个简单模型，用信号发生器产生一个幅度为 2V、频率为 0.5Hz 的正弦波，并叠加一个 0.1V 的噪声信号，将叠加后的信号显示在示波器上并传送到工作空间。

5. 建立一个简单模型，产生一组常数(1×5)，再将该常数与其 5 倍的结果合成一个二维数组，用数字显示器显示出来。

第 12 章

文件和数据的
导入与导出

文件是程序设计的一个重要概念。一般数据是以文件的形式存放在外部介质上，操作系统也以文件为单位对数据进行管理。和其他高级语言一样，Matlab 把文件看成字符的序列，根据数据的组织形式，可分为 ASCII 文件和二进制文件。ASCII 文件又称文本(text)文件。二进制文件是把内存中的数据按其在内存中的存储形式原样输出到磁盘上存放。

Matlab 可以通过数据 I/O 导入导出数据文件，或者通过函数法实现。其中函数操作又可根据函数的类型分为低级文件的 I/O 操作和高级文件的 I/O 操作。低级文件的 I/O 操作读写数据比较复杂，需要设置比较多的参数，但是相对比较灵活，而高级文件的 I/O 操作是 Matlab 向用户提供的可较为简洁地导入、导出数据的函数。

学习目标

◇ 了解低级文件 I/O
◇ 掌握文件打开和关闭
◇ 掌握数据的读写
◇ 了解文件的定位和文件状态
◇ 了解高级文件 I/O

12.1 低级文件 I/O 介绍

Matlab 提供了一系列低层输入输出函数，专门用于文件操作。这些函数是建立在 ANSI 标准 C 库中的 I/O 函数。若用户对 C 语言熟悉的话，那么也肯定熟悉这些函数。

低级文件的 I/O 操作大致的操作过程为打开文件，并标识打开的文件，输入从文件中读入或写入，完成操作后关闭文件。下面具体介绍实现这些功能的函数及其使用方法。

Matlab 中这种基本的低级文件 I/O 命令如表 12-1 所示。

表 12-1　低级文件 I/O 指令

命　令	说　明
fpoen	打开文件
fclose	关闭文件
feof	测试文件结束
ferror	查询文件 I/O 的错误状态
fgetl	读文件的行，忽略换行符
fgets	读文件的行，包括换行符
fprintf	把格式化数据写到文件或屏幕上
frewind	返回到文件开始
fscanf	读取文本文件中的数据
fseek	设置文件位置指示符
ftell	获取文件位置指示符
fread	从文件中读二进制数据
fwrite	把二进制数据写到文件里

12.2 文件打开和关闭

12.2.1 打开文件

在读写文件之前，无论是要读写 ASCII 码文件还是二进制文件，必须先用 fopen 函数打开或创建文件，并指定对该文件进行的操作方式。fopen 函数的调用格式为：

```
fid=fopen(filename,mode)
[fid,message]=fopen(filename, mode)
fid =fopen('all')
```

其中，**fid** 表示待打开的数据文件，用于存储文件句柄值。如果返回的句柄值大于 0，若返回的文件标识是-1，则代表 fopen 无法打开文件，其原因可能是文件不存在，或是用户无法打开此文件权限。则说明文件打开成功。

- filename 表示要读写的文件名称，用字符串形式，表示待打开的数据文件。
- message 是 fopen 函数的一个返回值，用于返回无法打开文件的原因。为了安全起见，最好在每次使用 fopen 函数时，都测试其返回值是否为有效值。
- mode 表示要对文件进行的处理方式。常见的打开方式如表 12-2 所示。

表 12-2　文件处理方式

命　令	说　明
'r'	只读方式打开文件(默认的方式)，该文件必须已存在
'r+'	读写方式打开文件，打开后先读后写。该文件必须已存在
'w'	打开后写入数据。该文件已存在则更新；不存在则创建
'w+'	读写方式打开文件。先读后写。该文件已存在则更新；不存在则创建
'a'	在打开的文件末端添加数据。文件不存在则创建
'a+'	打开文件后，先读入数据再添加数据。文件不存在则创建
'W'	以更新文件方式处理时没有自动格式
'A'	以修改文件方式处理时没有自动格式

'r'表示对打开的文件读数据，'w'表示对打开的文件写数据，'a'表示在打开的文件末尾添加数据。另外，在这些字符串后添加一个't'，如'rt'或'wt+'，则将该文件以文本方式打开；如果添加的是'b'，则以二进制格式打开，这也是 fopen 函数默认的打开方式。

例 12.1　只读方式打开文件

以只读方式依次打开 tan 函数、atan 函数、sin 函数、cos 函数、cot 函数、acot 函数以及不存在的 sincos 函数对应文件：

```
[fid1,message1]=fopen('tan.m','r')
[fid2,message2]=fopen('atan.m','r')
[fid3,message3]=fopen('sin.m','r')
[fid4,message4]=fopen('cos.m','r')
[fid5,message5]=fopen('cot.m','r')
[fid6,message6]=fopen('acot.m','r')
[fid7,message7]=fopen('sincos.m','r')
```

命令窗口中的输出结果如下所示：

```
fid1 =
    3
message1 =
    ''
fid2 =
    4
message2 =
    ''
fid3 =
    5
message3 =
```

```
     ''
fid4 =
     6
message4 =
     ''
fid5 =
     7
message5 =
     ''
fid6 =
     8
message6 =
     ''
fid7 =
     -1
message7 =
No such file or directory
```

前几条语句为已存在的文件分别给出文件标识 3、4、5、6、7 和 8，这六个数字仅仅是一个标识，不同情况下运行数值可能不同。

注意

具体的 fid 数值没有太大的意义，一般是由系统自动获取的，用户只需查看 fid 数值是否为-1。

12.2.2 关闭文件

文件在进行完读、写等操作后，应及时关闭，以免数据丢失。这时就可以使用 fclose 函数来关闭文件，关闭文件用 fclose 函数，调用格式为：

● status=fclose(fid)

● status=fclose('all')

其中，fid 为打开文件的标志。

status 表示关闭文件操作的返回代码，若返回值为 0，则表示成功关闭 fid 标志的文件；若返回值为-1，则表示无法成功关闭该文件。

一般来说，在完成对文件的读写操作后就应关闭它，以免造成系统资源浪费。此外，需注意的是，打开和关闭文件都比较耗时，因此为了提高程序执行效率，最好不要在循环体内使用文件。

如果要关闭所有已打开的文件，可以使用 status=fclose('all')命令。

例 12.2 关闭已打开的文件

在命令窗口中输入如下语句：

```
>> fid=fopen('cos.m','r')
>> status=fclose(fid)
```

运行后，命令窗口的输出结果如下所示：

```
fid =
```

```
     3
status =
     0
```

创建文件 mytest.m，然后删除该文件。在 Matlab 的命令窗口中输入以下代码：

```
>> [fid,message]=fopen('mytest.m','w');
>> delete mytest.m
```

运行后查看程序代码的结果如下：

```
Warning: File not found or permission denied
```

首先我们创建了对应的空白文件 mytest.m，并打开对应文件后，如果直接删除文件，而没有关闭文件，则系统会发出警告。

先关闭文件，然后再删除文件。在命令窗口中再输入以下代码：

```
>> status=fclose(fid);
>> delete mytest.m
>> [fid,message]=fopen('mytest.m','r+')
```

查看程序运行结果如下：

```
fid =
    -1
message =
No such file or directory
```

12.3　数据的读写

对 Matlab 而言，二进制文件是相对比较容易处理的，这些文件比较容易和 Matlab 进行交互。常见的二进制文件包括.m、.dat、.txt 等。

12.3.1　读取 TXT 文件

虽然 Matlab 自带的 MAT 文件为二进制文件，但为了便于和外部程序进行交换以及方便查看文件中的数据，也常常采用文本数据格式与外界进行数据交换。在文本格式中，数据采用 ASCII 码格式，可以表示字母和数字字符。ASCII 文本数据可以在文本编辑器中查看和编辑。Matlab 提供多种函数，能够进行文件读写，这些函数都是 Matlab 的一部分，不需要额外的工具箱支持。

1. 使用导入模板读取数据

打开 Matlab，选择 File→Import Data 选项，或者单击 Workspace 窗口中的 按钮，如图 12-1 所示，即可弹出 Import Data 对话框。

图 12-1　Workspace 窗口

在文件选择对话框中选择想导入数据的文本文件 grade.txt，然后单击 Open 按钮，导入数据模板就会打开该文件并准备处理其内容。如图 12-2 所示。

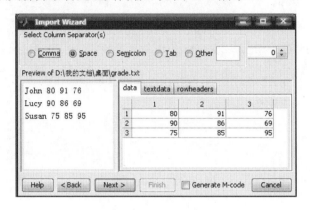

图 12-2　导入数据模板

指定用于分开单个数据的字符，该字符称为分隔符或列分隔符。在多数情况下可以用导入模板来设定分隔符。

选择要导入的变量。在默认情况下，导入模板将所有的数值数据放在一个变量中，而将文本数据放在其他变量中。

单击 Finish 按钮完成数据的导入。

当使用导入模板来打开一个文本文件时，在导入模板对话框的预览区仅显示原始数据的一部分，通过它，用户可以验证该文件中的数据是否为所期望的。导入模板也根据文件中的数据分隔符来对导入的数据进行预处理。在导入模板中打开工作区中的 grade.txt 文件：

```
        english  Math   physic
John      80      91      76
Lucy      90      86      69
Susan     75      85      95
```

在图 12-3 中，导入模板已辨认 space 字符，把它作为文件中数据的分隔符，并建立了两个变量：data(包含文件中的所有数值数据)和 textdata(包含文件中的所有文本数据)。

当导入模板正确导入文件中的数据后，就会显示它所建立的变量。要选择一个变量来导入数据，可单击它名称后面的复选框。在默认情况下，所有变量都会被选中。在导入对话框的右面显示了导入模板建立的变量内容。要查看其他变量，只需要单击该名称。在选择好要导入的变量后，单击 Next 按钮，如图 12-4 所示。

在默认情况下，导入模板将文件中所有的数值数据放在一个变量中；若文件包含文本数据，则模板将它们放在另外一个变量中；若文件包含行或列，模板也将它们作为各自独立的变量，分别称为行头和列头。

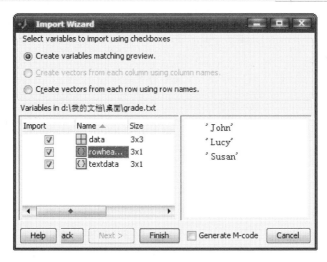

图 12-3　建立两个变量 data 和 textdata

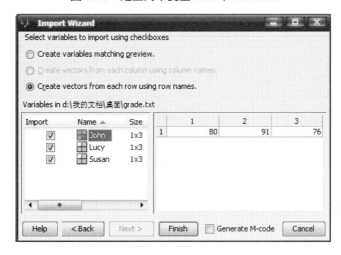

图 12-4　使用模板查看各变量数据

当所有导入模板创建好数据后，使用 whos 命令可以查看工作空间的变量：

```
>> whos
  Name      Size           Bytes  Class     Attributes
  John      1x3               24  double
  Lucy      1x3               24  double
  Susan     1x3               24  double
```

2. 使用函数来读取文本数据

若要在命令行或在一个 M 文件中读取数据，必须使用 Matlab 数据函数，函数的选择则是依据文本文件中数据的格式。而且文本数据格式在行和列上必须采取一致的模式，并使用文本字符来分隔各个数据项，称该字符为分隔符或列分隔符。分隔符可以是 space、comma、semicolon、ab 或其他字符，单个的数据可以是字母、数值字符或它们的混合形式。

文本文件也可以包含称为头行的一行或多行文本，或可以使用文本头来标志各列或各行。在了解到要输入数据的格式之后，便可以使用 Matlab 函数来读取数据了。若对 Matlab 函数不熟悉，可从表 12-3 中了解几个读取函数的一些使用特征。

表 12-3　读取函数的比较

函　　数	数据类型	分　隔　符	返　回　值
csvread	数值数据	仅 comma	1
dlmread	数值数据	任何字符	1
fscanf	字母和数值	任何字符	1
load	数值数据	仅 space	1
textread	字母和数值	任何字符	多返回值

(1)　csvread 函数。

csvread 函数的调用格式如下。

M = csvread('filename')：将文件 filename 中的数据读入，并且保存为 M，filename 中只能包含数字，并且数字之间以逗号分隔。M 是一个数组，行数与 filename 的行数相同，列数为 filename 列的最大值，对于元素不足的行，以 0 补充。

M = csvread('filename', row, col)：读取文件 filename 中的数据，起始行为 row，起始列为 col，需要注意的是，此时的行列从 0 开始。

M = csvread('filename', row, col, range)：读取文件 filename 中的数据，起始行为 row，起始列为 col，读取的数据由数组 range 指定，range 的格式为[R1 C1 R2 C2]，其中 R1、C1 为读取区域左上角的行和列，R2、C2 为读取区域右下角的行和列。

(2)　dlmread 函数。

dlmread 函数用于从文档中读入数据，其功能强于 csvread。dlmread 的调用格式如下：

```
M = dlmread('filename')
M = dlmread('filename', delimiter)
M = dlmread('filename', delimiter, R, C)
M = dlmread('filename', delimiter, range)
```

其中参数 delimiter 用于指定文件中的分隔符，其他参数的意义与 csvread 函数中参数的意义相同，这里不再赘述。dlmread 函数与 csvread 函数的差别在于，dlmread 函数在读入数据时可以指定分隔符，不指定时默认分隔符为逗号。

(3)　load 函数。

若用户的数据文件只包含数值数据，则可以使用许多 Matlab 函数，这取决于这些数据采用的分隔符。若数据为矩形形状，也就是说，每行有同样数目的元素，这时可以使用最简单的命令 load(load 也能用于导入 MAT 文件，该文件为用于存储工作空间变量的二进制文件，如果文件名后缀是.dat，则 Matlab 会以 MAT 文件格式进行读取)。

例如，文件 my_data.txt 包含了两行数据，各数据之间由 space 字符隔开。

当使用 load 时，它将读取数据并在工作空间中建立一个与该文件同名的变量，但不包括扩展名。

```
>>load my_data.txt;
```

调用 whos 命令查看工作空间的变量：

```
>> whos
  Name          Size          Bytes         Class      Attributes
  data          3x3           72            double
  my_data       3x4           96            double
  textdata      4x1           314           cell
```

此时可以查看与该文件同名的变量的值：

```
>> my_data
my_data =
    0.3242    0.4324    0.3455    0.6754
    0.4566    0.9368    0.9892    0.9274
    0.4658    0.2832    0.9373    0.8233
```

若想将工作空间的变量以该文件名命名，则可以使用函数形式的 load。下面的语句将文件导入工作空间并赋给变量 A：

```
A=load('my_data.txt');
```

（4）dlmread 函数。

如果数据文件不使用空格符而是使用逗号或是其他符号作为分隔符，用户可以选择多个可用的导入数据函数。最简单的便是使用函数 dlmread。

例如，一个名为 lcode.dat 的数据文件，数据内容由逗号分隔：

```
0.3445,0.8433,0.7865
0.7562,0.4233,0
```

要把该文件的全部内容读入阵列 A，只需输入如下命令：

```
>> A=dlmread('lcode.dat',',')
```

即可以把数据文件中使用的分隔符作为函数 dlmread 的第二个参数。

> **注意**　即使每行的最后一个数据后面不是逗号，dlmread 函数仍能正确读取数据，因为 dlmread 忽略了数据之间的空格符。因此，即使数据为如下格式，前面的 dlmread 命令仍能正常工作。

```
A =
    0.3445    0.8433    0.7865
    0.7562    0.4233         0
```

另外需要注意的是，分隔符只能选取单个字符，不能用字符串来作为分隔符。

（5）textread 函数。

要读取一个包含文本头的 ASCII 码数据文件，可以使用 textread 函数，并指定头行参数。调用函数 textread 同样非常简单，同时对文件读取的格式处理能力更强，函数接收一组预先定义好的参数，由这些参数来控制变量的不同方面。textread 既能处理有固定格式的文件，也可以处理无格式的文件，还可以对文件中的每行数据按列逐个读取。

textread 函数常见的调用方法有如下两种：

```
[A,B,C...]=textread('filename', 'forMat')
[A,B,C...]=textread('filename', 'forMat',N)
```

forMat 用来控制读取的数据格式，由%加上格式符组成，常见的格式符如表 12-4 所示。

表 12-4　格式化输出的标志符及意义

标 志 符	意　　义
%c	输出单个字符
%d	输出有符号十进制数
%e	采用指数格式输出，采用小写字母 e，如 3.1415e+0
%E	采用指数格式输出，采用大写字母 E，如 3.1415E+00
%f	以定点数的格式输出
%g	%e 及%f 的更紧凑的格式，不显示数字中无效的 0
%i	有符号十进制数
%o	无符号八进制数
%s	输出字符串
%u	无符号十进制数
%x	十六进制数(使用小写字母 a～f)
%X	十六进制数(使用大写字母 A～F)

其中%o、%u、%x、%X 支持使用子类型，具体情况这里不再赘述。格式化输出标志符的效果见下面的例子。

例 12.4　用 textread 命令来读取文件中的数据

文件 my_data.txt 包含了如下文件内容，有一行文本头，还有格式化的数值数据。

```
num1    num2    num3    num4
0.3142  0.4324  0.3455  0.6754
0.4566  0.9368  0.9892  0.9274
0.4655  0.2832  0.9373  0.8333
```

因为有文件头，要使用如下 textread 命令来读取文件中的数据：

```
>> [num1 num2 num3 num4]=textread('my_data.txt','%f %f %f %f','headerlines',1)
```

执行结果如下：

```
num1 =
    0.3142
    0.4566
    0.4655
num2 =
    0.4324
    0.9368
    0.2832
```

```
num3 =
   0.3455
   0.9892
   0.9373
num4 =
   0.6754
   0.9274
   0.8333
```

若数据文件中包含了字母和数值混合的 ASCII 码数据，也可以使用函数 textread 来读取数据。由前面的内容可知，函数 textread 可以返回多个输出变量，实际上，用户还可以通过参数指定每个变量的数据类型。

例如要把文件 my_exam.dat 的全部内容读入工作空间，需要在 textread 行数的输入参数中指定数据文件的名称和格式。

文件 my_exam.dat 包含混合的字母和数值，如下：

```
John    gradeA  4.9  pass
Lucy    gradeB  3.5  pass
Susan   gradeD  2.0  fail
```

如果想把 3 列数据全部读取出来，放在 3 个变量中，则使用如下命令：

```
>> [name gra grades answer]=textread('my_exam.dat','%s %s %f %s')
```

这里要注意命令中格式字符串的定义，对于格式字符串中定义的每种变换，必须指定一个单独的输出变量，textread 函数按格式字符串中指定的格式处理文件中的某个数据项，并把值放在输出变量中。输出变量的数目必须和格式字符串中指定的变换数目项匹配，在该例中，函数按格式字符串来读取文件 my_exam.dat 的每一行，直到文件读完，该命令的执行结果是：

```
name =
   ' John '
' Lucy '
'Susan'
gra =
'gradeA'
'gradeB'
   'gradeD'
grades =
   4.9000
   3.5000
2.0000
answer =
'pass'
'pass'
   'fail
```

另外，textread 函数可以有选择地读取数据，比如我们不需要取出中间几列数据，只取出第一列和最后一列数据，则可以使用命令：

```
>> [name  answer]=textread('my_exam.dat','%s %*s %*f %s')
name =
```

```
    'Joe'
    'susan'
answer=
    'pass'
    'fail'
```

若文件采用的分隔符而不是空格，则必须使用函数 textread，将该分隔符作为它的参数。例如，若文件 my_exam.dat 使用分号作为分隔符，则读入该文件需使用如下命令：

```
[name gra grades ans]=textread('my_exam.dat','%s %s %f %s', 'delimiter', '; ')
```

（6）fread 函数。

使用 fread 函数可从文件中读取二进制数据，它将每个字节看成整数，并将结果以矩阵形式返回。对于读取二进制文件，fread 必须指定正确的数据精度。

fread 的基本调用方法是：

```
A=fread(fid)
```

其中 fid 是一个整数型变量，是通过调用 fopen 函数获得的，表示要读取的文件标识符，输出变量 A 为矩阵，用于保存从文件中读取的数据。

例如文件 test.txt 的内容如下：

```
test it
```

用 fread 函数读取该文件，输入如下命令：

```
>> f=fopen('test.txt','r');
>> answer=fread(f)
answer =
   116
   101
   115
   116
    32
   105
   116
```

输出变量的内容是文件数据的 ASCII 码值，若要验证读入的数据是否正确，通过下面的命令可以验证：

```
>> disp(char(ans1'))
test it
```

fread 函数的第二个输入参数可以控制返回矩阵的大小，例如：

```
>> f=fopen('test.txt','r');
>> answer=fread(f, 2)
answer =
   116
   101
```

也可以把返回矩阵定义为指定的矩阵格式，例如：

```
>> f=fopen('test.txt','r');
>> an=fread(f,[2 3])
```

```
answer =
  116   115    32
  101   116   105
```

使用 fread 函数的第三个输入变量，可以控制 fread 将二进制数据转成 Matlab 矩阵用的精度，包括一次读取的位数(Number of Bits)和这些位数所代表的数据类型。

常用的精确度类型有下列几种，如表 12-5 所示。

表 12-5　常用数据精度类型

数据类型	说　　明
char	带符号的字符
uchar	无符号的字符(通常是 8 位)
short	短整数(通常是 16 位)
long	长整数(通常是 16 位)
float	单精度浮点数(通常是 32 位)
double	双精度浮点数(通常是 64 位)

3. fscanf 函数读取数据

(1)　fscanf 函数。

fscanf 函数与 C 语言中的 fscanf 在结构、含义和使用上都很相似，即能够从一个有格式的文件中读入数据，并将它赋给一个或多个变量。fscanf 函数可以读取文本文件的内容，并按指定格式存入矩阵。其调用格式为：

```
[A,COUNT]=fscanf(fid, forMat, size)
```

其中，A 用来存放读取的数据，COUNT 返回所读取的数据元素个数。

fid 为文件句柄。

forMat 用来控制读取的数据格式，由%加上格式符组成。在%与格式符之间还可以插入附加格式说明符，如数据宽度说明等。

size 为可选项，决定矩阵 A 中数据的排列形式，它可以取下列值：

N(读取 N 个元素到一个列向量)、inf(读取整个文件)、[M,N](读数据到 M×N 的矩阵中，数据按列存放)。

例 12.5　使用 fscanf 函数读取文件数据

读取 my_test.dat 文件中的数据，其数据内容是：

```
4.5646867e-001  8.2140716e-001  6.1543235e-001
1.8503643e-002  4.4370336e-001  7.9192704e-001
```

通过下面这段代码，将该文件中的数据读取到列向量 T 中：

```
>> f=fopen('my_test.dat','r');
>> T=fscanf(f,'%g');
>> fclose(f)
```

也可以通过以下代码段把文件数据读取到一个 3×2 矩阵 A 中：

```
>> f=fopen('my_test.dat','r');
>> A=fscanf(f,'%g', [3 2]);
>> fclose(f)
```

执行后结果如下，这时候 A 矩阵恰好是文件中数据矩阵的转置：

```
>> A
A =
    0.4565    0.0185
    0.8214    0.4437
    0.6154    0.7919
```

(2) fprintf 函数。

fprintf 函数将会把数据转换为字符串，并将它们输出到屏幕或文件中。一个格式控制字符串包含转换指定符和可选的文本字符，通过它们来指定输出格式。转换指定符用于控制阵列元素的输出。fprintf 函数可以将数据按指定格式写入到文本文件中。其调用格式为：

```
fprintf(fid,forMat,A)
```

fid 为文件句柄，指定要写入数据的文件，forMat 是用来控制所写数据格式的格式符，与 fscanf 函数相同，A 是用来存放数据的矩阵。

例 12.6   矩阵赋值

创建一个字符矩阵并存入磁盘，再读出赋值给另一个矩阵。

在命令窗口中输入如下指令：

```
>> a='string';
>> fid=fopen('d:\char1.txt','w');
>> fprintf(fid,'%s',a);
>> fclose(fid);
>> fid1=fopen('d:\char1.txt','rt');
>> fid1=fopen('d:\char1.txt','rt');
>> b=fscanf(fid1,'%s')
```

运行后得到的结果如下所示：

```
b = string
```

例 12.7   创建魔方矩阵并写入数据

创建一个 2×2 的魔方矩阵，然后打开一文件，写入数据。

```
>> x=magic(2);
>> fid=fopen('test.txt','w');
>> fprintf(fid,'%4.2f  %8.4f\n',x);
>> fclose(fid);
```

执行这段程序段之后，我们可以检验一下执行结果：

```
>> x
x =
    1    3
```

```
     4      2
>> type test.txt
1.00    4.0000
3.00    2.0000
```

可以看出，fprintf 函数在打印显示矩阵数据时，数据转换规则是可以按列方式循环作用于矩阵的各个元素的，这个例子中显示出来的结果就好像原矩阵的转置，而且分别按数据转换规则显示。

当 fprint 函数做标准输出，也就是运行结果显示在屏幕上的时候，它的功能和 disp 函数相类似，区别仅在于 fprint 可以输出特定格式的文本数据。

例 12.8　计算并写入文件

计算当 x=[0,1]时，f(x)=e^{x}的值，并将结果写入到文件 my.txt 中。

程序代码如下：

```
>> x=0:0.1:1;
y=[x;exp(x)];      %y 有两行数据
fid=fopen('my.txt','w');
fprintf(fid,'%6.2f  %12.8f\n',y);
fclose(fid)
```

运行后，命令窗口中的结果如下所示：

```
ans =
    0
```

从生成的文件 my.txt 中读取数据，并将结果输出到屏幕。

在命令窗口中输入如下程序：

```
>> fid = fopen('my.txt','r');
[a,count] = fscanf(fid,'%f %f',[2 inf]); fprintf(1,'%f %f\n',a);
fclose(fid);
```

运行后，命令窗口中的显示结果如下：

```
0.000000 1.000000
0.100000 1.105171
0.200000 1.221403
0.300000 1.349859
0.400000 1.491825
0.500000 1.648721
0.600000 1.822119
0.700000 2.013753
0.800000 2.225541
0.900000 2.459603
1.000000 2.718282
```

12.3.2　写入二进制文件

二进制文件在不同的计算机架构上可能存储方式不同，所以二进制文件存在兼容性问题，而文本文件则不存在这种兼容性问题。不同的存储方式导致在不同架构上保存的二进制文件在另外的平台上无法读取，这主要是因为多字节数据类型在计算机硬件上的存储顺序不同。在 Matlab 中，无论计算机上的数据存储顺序是哪一种，都可以读写二进制文件，但要正确地调用 fopen 函数打开文件。

使用 fwrite 函数可将矩阵按所指定的二进制格式写入文件，并返回成功写入文件的大小。fwrite 函数按照指定的数据类型将矩阵中的元素写入到文件中。其调用格式为：

```
count =fwrite(fid, A, precision)
```

其中，count 返回所写的数据元素个数，fid 为文件句柄，A 用来存放写入文件的数据，precision 用于控制所写数据的类型，其形式与 fread 函数相同。

fwrite 函数用于向一个文件写入二进制数据：

```
count=fwrite(fid,A,precision)
```

 注意

  fwrite()读写文件时，必须以二进制方式打开文件。

例 12.9　将魔方阵存入文件

将 5 行 5 列"魔方阵"存入二进制文件中。

```
>> fid=fopen('my.dat','w');
a=magic(6);
fwrite(fid,a,'long');
fclose(fid);
```

读取此文件中的数据，在命令窗口中输入以下程序：

```
fid=fopen('my.dat','r');
[A,count]=fread(fid, [6, inf], 'long');
fclose(fid);
>> A
A =
    35     1     6    26    19    24
     3    32     7    21    23    25
    31     9     2    22    27    20
     8    28    33    17    10    15
    30     5    34    12    14    16
     4    36    29    13    18    11
```

例 12.10　将二进制矩阵存入磁盘文件

```
>> a=[1 2 3 4 5 6 7 8 9];
>> fid=fopen('d:\test.bin','wb')  %以二进制数据写入方式打开文件
fid =                             %其值大于 0，表示打开成功
3
>> fwrite(fid,a,'double')
ans =
9                     %表示写入了 9 个数据
>> fclose(fid)
ans =
0                     %表示关闭成功
```

例 12.11   向文件 my_ex.dat 中写入数据

在命令窗口中输入以下语句：

```
>> y=rand(5)
>> fid=fopen('my_ex.dat','w');
>> fprintf(fid,'%6.3f',y);
>> fclose(fid);
>> fid=fopen('my_ex.dat','r');
>> ey=fscanf(fid,'%f');
>> ey1=ey'
>> fclose(fid);
>> fid=fopen('my_ex.dat','r');
>> ey2=fscanf(fid,'%f',[5 5])
>> fclose(fid);
```

命令窗口中的输出结果如下所示：

```
y =
    0.8147    0.0975    0.1576    0.1419    0.6557
    0.9058    0.2785    0.9706    0.4218    0.0357
    0.1270    0.5469    0.9572    0.9157    0.8491
    0.9134    0.9575    0.4854    0.7922    0.9340
    0.6324    0.9649    0.8003    0.9595    0.6787
ey1 =
  Columns 1 through 9
    0.8150    0.9060    0.1270    0.9130    0.6320    0.0980    0.2780    0.5470    0.9580
  Columns 10 through 18
    0.9650    0.1580    0.9710    0.9570    0.4850    0.8000    0.1420    0.4220    0.9160
  Columns 19 through 25
    0.7920    0.9590    0.6560    0.0360    0.8490    0.9340    0.6790
ey2 =
    0.8150    0.0980    0.1580    0.1420    0.6560
    0.9060    0.2780    0.9710    0.4220    0.0360
    0.1270    0.5470    0.9570    0.9160    0.8490
    0.9130    0.9580    0.4850    0.7920    0.9340
    0.6320    0.9650    0.8000    0.9590    0.6790
```

要以一种标准二进制格式来存写二进制数据，可以使用 Matlab 提供的高端函数，函数的选择取决于要存写数据的类型，这些函数如表 12-6 所示。

表 12-6   导出二进制数据函数

函数名称	读取文件的扩展名	数据格式
save	.Mat	存写 Matlab 下的 MAT 数据格式的数据
avifile	.avi	存写 AVI 格式的音频视频数据
cdfwrite	.cdf	存写 CDF 格式的数据
hdf	.hdf	存写 HDF 格式的数据
imwrite	.bmp .cur .gif .hdf .ico .jpg .pbm .pgm .png .pnm .ppm .pcx .tif .xwd .ras	存写各种格式的图形数据

函数名称	读取文件的扩展名	数据格式
wavwrite	.wav	存写 Windows 系统的声音文件
xlswrite	.xls	存写 Excel 电子表格数据

12.4　文件的定位和文件的状态

每一次打开文件时，Matlab 就会保持一个文件位置指针(File Position Indicator)，由它决定下一次进行数据读取或写入的位置。控制此指针的函数如表 12-7 所示。

表 12-7　控制位置指针的函数

函数名称	功能说明
fseek	设定指针位置
ftell	获得指针位置
frewind	重设指针到文件起始位置
feof	测试指针是否在文件结束位置

1. fseek 函数

fseek 函数用于指定文件指针的位置，调用方式如下：

```
status=fseek(fid,offset,str)
```

其中，fid 是指定的文件标识符。offset 为整数型变量，表示相对于指定位置需要的偏移字节数，其中 fid 为文件句柄，offset 表示位置指针相对移动的字节数，正数表示向文件末尾偏移，负数表示向文件开头偏移。

```
OFFSET values are interpreted as follows:
> 0    Move toward the end of the file.
= 0    Do not change position.
< 0    Move toward the beginning of the file.
```

str 可以是特定字符串，也可以是整数，表示文件中的参考位置。参考位置的参数说明如表 12-8 所示。

表 12-8　参考位置参数的说明

参考位置参数(str)	说　明
bof 或者 −1	文件开头
cof 或者 0	文件中当前位置
eof 或者 1	文件末尾

2. ftell 函数

ftell 函数用来获得当前文件指针的位置，调用方式如下：

```
position=ftell(fid)
```

其中，fid 是指定的文件标识符。position 为返回值，表示当前指针的位置。position 是以相对于文件开头的字节数来表示的。如果返回值为–1，表示未能成功调用。这时可以通过调用 feeeor(fid)显示具体的错误信息。

3. frewind 函数

frewind 函数用来把文件指针重新复位到文件开头。调用方式如下：

```
frewind(fid)
```

其中 fid 为指定的文件标识符，其作用和 fseek(fid,0,-1)是等效的。

4. feof 函数

feof 函数用来判断是否到达文件末尾。调用方式如下：

```
eofstat=feof(fid)
```

其中，fid 为指定的文件标识符。eofstat 是返回值，当到达文件末尾时，eofstat 为 1，否则为 0。

例 12.12　控制指针函数使用实例

在命令窗口中输入以下程序：

```
fid=fopen('my.txt','r');
fseek(fid,0,'eof'');              %指定文件末尾位置
x=ftell(fid);                    %获得当前文件指针的位置
fprintf(1,'File Size=%d\n',x);
frewind(fid);                    %重新回到文件开头
x=ftell(fid);
fprintf(1,'File Position =%d\n',x);
fclose(fid);
```

运行后，命令窗口中显示的结果如下：

```
File Size = 231
File Position = 0
```

例 12.13　测试文件指针位置

```
>> f=fopen('my_test.dat','r');
>> A=fscanf(f,'%g',[3 2])
A =
   0.4565    0.0185
   0.8214    0.4437
   0.6154    0.7919
>>feof(f)
ans=
    0
```

在本例中，文件指针指向最后一个数据，而不是文件末尾，因此返回值是 0，而不是 1，

但是若执行以下命令：

```
>> f=fopen('my_test.dat','r');
>> A=fscanf(f,'%g',[4 2])
A =
    0.4565    0.4447
    0.8214    0.7919
    0.6154         0
    0.0185         0
>>feof(f)
ans=
     1
```

在 my_data.dat 文件中只包含 6 个数字，因此 feof 函数返回值为 1。若要重新设置指针到起始位置，就可以直接使用 frewind 函数。

文件指针可以移动到当前文件末尾的后面，但不能移动到开头的前面；当把指针移动到文件末尾后面时，若关闭文件，则文件大小会自动增长到文件指针所指的大小，用这种方法可以很容易创建一个很大的文件，当然新增加的文件内容是随机的。

例 12.14 通过演示数据文件指定位置数据读取

在命令窗口中输入以下语句：

```
>> A=magic(4);
>> fid=fopen('c:\data.txt','w');      %打开文件
>> fprintf(fid,'%d\n','int8',A);      %把A写入文件
>> fclose(fid);
>> fid=fopen('c:\data.txt','r');
>> frewind(fid);                  %把指针放在文件开头
>> if feof(fid)==0               %如果没有到文件结尾，读取数据
[B,count]=fscanf(fid,'%d\n')      %把数据放入B中
position=ftell(fid)              %得到当前指针位置
end
>> if feof(fid)==1              %如果指针已在文件结尾，重新设置指针
status=fseek(fid,-4,'cof')         %把读取到的数据放入C
[C,count]=fscanf(fid,'%d\n')
end
>> fclose(fid);                 %关闭数据
```

命令窗口中的输出结果如下所示：

```
B =
  105
  110
  116
   56
   16
    5
    9
    4
    2
   11
    7
   14
```

```
       3
      10
       6
      15
      13
       8
      12
       1
count =
      20
position =
      54
status =
       0
C =
       2
       1
count =
       2
```

例 12.15 利用文件内的位置控制读取文件

在命令窗口中输入以下语句:

```
>> fid=fopen('magic.m','r');
>> p1=ftell(fid)
>> a1=fread(fid,[5 5])
>> stadus=fseek(fid,10,'cof');
>> p2=ftell(fid)
>> a2=fread(fid,[5 5])
>> frewind(fid);
>> p3=ftell(fid)
>> a3=fread(fid,[5 5])
>> stadus=fseek(fid,0,'eof');
>>  p4=ftell(fid)
>> d=feof(fid)
>> fclose(fid);
```

命令窗口中的输出结果如下所示:

```
p1 =
       0
a1 =
   102    105     32    103     41
   117    111     61    105     10
   110    110     32     99     37
    99     32    109     40     77
   116     77     97    110     65
p2 =
      35
a2 =
    32    114     32     71     41
   115    101     32     73     32
   113     46     32     67    105
   117     10     77     40    115
    97     37     65     78     32
```

```
p3 =
     0
a3 =
   102   105    32   103    41
   117   111    61   105    10
   110   110    32    99    37
    99    32   109    40    77
   116    77    97   110    65
p4 =
     1043
d =
     0
```

12.5　高级文件 I/O 介绍

高级文件程序包括现成的函数，可以用来读写特殊格式的数据，并且只需要少量的编程即可。

举个例子，如果你有一个包含数值和字母的文本文件(text file)想导入 Matlab，你可以调用一些低级 I/O 文件自己写一个函数，或者是简单地用 TEXTREAD 函数。

使用高级文件程序的关键是：文件必须是相似的。

12.5.1　Mat 文件操作

Mat 文件是 Matlab 使用的一种特有的二进制数据文件。Mat 文件是标准的二进制文件，还可以 ASCII 码形式保存和加载。Mat 文件可以包含一个或者多个 Matlab 变量。Matlab 通常采用 Mat 文件把工作空间的变量存储在磁盘里，在 Mat 文件中不仅保存各变量数据本身，而且同时保存变量名以及数据类型等。

在 Matlab 中载入某个 Mat 文件后，可以在当前 Matlab 工作空间完全再现当初保存该 Mat 文件时的那些变量。这是其他文件格式所不能的。同样，用户也可以使用 Mat 文件从 Matlab 环境中导出数据。Mat 文件提供了一种更简便的机制在不同操作平台之间移动 Matlab 数据。Mat 数据格式是 Matlab 的数据存储的标准格式。

1. 在 Matlab 中读写 Mat 文件

load 函数和 save 函数是主要的高级文件 I/O 程序。load 可以读取 Mat 文件或者用空格间隔的格式相似的 ASCII 文件。save 函数可以将 Matlab 变量写入 Mat 格式文件或者空格间隔的 ASCII 文件。

Matlab 中导入数据通常由函数 load 实现，该函数的用法如下。

- load：如果 Matlab.Mat 文件存在，导入 Matlab.Mat 中的所有变量，如果不存在，则返回 error。
- load filename：将 filename 中的全部变量导入到工作区中。

- load filename X Y Z ...：将 filename 中的变量 X、Y、Z 等导入到工作区中，如果是 Mat 文件，在指定变量时可以使用通配符"*"。
- load filename -regexp expr1 expr2 ...：通过正则表达式指定需要导入的变量。
- load -ascii filename：无论输入文件名是否包含有扩展名，将其以 ASCII 格式导入；如果指定的文件不是数字文本，则返回 error。
- load -Mat filename：无论输入文件名是否包含有扩展名，将其以 Mat 格式导入；如果指定的文件不是 Mat 文件，则返回 error。

例 12.16　将文件 Matlab.Mat 中的变量导入到工作区中

首先应用命令"whos –file"查看该文件中的内容：

```
>> whos -file Matlab.Mat
Name              Size              Bytes Class
A                 2x3                  48 double array
I_q               415x552x3        687240 uint8 array
answer            1x3                  24 double array
num_of_cluster    1x1                   8 double array
Grand total is 687250 elements using 687320 bytes
```

将该文件中的变量导入到工作区中：

```
>> load Matlab.Mat
```

该命令执行后，可以在工作区浏览器中看见这些变量，接下来用户可以访问这些变量。

```
>> num_of_cluster
num_of_cluster =
     3
```

Matlab 中可以使用 open 命令打开各种格式的文件，Matlab 自动根据文件的扩展名选择相应的编辑器。

需要注意的是 open('filename.Mat')和 load('filename.Mat')的不同，前者将 filename.Mat 以结构体的方式打开在工作区中，后者将文件中的变量导入到工作区中，如果需要访问其中的内容，需要以不同的格式进行。

例 12.17　比较 open 函数与 load 函数

```
>> A = magic(4);
>> B = rand(3);
>> save
Saving to: Matlab.Mat
>> load('Matlab.Mat')
>> A
A =

   16    2    3   13
    5   11   10    8
    9    7    6   12
    4   14   15    1
>> B
B =
```

```
        0.9501    0.4860    0.4565
        0.2311    0.8913    0.0185
        0.6068    0.7621    0.8214
>> open('Matlab.Mat')
ans =
        A: [4x4 double]
        B: [3x3 double]
>> struc1=ans;
>> struc1.A
A =
   16    2    3    13
    5   11   10     8
    9    7    6    12
    4   14   15     1
>> struc1.B
ans =
        0.9501    0.4860    0.4565
        0.2311    0.8913    0.0185
        0.6068    0.7621    0.8214
```

save 命令可以保存工作区，或工作区中的任何指定文件。该命令的调用格式如下。

- save：将工作区中的所有变量保存在当前工作区中的文件里，文件名为 Matlab.Mat，Mat 文件可以通过 load 函数再次导入工作区，Mat 函数可以被不同的机器导入，甚至可以通过其他的程序调用。

- save('filename')：将工作区中的所有变量保存为文件，文件名由 filename 指定。如果 filename 中包含路径，则将文件保存在相应目录下，否则默认路径为当前路径。

- save('filename', 'var1', 'var2', ...)：保存指定的变量在 filename 指定的文件中。

- save('filename', '-struct', 's')：保存结构体 s 中全部域作为单独的变量。

- save('filename', '-struct', 's', 'f1', 'f2', ...)：保存结构体 s 中的指定变量。

- save('-regexp', expr1, expr2, ...)：通过正则表达式指定待保存的变量需满足的条件。

- save(..., 'forMat')，指定保存文件的格式，格式可以为 Mat 文件、ASCII 文件等。

- 在 Matlab 中，另一个导入数据的常用函数为 importdata，该函数的用法如下。

- importdata('filename')：将 filename 中的数据导入到工作区中。

- A = importdata('filename')：将 filename 中的数据导入到工作区中，并保存为变量 A。

- importdata('filename','delimiter')：将 filename 中的数据导入到工作区中，以 delimiter 指定的符号作为分隔符。

例如，从文件中导入数据，输入以下程序：

```
>> imported_data = importdata('Matlab.Mat')
imported_data =
ans: [1.1813 1.0928 1.6534]
              A: [2x3 double]
            I_q: [415x552x3 uint8]
    num_of_cluster: 3
```

与 load 函数不同，importdata 将文件中的数据以结构体的方式导入到工作区中。

2. 使用 Matlab 提供的 Mat 文件接口函数

在 C/C++程序中有两种方式可以读取 Mat 文件数据。一种是利用 Matlab 提供的有关 Mat 文件的编程接口函数。Matlab 的库函数中包含了 Mat 文件接口函数库，其中有各种对 Mat 文件进行读写的函数，都是以 Mat 开头的函数，如表 12-9 所示。

表 12-9　C 语言中的 Mat 文件读写函数

Mat 函数	功　能
MatOpen	打开 Mat 文件
MatClose	关闭 Mat 文件
MatGetDir	从 Mat 文件中获得 Matlab 阵列的列表
MatGetFp	获得一个指向 Mat 文件的 ANSI C 文件指针
MatGetVariable	从 Mat 文件中读取 Matlab 阵列
MatPutVariable	写 Matlab 阵列到 Mat 文件
MatGetNextVariable	从 Mat 文件中读取下一个 Matlab 阵列
MatDeleteVariable	从 Mat 文件中删去下一个 Matlab 阵列
MatPutVariableAsGlobal	从 Matlab 阵列写入到 Mat 文件中
MatGetVariableInfo	从 Mat 文件中读取 Matlab 阵列头信息
MatGetNextVariableInfo	从 Mat 文件中读取下一个 Matlab 阵列头信息

(1)　打开数据文件——MatOpen：

```
MATFile* MatOpen(const char *filename,const char *mode)
```

(2)　关闭数据文件——MatClose：

```
int MatClose(MATFile *mfp)
```

(3)　获取变量——MatGetVariable：

```
mxArray* MatGetVariable(MATFile *mfp,const char *name)
```

(4)　写入数据——MatPutVariable：

```
int MatPutVariable(MATFile *mfp, const char *name,const mxArray *mp)
```

另外一种在 C/C++程序中读写 Mat 文件的方法是根据 Mat 文件结构，以二进制格式在 C/C++中读入文件内容，然后解析文件内容，从而获得文件中保存的 Matlab 数据。因为 Mat 文件格式是公开的，用户只要找到安装路径下的一个名为 Matfile_forMat.pdf 的文件，就可以详细了解 Mat 文件结构，从而在 C/C++程序中以二进制格式读取文件内容，解析以后得到文件中保存的数据。

12.5.2　图像、声音、影片格式文件的操作

在 Matlab 中可以将一系列的图像保存为电影，这样使用电影播放函数就可以进行回放，保存方法可以同保存其他 Matlab 工作空间变量一样，通过采用 Mat 文件格式保存。但是若

要浏览该电影，必须在 Matlab 环境下进行。在以某种格式存写一系列的 Matlab 图像时，不需要在 Matlab 环境下进行预览，通常采用的格式为 AVI 格式。AVI 是一种文件格式，在 PC 机上的 Windows 系统或 Unix 操作系统下可以进行动画或视频的播放。

Matlab 中提供了函数 imread()和 imwrite()，用于导入和导出不同格式的图片文件。

1. 不同格式图片文件的导入

在 Matlab 中提供了函数 imread()用于导入不同格式的图片文件，其调用格式如下。

- [...] = imread(filename)：直接读取图片文件，自动识别文件的类型。
- [...] = imread(URL,...)：读取网络中的图片，参数 URL 必须为格式"http://...."。
- [...] = imread(...,idx)：只适用于读取 CUR、GIF、ICO 和 TIFF 格式的图片文件。
- [...] = imread(...,'PixelRegion',{ROWS, COLS})：该格式只适用于读取 TIFF 格式的图片文件。
- [...] = imread(...,'frames',idx)：该格式只适用于读取 GIF 格式的图片文件。

2. 不同格式图片文件的导出

函数 imwrite()用于对数据形式存储的图片文件进行保存操作，与函数 imread()相对使用。该函数的调用格式如下。

- imwrite(A,filename,fmt)：导出数据 A 所代表的图像文件，filename 为保存的文件名，fmt 为保存的文件格式。
- imwrite(X,map,filename,fmt)：导出数据矩阵为 X 的索引图像，参数 map 为其演示映射表。
- imwrite(...,filename)：导出图片文件，根据文件名的扩展识别保存的文件类型。
- imwrite(...,Param1,Val1,Param2,Val2...)：导出图片文件，并设置相关参数，对于不同格式的图片文件可以设置不同的属性，具体参考帮助文档。

若要以 AVI 格式来存写 Matlab 图像，步骤如下。

(1) 用 avifile 函数建立一个 AVI 文件。

(2) 用 addframe 函数来捕捉图像并保存到 AVI 文件中。

(3) 使用 close 函数关闭 AVI 文件。

若要将一个已经存在的 Matlab 电影文件转换为 AVI 文件，需使用函数 movie2avi。函数原型为：

- movie2avi(mov,filename)
- movie2avi(mov,filename,param,value,param,value…)

例 12.18　显示一幅真彩(RGB)图像

在命令窗口中输入以下程序：

```
>> [x,map]=imread('D:\我的文档\My Fetion file\my_qq.jpg');
imwrite(x,'my.bmp');        %将图像保存为真彩色的 bmp
[x,map]=imread('my.bmp');
image(x)
```

运行后，会得到如图 12-5 所示的结果。

图 12-5　读取图片的结果

Matlab 还提供了其他函数用于操作不同格式的文件，如下所示。

image 函数：显示图像。其调用格式如下：

```
image(A)
```

imfinfo 函数：查询图像文件信息。其调用格式如下：

```
innfo = imflnfo(filename)
```

audioread 函数：用于读取扩展名为 ".wav" 的声音文件。其调用格式如下：

```
y=audioread(file)
[y, fs, nbits]=wavread(file)
```

audiowrite 函数：用于将数据写入到扩展名为 ".wav" 的声音文件中。其调用格式如下：

```
audiowrite(y, fs, nbits, wavefile)
```

audioplayer 函数：利用 Windows 音频输出设备播放声音。其调用格式如下：

```
audioplayer(y,fs)
```

例 12.19　显示声音波形

读取一个音频数据文件，以不同频率播放，并显示声音波形。

```
y=audioread('C:\Matlab7\toolbox\simulink\simdemos\simgeneral\toilet.wav')
plot(y);
audioplay(y);
audioplay(y,11025);
audioplay(y,44100);
```

运行结果如图 12-6 所示。

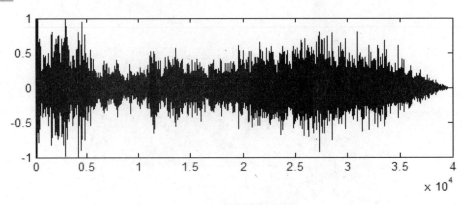

图 12-6　读取音频结果

12.6　课后练习

1. 连续读取多个文件的数据，并存放在一个矩阵中。

2. 取多个文件的数据，并存放在多个矩阵(以文件名命名)中。

3. 给文件做重命名操作。

4. 对各种文件格式、类型进行自动识别。

5. 利用文件 I/O 操作新建文本文档，并存入数据 1、2、3、4。

6. 把维数不同的矩阵及其变量名保存到一个 TXT 文件中，例如 a1 = 123; a2 = [1 2 3;4 5 6]，希望得到的 TXT 文件如下：

```
QUOTE:
a1:
123
a2:
1 2 3
4 5 6
```